"十四五"职业教育江苏省规划教材
高等院校"互联网+"系列精品教材

液压与气动应用技术
（第3版）

主编　韩京海

副主编　郭燕　王维英

主审　高彩霞

電子工業出版社
Publishing House of Electronics Industry
北京·BEIJING

美丽中国——广西桂林漓江风光

内 容 简 介

本书前 2 版得到了各高等院校的广泛使用和认可,已重印 28 次。在征求一线教师意见的基础上,根据近几年的课程改革及校企合作成果,对原有教材进行了修订改版。全书内容包括液压传动和气动技术两部分,通过 12 个项目、25 个任务来培养和强化学员的操作技能,主要讲述液压与气动的基础知识、液压元件、液压基本回路和应用、液压系统的组建与维护、气源装置、气动执行元件和控制元件、气动基本回路及典型应用等。

本书在编写过程中,强调液压与气动元件的选用与拆装、液压与气动控制回路的设计与组装、液压与气动系统的组建与调试及故障排除等实践操作。书中列举了大量工程应用实例和技能训练项目,充分体现了理论内容以"必需、够用为度"的原则,突出对学生应用能力和综合素质的培养。

本书为应用型本科和高职高专院校机械类、机电类、自动化类等专业相应课程的教材,也可作为开放大学、成人教育、自学考试、中职学校的教材,以及工程技术人员的参考书。

本书配有微课视频、VR 视频、操作视频、电子教学课件和动画等立体化媒体资源,直接扫一扫书中的二维码即可阅览或下载相应资源,有助于开展信息化教学,提高本课程的教学质量与效果,详见前言。

图书在版编目(CIP)数据

液压与气动应用技术 / 韩京海主编. -- 3 版.

北京 : 电子工业出版社, 2025. 1. -- (高等院校"互联网+"系列精品教材). -- ISBN 978-7-121-49823-7

Ⅰ. TH137;TH138

中国国家版本馆 CIP 数据核字第 2025TS3044 号

责任编辑:陈健德

印　　刷:三河市良远印务有限公司

装　　订:三河市良远印务有限公司

出版发行:电子工业出版社

　　　　　北京市海淀区万寿路 173 信箱　邮编:100036

开　　本:787×1 092　1/16　印张:13.75　字数:352 千字

版　　次:2009 年 4 月第 1 版
　　　　　2025 年 1 月第 3 版

印　　次:2025 年 1 月第 1 次印刷

定　　价:58.00 元

凡所购买电子工业出版社图书有缺损问题,请向购书店调换。若书店售缺,请与本社发行部联系,联系及邮购电话:(010) 88254888,88258888。

质量投诉请发邮件至 zlts@phei.com.cn,盗版侵权举报请发邮件至 dbqq@phei.com.cn。

本书咨询联系方式:chenjd@phei.com.cn。

前　言

本书前 2 版得到了各高等院校的广泛使用和认可，已重印 28 次。在征求一线教师意见的基础上，根据近几年的课程改革及校企合作成果，对原有教材进行了修订改版。

本次修订保持了第 2 版在素质教育和实践应用能力培养方面的好的做法。以培养学生能力为主线，以真实项目为引导，介绍完成工作任务与所需知识的密切联系，注重对学生应用综合技能和创新能力的培养。编者着重从以下几个方面对教材内容进行了修订。

1. 以立德树人为根本，注重对学生职业素养、职业习惯的培养，在任务实施中使学生懂原理，会安装、组建和调试分析，将责任心、与人沟通、团队协作等职业素养和职业规范行为融入教材。融理实教学、企业项目为一体，反映典型岗位综合职业能力的要求，突出课程思政、大国工匠精神，实施教、学、做一体化。同时通过封面的大国重器，书眉的高铁、大飞机、空间站，扉页的美丽中国等图片，培养学生的制度自信、文化自信、奉献精神、爱国情怀等，使其成为德、智、体、美、劳全面发展的社会主义建设者和接班人。

2. 坚持产教融合、校企合作建设教材，选用企业一线典型案例，将先进制造技术及优秀企业文化引入教材。校企共同制定课程标准、培养目标，优化学习项目，完善教材内容。

3. 元器件的结构采用零件图和实物图表达，以立体图的形式呈现；较复杂的元器件采用剖视图或爆炸图形式展示。这样可分析其整体结构，更加形象生动地展示内容。

4. 教材呈现形式向立体化发展，充分体现以学生为中心、教师为主导的教学方法，运用信息化、网络化技术等现代化技术手段，通过二维码提供电子教学课件、动画、微课视频、VR 视频、操作视频、习题与答案等资源。

本书图文并茂，通俗易懂，通过 12 个项目、25 个任务来培养和强化学员的操作技能，内容与当前液压与气动技术的工程应用状况相结合，也适合企业工程技术人员学习和参考。

本书由南京交通职业技术学院韩京海任主编，南京科技职业学院郭燕、无锡工艺职业技术学院王维英任副主编，南京机电职业技术学院陆晨芳、南京旭上数控技术有限公司潘毅工程师参加编写。编写分工如下：项目 1、2 由郭燕编写，项目 5、6、7、8、12 由韩京海编写，项目 3、4、9 由王维英编写，项目 10、11 由陆晨芳编写，项目 8 部分案例由潘毅编写。全书由韩京海修改和定稿。微课视频、VR 视频、操作视频、动画、习题与答案由韩京海、郭燕制作完成，电子教学课件由韩京海、王维英制作完成。本书由南京交通职业技术学院高彩霞副教授主审。

在修订过程中，德国 FESTO 中国有限公司、深圳国泰安教育技术股份有限公司提供了相关技术资料和图片，在此深表感谢！由于编者水平有限，书中难免有不妥之处，恳请读者批评指正。

本书共配有大量的立体化多媒体教学资源，扫一扫书中的二维码即可阅览或下载相应资源，有助于开展信息化教学，提高本课程的教学质量与效果。本书提供的电子教学课件、习题与答案等资源，还可登录华信教育资源网免费注册后进行下载。如有问题请在网站留言或与电子工业出版社联系（E-mail：hxedu@phei.com.cn）。

| 扫一扫下载本课程的电子教学课件 | 扫一扫下载本书习题参考答案 | 扫一扫看附录A常用液压与气动元件图形符号 |

编者

目 录

项目 1

液压传动系统输出力的确定

项目目标

通过本项目的学习，学生应掌握液压传动的工作原理、液压传动系统的组成和液体静力学的有关知识，具有识别液压传动系统的各个组成部分和进行液体静压力计算的能力。具体目标如下。

(1) 掌握液压传动的工作原理。

(2) 掌握液体静压力及传递原理。

(3) 能识别液压元件的图形符号。

(4) 能说出液压传动的优缺点。

(5) 能识别液压传动系统的各个组成部分。

(6) 能计算液体静压力。

扫一扫看教学课件：认识液压传动系统

扫一扫看课程思政：超级工程——三峡大坝

任务 1.1 认识液压传动系统

任务引入

图 1.1 所示为工地上常见的挖掘机，它由液压传动系统带动铲斗运动从而完成挖掘工作。

这种设备中都使用了液压传动系统吗？那么，什么是液压传动系统？液压传动系统是如何带动机器工作的呢？

图 1.1　挖掘机

任务分析

一个液压传动系统要由哪几部分组成才能正常工作？液压传动系统又分为哪些类别呢？下面先来认识一下液压传动系统。

相关知识

扫一扫看微课视频：液压传动的基础知识

1.1.1 液压传动的概念

所谓传动，是指传递运动和动力的方式。常见的传动有机械传动、电气传动和流体传动。

流体传动包括液体传动和气体传动。液体传动是指以液体为工作介质来传递动力（能量），包括液压传动和液力传动。其中液压传动主要以液体压力能来传递动力；液力传动主要以液体动能来传递动力。

液压传动是以流体为工作介质进行能量传递和控制的一种传动形式。先利用多种元件组成不同功能的基本回路，再由若干个基本回路有机地组合成能完成一定控制功能的传动系统来进行能量的传递、转换和控制，以满足机电设备对各种运动和动力的要求。

1.1.2 液压传动的工作原理

1. 液压千斤顶

讨论液压传动的工作原理可以从较简单的液压千斤顶的工作原理入手。图 1.2 所示为液压千斤顶的工作原理图。液压千斤顶由举升液压缸和手动液压泵两部分构成。大缸体、大活塞和卸油阀组成了举升液压缸。杠杆、小活塞、小缸体、单向阀组成了手动液压泵。另外还有油箱和重物。

工作时，首先提起杠杆使小活塞向上移动，小活塞下端油腔的容积会增大，形成局部真空，这时单向阀 5 会将所在油路关闭。而油箱中的油液则在大气压力的作用下，推开单向阀 4 的钢球，沿吸油孔道进入并充满小缸体的下腔，完成一次吸油动作。然后用力压下杠杆，小活塞下移，小缸体下腔的密闭容积会减小，其腔内压力升高，单向阀 4 关闭，阻断了油液流回油箱的通路，并使单向阀 5 的钢球受到一个向上的作用力，当这个作用力大于大缸体下腔对它的作用力时，钢球被推开，油液便进入大缸体的下腔（卸油阀处于关闭状态），推动大活塞向上移动，顶起重物。反复提压杠杆，就能不断地把油液压入举升液压缸的下腔，使重物逐渐升起。将卸油阀转动 90°，使大缸体的下腔与油箱连通，大活塞在重物的推动下会下移，下腔的油液通过卸油阀流回油箱。

扫一扫看动画：液压千斤顶工作原理图

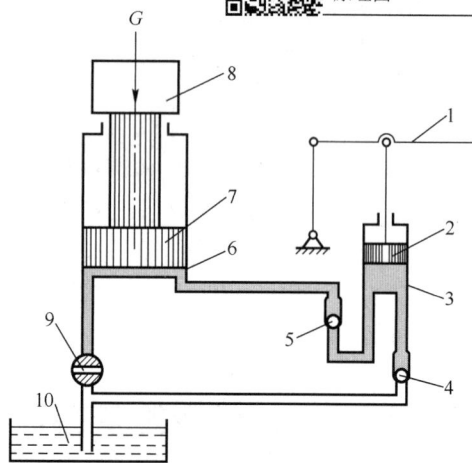

1—杠杆；2—小活塞；3—小缸体；4、5—单向阀；6—大缸体；7—大活塞；8—重物；9—卸油阀；10—油箱。

图 1.2　液压千斤顶的工作原理图

由液压千斤顶的工作过程可知：小液压缸与单向阀4和大活塞一起完成了吸油与压油，将杠杆的机械能转换成油液的压力能输出，其被称为手动液压泵。大液压缸将油液的压力能转换为机械能输出，顶起重物，称为执行元件（液压缸）。大、小液压缸组成了较简单的液压系统，实现了动力的传递。

2. 磨床工作台液压传动系统

图1.3所示为磨床工作台液压传动系统的结构原理。它由油箱、滤油器、液压泵、溢流阀、开停阀、节流阀、换向阀、液压缸及连接这些元件的油管、接头等组成。

该系统的工作原理是：液压泵由电动机驱动后，从油箱中吸油。油液经滤油器进入液压泵，油液由泵腔的低压侧吸入，从泵腔的高压侧输出，在图1.3（a）所示的状态下，通过开停阀、节流阀、换向阀进入液压缸左腔，压力油推动活塞连同工作台向右移动。这时，液压缸右腔的油经换向阀和回油管排回油箱。

如果将换向手柄转换成图1.3（b）所示的状态，则压力管中的油经过开停阀、节流阀和换向阀进入液压缸右腔，压力油推动活塞连同工作台向左移动，并使液压缸左腔的油经换向阀和回油管排回油箱。

工作台的移动速度是通过节流阀来调节的。当节流阀调大时，进入液压缸的油量增多，工作台的移动速度会加快；

1—工作台；2—液压缸；3—活塞；4—换向手柄；5—换向阀；
6、8、16—回油管；7—节流阀；9—开停手柄；10—开停阀；
11—压力管；12—压力支管；13—溢流阀；14—钢球；15—弹簧；
17—液压泵；18—滤油器；19—油箱。

图1.3　磨床工作台液压传动系统的结构原理

当节流阀调小时，进入液压缸的油量减小，工作台的移动速度会减慢。为了克服移动工作台时所受到的各种阻力，液压缸必须产生一个足够大的推力，这个推力是由液压缸中的油液压力所产生的。要克服的阻力越大，液压缸中的油液压力越高；反之油液压力越低。这种现象正说明了液压传动的一个基本原理，即压力取决于负载。

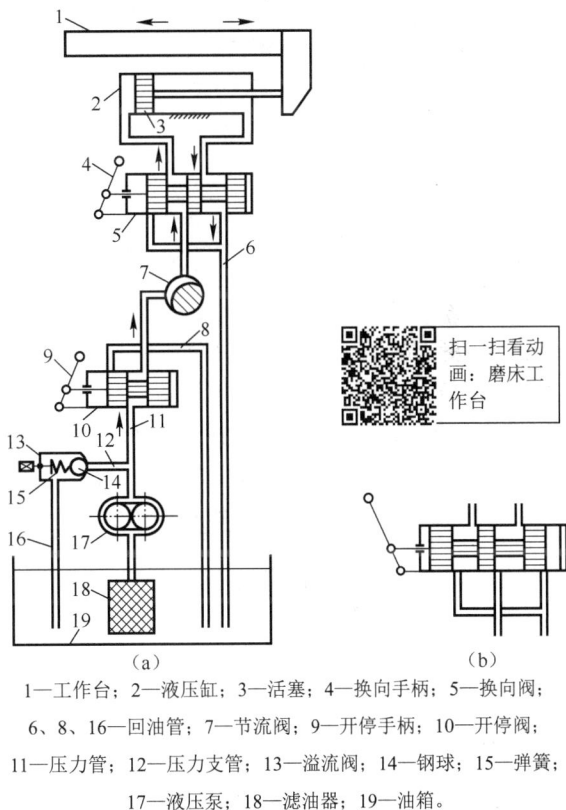

1.1.3　液压传动系统的组成及图形符号

1. 液压传动系统的组成

一个完整的液压传动系统主要由以下几部分组成。

（1）动力元件。它能将原动机输出的机械能转换为油液的压力能，提供液压传动系统所需要的压力油。常见的动力元件是液压泵。

（2）执行元件。它能将油液的压力能转换为机械能，驱动工作机构做直线运动或旋转运动。常见的执行元件是液压缸和液压马达。

（3）控制元件。它能控制和调节系统中油液的压力、流量和流动方向。控制元件包括各种压力控制阀、流量控制阀和方向控制阀。这些元件组成了能完成不同功能的液压传动系统。

（4）辅助元件。除以上三种元件外的其他装置，起着储油、过滤、测量和密封等作用，以保证液压传动系统可靠、稳定、持久地工作，如油箱、过滤器、分水过滤器、油雾器、蓄能器等。

（5）传动介质。它是液压传动系统中传递能量的液体。常用的传动介质是液压油。

2. 液压传动系统的图形符号

液压传动系统的原理图是由代表各种液压元件、辅件及连接形式的图形符号组成的，用以表达一个液压传动系统的工作原理。

液压传动系统的原理图有两种表达方式：一种是半结构式系统原理图，它有直观性强、容易理解的优点，当液压传动系统发生故障时，根据原理图检查十分方便，但图形比较复杂，绘制比较麻烦，一般较少使用；另一种是用图形符号表示的系统原理图，即把各类液压元件用规定的图形符号表示出来。图 1.4 所示为用图形符号绘制的机床工作台液压传动系统原理图。

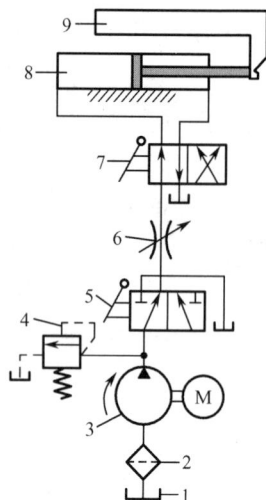

1—油箱；2—滤油器；3—液压泵；4—溢流阀；5—开停阀；6—节流阀；7—换向阀；8—液压缸；9—工作台。

图 1.4 机床工作台液压传动系统原理图

1.1.4 液压传动的特点

扫一扫看微课视频：液压传动的应用

1. 液压传动的优点

（1）单位功率的质量轻（比功率大），即在相同功率输出的条件下，体积小、质量轻、惯性小、结构紧凑、动态特性好。例如，轴向柱塞泵的质量只是同功率直流发电机质量的 10%～20%，前者的外形尺寸只有后者外形尺寸的 12%～13%。

（2）可在较大范围内实现无级调速。调速范围一般为 100∶1，最高可达 2 000∶1。

（3）工作平稳、反应快、冲击小，能快速启动、制动和频繁换向。

（4）容易获得很大的动力和转矩，可以使启动结构变简单。

（5）操作控制方便、调节简单，易于实现自动化。当机、电、液配合使用时，易于实现较复杂的自动工作循环和较远距离的操控。

（6）易于实现过载保护，安全性好，采用矿物油作为工作介质，相对运动表面间能自行润滑，可以延长液压元件的使用寿命。

（7）液压元件已实现标准化、系列化和通用化，便于液压系统的设计、制造和使用。液压元件的排列布置也具有较大的灵活性。

2. 液压传动的缺点

（1）液压传动以液压油为工作介质，在相对运动表面间会出现泄漏。

（2）由于液体不是绝对不可压缩的，所以液压传动不能保证严格的传动比。

（3）液压传动系统的成本比一般机械传动系统的成本要高一些。

（4）液压传动在工作过程中有较多的能量损失，如摩擦损失、泄漏损失等。故不宜远距离进行传动。

（5）由于液压传动的故障诊断比较困难，因此对维修人员的要求很高，需要系统地掌握液压传动的知识并有一定的实践经验。

（6）随着高压、高速、高效率和大流量的现场应用，液压元件和系统的噪声会增大，泄漏增多，容易造成环境污染。

任务实施

1.1.5　认识挖掘机液压传动系统的组成

工作任务单

姓名		班级		组别		日期	
工作任务	挖掘机液压传动系统的组成						
任务描述	在教师的指导下，在液压实训室或生产车间对挖掘机的液压传动系统进行观察，找出所用液压传动系统的各个部分						
任务要求	（1）了解实训室或生产车间的安全知识。 （2）掌握危险化学物品的安全使用与存放。 （3）认识液压元件实物并记录其型号。 （4）对液压元件进行归类						
提交成果	（1）液压动力元件、执行元件、控制元件和辅助元件的型号清单。 （2）液压工作介质清单						
考核评价	序号	考核内容	配分	评分标准			得分
	1	安全意识	20	遵守安全规章、制度			
	2	工具的使用	10	正确使用实验工具			
	3	危险因素清单	10	危险因素查找全面、准确			
	4	液压元件清单	50	液压元件无遗漏、归类准确			
	5	团队协作	10	与他人合作有效			
指导教师	总分						

任务 1.2　确定液压千斤顶的输出力

扫一扫看教学课件：确定液压千斤顶的输出力

扫一扫看课程思政：中国机械工业腾飞的起点

任务引入

液压千斤顶的受力关系如图1.5所示，要求左方站立的人能够借助液压千斤顶，通过手的力气将右方的小汽车举起，计算 F_1 与 F_2 的关系。

（a）液压千斤顶实物　　　　　（b）受力示意图

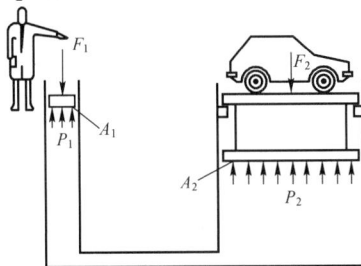

图1.5　液压千斤顶的受力关系

在日常生活中，仅依靠人力是不可能举起重达几吨的小汽车的。要完成将小汽车举起的任务，液压传动系统就必须将人的力放大，那么液压传动系统是如何将较小的力转化为较大的力的呢？

在液压传动系统中，用来传递力的工作介质是什么、对工作介质有何要求、又如何来选用工作介质？下面就让我们一起学习液压传动系统输出力的相关知识。

相关知识

1.2.1 液体静力学

扫一扫看动画：对液体压力的认识

1. 液体静压力及其特性

液体静压力是指静止液体单位面积上所受的法向力，如果在液体内某质点处的微小面积 ΔA 上作用有法向力 ΔF，则 $\Delta F/\Delta A$ 的极限就被定义为该点处的静压力，用 p 表示，即

$$p = \lim_{\Delta A \to 0} \frac{\Delta F}{\Delta A} \tag{1.1}$$

若在液体的面积 A 上所受的作用力 F 均匀分布时，则液体静压力可表示为

$$p = \frac{F}{A} \tag{1.2}$$

液体静压力在物理学上被称为压强，在工程实际应用中习惯上被称为压力。

液体静压力有以下特性：液体静压力垂直于作用面，其方向与该面的内法线方向一致；静止液体内任何一点所受的液体静压力在各个方向上都相等。

2. 液体静力学方程

静止液体内部的受力情况可用图 1.6 所示的液体静压力的分布规律来说明。设容器中装满了液体，在任意一点 A 处取一个微小面积 $\mathrm{d}A$，该点距液面的深度为 h。根据液体静压力的特性，作用于这个液柱上的力在各个方向都平衡，现求各作用力在 Z 方向的平衡方程。

平衡方程为

$$p\mathrm{d}A = p_0\mathrm{d}A + \rho gh\mathrm{d}A$$
$$p = p_0 + \rho gh \tag{1.3}$$

式（1.3）为液体静力学基本方程。由此可知，静止液体中任一点的压力均由两部分组成，即液面上的

图 1.6 液体静压力的分布规律

表面压力 p_0 和由液体自重引起的对该点的压力 ρgh。静止液体内的压力随液体距液面的深度 h 变化并呈线性规律分布，且在同一深度上各点的压力相等。

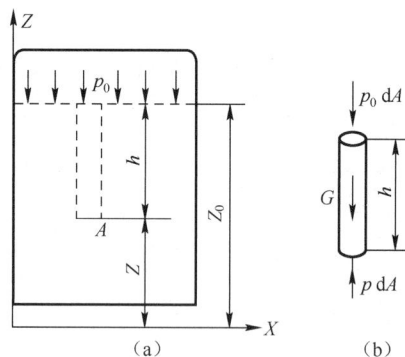

3. 压力的表示方法及单位

液体压力通常有绝对压力、相对压力（表压力）、真空度三种表示方法。因为在地球表面上，一切物体都受大气压力的作用，而且是自成平衡的，即大多数测压仪表在大气压力下并

不动作，这时它所表示的压力值为零，所以它们测出的压力是高于大气压力的那部分压力。也就是说，它是相对于大气压（以大气压为基准零值时）所测量到的一种压力，因此称它为相对压力或表压力。以绝对真空为基准零值时所测得的压力，我们称它为绝对压力。当绝对压力低于大气压时，习惯上称出现了真空。因此，某点的绝对压力比大气压小的那部分数值叫作该点的真空度。所以有：真空度=大气压力–绝对压力。绝对压力、相对压力和真空度的关系如图 1.7 所示。

如果不特别指明，液、气压传动中所提到的压力均为相对压力。

压力的单位为帕斯卡，简称帕，符号为 Pa，1 Pa=1 N/m^2。由于此单位很小，工程上使用不便，因此常采用它的倍数单位兆帕，符号为 MPa，其关系为 1 MPa=10^6 Pa。目前工程上还采用的压力单位有巴，符号为 bar，即 1 bar=10^5 N/m^2=10 N/cm^2。

4. 压力的传递

由静压力的基本方程可知，静止液体中任意一点处的压力都包含液体上的压力 p_0。在液压传动系统中，由于负载产生的外加压力 p_0 远大于液体自重所形成的压力 ρgh，因此可忽略 ρgh，即认为在液压传动系统中液体内部的压力处处相等，$p=p_0$。若负载越大，即 p_0 越大，则液压传动系统中的液体压力 p 也就越大，反之亦然。由此说明，液压传动系统的工作压力取决于负载，并随着负载的变化而变化。

对于密封容器内的静止液体，若边界上的压力 p_0 发生变化，如增加 Δp，则密封容器内任意一点的压力会增加同一个数值 Δp。也就是说，在密封容器内施加于静止液体任一点上的压力都会以等值传递到液体内各点，这就是帕斯卡原理。

帕斯卡原理示意图如图 1.8 所示。在密封容器内，施加于静止液体上的各点压力会以等值并同时传递到液体内各点，密封容器内的压力方向垂直于内表面。

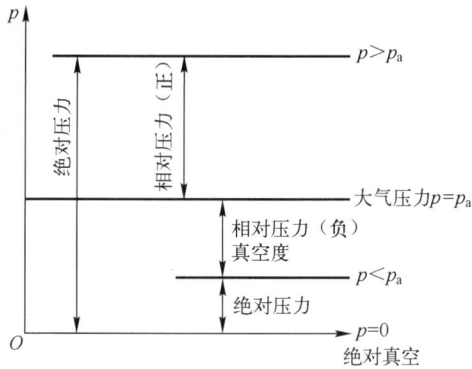

图 1.7 绝对压力、相对压力和真空度的关系

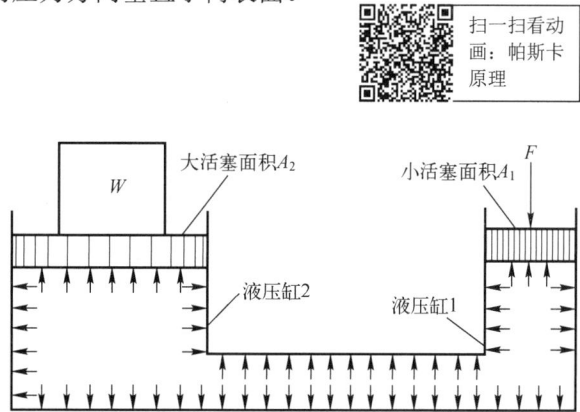

图 1.8 帕斯卡原理示意图

密封容器内液体各点的压力为

$$p=\frac{W}{A_2}=\frac{F}{A_1} \tag{1.4}$$

由于 $A_2>A_1$，因此 $W>F$。也就是说，在小活塞上施加较小的力 F，即可在大活塞上获得较大的输出力 W，从而能够举升重物。

1.2.2　液体动力学

1. 液体流动的基本概念

扫一扫看微课视频：压力和流量

扫一扫下载看动画：恒定流动和非恒定流动

1）理想液体和恒定流动

由于液体具有黏性，只有在流动时才表现出来，因此研究流动液体时就要考虑其黏性的影响，而液体的黏性问题是一个很复杂的问题。为了方便分析和计算问题，我们引入了理想液体的概念，理想液体是指没有黏性、不可压缩的液体。我们把既具有黏性又可压缩的液体称为实际液体。

当液体流动时，如果液体中任一点处的压力、速度和密度都不随时间而变化，则把液体的这种运动称为恒定流动。

在流体的运动参数中，只要有一个运动参数随时间而变化，液体的运动就是非恒定流动。

2）流量和平均流速

流量：单位时间内通过通流截面的液体的体积称为流量，用 q 表示，流量的常用单位为 L/min（升/分）。

对于微小流束，由于通流的截面积很小，可以认为通流截面上各点的流速 v 是相等的，所以通过该截面积 dA 的流量为 $dq=vdA$，对此式进行积分，可得到整个通流截面积 A 上的流量为

$$q=vA \tag{1.5}$$

2. 连续性方程

质量守恒是自然界的客观规律，不可压缩液体的流动过程也遵循质量守恒定律。流量连续性方程是质量守恒定律在流体力学中的一种表现形式。

对恒定流动而言，液体通过流管内任一截面上的液体质量必然相等。连续性方程示意图如图 1.9 所示。若管内两个流通截面的面积为 A_1 和 A_2，流速分别为 v_1 和 v_2，则通过任一截面的流量 q 为

$$\rho_1 v_1 A_1 = \rho_2 v_2 A_2 \tag{1.6}$$

若忽略液体的可压缩性，即 $\rho_1 = \rho_2$，则

$$q=v_1A_1=v_2A_2=常数 \tag{1.7}$$

流量的单位通常用 L/min 表示，与单位 m^3/s 的换算公式如下：

$$1\,L=1\times10^{-3}\,m^3;\quad 1\,m^3/s=6\times10^4\,L/min$$

式（1.7）即为连续性方程，表明运动速度取决于流量，与流体的压力无关。

3. 伯努利方程

能量守恒也是自然界的客观规律，流动液体也遵循能量守恒定律，这个规律是用伯努利方程来表达的。

1）理想液体的伯努利方程

伯努利方程示意图如图 1.10 所示。在恒定流动的管道中任取一段液流 1—2 为研究对象，设液流两截面 A_1、A_2 的中心到基准面 0—0 的高度分别为 z_1、z_2，平均流速分别为 v_1、v_2，压力分别为 p_1、p_2。当液体为理想液体且做恒定流动时，有

$$p_1 + \rho g z_1 + \frac{1}{2}\rho v_1^2 = p_2 + \rho g z_2 + \frac{1}{2}\rho v_2^2 \qquad (1.8)$$

由于流束的 A_1、A_2 截面是任取的，因此伯努利方程表明，在同一流束各截面上的参数 z、$\frac{p}{\rho g}$ 及 $\frac{v^2}{2g}$ 之和是常数，即

$$\frac{p}{\rho g} + z + \frac{v^2}{2g} = C \quad （C \text{ 为常数}） \qquad (1.9)$$

式中，$p/\rho g$ 为单位质量液体所具有的压力能；z 为单位质量液体所具有的势能；$v^2/2g$ 为单位质量液体所具有的动能。

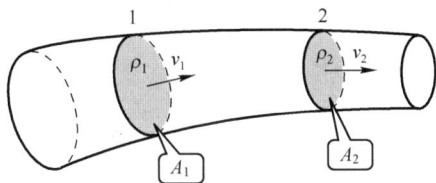

图 1.9　连续性方程示意图　　　　图 1.10　伯努利方程示意图

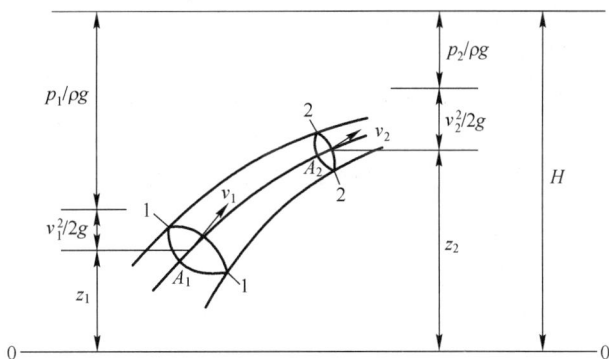

伯努利方程的物理意义为：在密封管道内恒定流动的理想液体在任意一个通流断面上都具有三种形式的能量，即压力能、势能和动能。三种能量的总和是一个恒定的常量，而且三种能量之间是可以相互转换的，即在不同的通流断面上，同一种能量的值是不同的，但各通流断面上的总能量值都是相同的。

2）实际液体的伯努利方程

当实际液体在管道中流动时，由于液体存在黏性，会产生摩擦力，并消耗能量；同时由于管道局部形状和尺寸的变化，也会消耗能量，因此当液体流动时，其总能量在不断地减少。另外，由于实际液体在管道中流动时的流速分布是不均匀的，因此在实际计算时引入动能修正系数 α 来修正用平均流速代替实际流速时产生的误差。所以，实际液体的伯努利方程为

$$p_1 + \rho g z_1 + \frac{\alpha_1 \rho v_1^2}{2} = p_2 + \rho g z_2 + \frac{\alpha_2 \rho v_2^2}{2} + \Delta p_w \qquad (1.10)$$

式中，Δp_w 为单位体积液体在两个通流断面中流动时的能量损失；α 为动能修正系数，紊流时 α 取 1，层流时 α 取 2。

3）液压系统中的伯努利方程

液压系统是依靠压力能来进行能量传递的。液压系统中的压力能比动能、势能大得多，在研究液压系统时，为了方便，可以将动能、势能忽略不计，因此对实际流体的伯努利方程进行修改，就可得到液压系统的伯努利方程，为

$$p_1 = p_2 + \Delta p \qquad (1.11)$$

式中，p_1 为 1 截面的压力；p_2 为 2 截面的压力；Δp 为液体从 1 截面流到 2 截面的总压力损失。

式（1.11）在分析液压系统和确定液压泵的工作压力时非常有用。

【实例1-1】计算液压泵吸油腔的真空度或液压泵允许的最大吸油高度。

解 液压泵从油箱吸油示意如图1.11所示。设液压泵的吸油口比油箱液面高 h，通过油箱液面1—1和液压泵进口处的截面2—2列出伯努利方程，并取截面1—1为基准平面，则有

$$p_1 + \rho g z_1 + \frac{\alpha_1 \rho v_1^2}{2} = p_2 + \rho g z_2 + \frac{\alpha_2 \rho v_2^2}{2} + \Delta p_w$$

式中，p_1 为油箱液面压力，由于一般油箱液面与大气接触，因此 $p_1=p_a$；v_2 为液压泵的吸油口速度，一般取吸油管流速；v_1 为油箱液面流速，由于 $v_1 \ll v_2$，因此可忽略不计；p_2 为吸油口的绝对压力；Δp_w 为单位质量液体的能量损失。据此，液压泵吸油腔的真空度为

$$p_a - p_2 = \rho g h + \rho \alpha_2 \frac{v_2^2}{2} + \Delta p_w$$

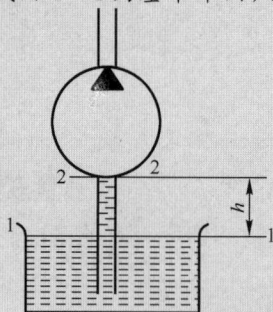

图1.11 液压泵从油箱吸油示意

1.2.3 管路中液体的压力损失和能量损失

由于液体具有黏性，在管路中流动时又不可避免地存在摩擦力，因此液体在流动过程中必然要损耗一部分能量。这部分能量损耗主要表现为压力损失，其损失不仅与流程的长度、流道的局部特性有关，还与液体的流动状态有关。

1. 液体的流态

19世纪末，法国科学家雷诺通过观察水在圆管中的流动情况，发现液体有两种流动状态：层流和紊流。

层流：在液体运动时，如果质点没有横向脉动，其不会引起液体质点混杂，而层流是层次分明的，能够维持安定的流束状态，则这种流动被称为层流。

紊流：如果液体流动时质点具有脉动速度，其会引起流层间质点的相互错杂交换，则这种流动被称为紊流或湍流。当液体流速较低，黏性力起主导作用时流动呈层流状态；当液体流速较高，惯性力起主导作用时流动呈紊流状态。

液体流动时究竟是层流还是紊流，必须用雷诺数来判别。

实验证明，液体在圆管中的流动状态不仅与管内的平均流速 v 有关，还与管径 d、液体的运动黏度 r 有关。但是，真正决定液体流动状态的，却是这三个参数所组成的一个称为雷诺数的参数。雷诺数是一个无量纲数。

$$Re=vd/r \tag{1.12}$$

由式（1.12）可知，如果液体流动的雷诺数相同，则它的流动状态也相同。当液体流动的雷诺数 Re 小于临界雷诺数（用 Re_c 表示）时，液体流动为层流；反之，液体流动大多为紊流。常见的液体流动管道的临界雷诺数由实验得到，如表1.1所示。

表1.1 常见的液体流动管道的临界雷诺数

管道的材料与形状	Re_c	管道的材料与形状	Re_c
光滑的金属圆管	2 000~2 320	带槽装的同心环状缝隙	700
橡胶软管	1 600~2 000	带槽装的偏心环状缝隙	400
光滑的同心环状缝隙	1 100	圆柱形滑阀阀口	260
光滑的偏心环状缝隙	1 000	锥状阀口	20~100

2. 压力损失

压力损失有沿程损失和局部损失两种。沿程损失是当液体在直径不变的直管中流过一段距离时，因摩擦而产生的压力损失。局部损失是由于管子的截面形状突然变化、液体流动方向改变或其他形式的液体流动阻力而引起的压力损失。总的压力损失等于沿程损失与局部损失之和。

由于零件结构不同（尺寸的偏差与表面粗糙度的不同），因此要准确地计算总的压力损失的数值是比较困难的，但压力损失又是液压传动系统中一个必须考虑的因素，它关系到确定系统所需的供油压力和系统工作时的温升，所以，在生产实践中也希望压力损失尽可能小一些。

由于压力损失的必然存在，因此泵的额定压力要略大于系统工作时所需的最大工作压力。一般可将系统工作时所需的最大工作压力乘以一个 1.3～1.5 的系数来估算。

3. 流量损失

在液压系统中，各液压元件都有相对运动的表面，如液压缸内表面和活塞外表面。因为要有相对运动，所以它们之间都有一定的间隙，如果间隙的一边是高压油，另一边为低压油，那么高压油就会经间隙流向低压区，从而造成泄漏。同时，由于液压元件密封不完善，因此一部分油液也会向外部泄漏。这种泄漏会造成实际流量有所减少，这就是我们所说的流量损失。

因为流量损失影响运动速度，而泄漏又难以绝对避免，所以在液压系统中泵的额定流量要略大于系统工作时所需的最大流量。通常也可以用系统工作时所需的最大流量乘以一个 1.1～1.3 的系数来估算。

1.2.4　液压冲击及空穴现象

扫一扫看
动画：液压
冲击

1. 液压冲击现象

在液压系统中，由于某种原因，液体压力在某一瞬间会突然升高，产生很高的压力峰值，这种现象被称为液压冲击。液压冲击的压力峰值往往比正常工作压力高好几倍，且常伴有巨大的振动和噪声，使液压系统温升，有时会使一些液压元件或管件损坏，导致设备损坏，因此搞清液压冲击的本质，对研究抑制措施是十分必要的。

1）液压冲击产生的原因

有一个较大的容腔和在另一端装有阀门的管道相连（见图 1.12），容腔的体积较大，认为其中的压力值是恒定的，当阀门开启时，管道内的液体从流速口流过，当不考虑管道中的压力损失时，压力均等于 p。当阀门 K 瞬间关闭时，管道中会产生液压冲击，液压冲击的实质是管道中的液体因突然停止运动会导致动能向压力能瞬时转变。

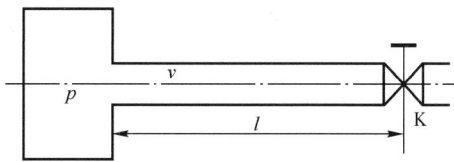

图 1.12　液压冲击

另外，当液压系统中运动着的工作部件突然制动或换向时，工作部件的动能会引起液压执行元件的回油腔和管路中的油液产生剧烈振动，导致液压冲击。

液压系统中某些元件的动作不够灵敏，也会产生液压冲击，如当系统压力突然升高，但溢流阀反应迟钝，不能迅速打开时，便会产生压力超调，也称压力冲击。

2）减小液压冲击的措施

（1）缓慢关闭阀门，削减冲击波的强度。

（2）在阀门前设置蓄能器，以减小冲击波传播的距离。

（3）将管中流速限制在适当范围内，或采用橡胶软管，也可以减小液压冲击。

（4）在系统中装置安全阀，可起卸载作用。

2. 空穴现象

在液体流动中当某点压力低于液体流动所在温度下的空气分离压力时，原来溶于液体中的气体会被分离出来而产生气泡，这就叫作空穴现象。当压力进一步减小直至低于液体的饱和蒸气压时，液体就会迅速汽化形成大量的蒸气气泡，使空穴现象更为严重，从而使液体流动呈不连续状态。如果液压系统中发生了空穴现象，当液体中的气泡随着液体流动到压力较高的区域时，一方面，气泡在较高压力作用下会迅速破裂，从而引起局部液压冲击，造成噪声和振动；另一方面，由于气泡破坏了液体流动的连续性，降低了油管的通油能力，造成了流量和压力的波动，使液压元件承受冲击载荷，因此影响了液压元件的使用寿命。同时，气泡中的氧也会腐蚀金属元件的表面。

1）空穴现象产生的原因

当管道中发生空穴现象，气泡随着液体流动进入高压区时，体积会急剧缩小，气泡又凝结成液体，形成局部真空，周围的液体质点以极大的速度来填补这一空间，使气泡凝结处的瞬间局部压力可高达数百巴，温度可达近千度。在气泡凝结附近的壁面，因反复受液压冲击与高温作用，以及油液中逸出的气体较强的酸化作用，使金属表面产生腐蚀。因空穴产生的腐蚀，一般称为气蚀。在液压传动装置中，这种气蚀现象可能发生在油泵、管路及其他具有节流装置的地方。

泵吸入管路连接或密封不严会使空气进入管道，回油管高出油面使空气冲入油中而被泵吸油管吸入油路，泵吸油管阻力过大、流速过高，均是造成空穴的原因。

此外，当油液流经节流部位时，流速会增高，压力会降低，当节流部位的前后压力比 $p_1/p_2 \geq$ 3.5 时，会发生节流空穴。

2）减少空穴现象的措施

在液压系统中的任何地方，只要压力低于空气分离压，就会发生空穴现象。为了防止空穴现象的发生，就要防止液压系统中的压力过度降低，具体措施有下面三点。

（1）减小流经节流小孔前后的压力差，一般希望小孔前后的压力比 $p_1/p_2 < 3.5$。

（2）正确设计液压泵的结构参数，适当加大吸油管的内径，使吸油管中的液体流动速度不致太高，尽量避免急转弯或存在局部狭窄处，接头应有良好密封，过滤器要及时清洗或更换滤芯以防堵塞，对高压泵宜设置辅助泵以向液压泵的吸油口供应足够的低压油。

（3）提高零件的抗气蚀能力，增加零件的机械强度，采用抗腐蚀能力强的金属材料，提高零件的表面加工质量等。

任务实施

1.2.5 液压千斤顶输出力的计算

工作任务单

姓名		班级		组别		日期	
工作任务		液压千斤顶输出力的计算					
任务描述		液压实训室，利用液压连通器和砝码，找出液压千斤顶输入力和输出力的关系，并计算液压千斤顶的输出力					

续表

任务要求	（1）掌握危险化学物品的安全使用与存放。 （2）正确使用相关工具。 （3）计算液压千斤顶的输出力				
提交成果	（1）系统危险物品清单。 （2）液压千斤顶的输出力的计算报告				
考核评价	序号	考核内容	配分	评分标准	得分
	1	安全意识	20	遵守安全规章、制度	
	2	工具的正确使用	10	选择合适的工具，正确使用工具	
	3	危险因素清单	10	危险因素查找全面、准确	
	4	液压千斤顶的输出力的计算报告	50	计算正确	
	5	团队协作	10	与他人合作有效	
指导教师	总分				

习题 1

扫一扫看习题 1 的参考答案

1. 简答题

（1）液压传动系统由哪几部分组成？各部分的作用是什么？

（2）什么是液压冲击？

（3）怎样避免空穴现象？

2. 计算题

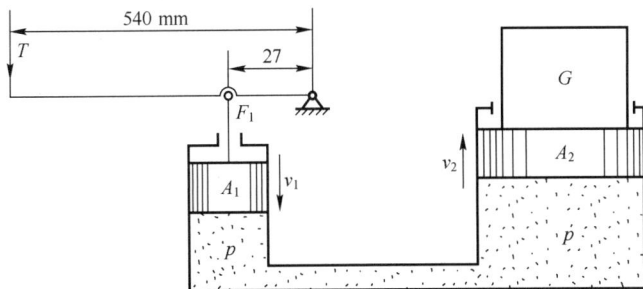

（1）在图 1.13 所示的简化液压千斤顶中，T=294 N，大小活塞的面积分别为 A_2=5×10^{-3} m^2，A_1=1×10^{-3} m^2，忽略损失，试计算下列各题。

① 通过杠杆机构作用在小活塞上的力 F_1 及此时的系统压力 p。

② 大活塞能顶起重物的质量。

③ 大小活塞的运动速度哪个快？快多少倍？

④ 若需要顶起的重物 G=19 600 N 时，系统压力 p 应为多少？作用在小活塞上的力 F_1 应为多少？

图 1.13　简化液压千斤顶

（2）图 1.14 所示的连通器，中间有一个活动隔板 T，已知活塞面积 $A_1=1\times10^{-3}$ m^2，$A_2=5\times10^{-3}$ m^2，$F_1=200\,\text{N}$，$G=2\,500\,\text{N}$，活塞自重不计，问：

① 当中间用活动隔板 T 隔断时，连通器两腔的压力 p_1、p_2 各是多少？

② 当把中间活动隔板抽去，使连通器连通时，两腔的压力 p_1、p_2 各是多少？作用力 F_1 能否举起重物 G？

③ 当抽去中间活动隔板 T 后若要使两个活塞保持平衡，F_1 应是多少？

④ 若 $G=0$，其他已知条件都同前，则 F_1 是多少？

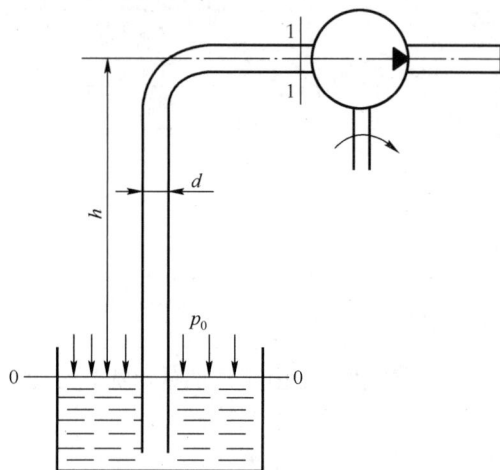

（3）图 1.15 所示为液压泵从油箱吸油示意图。液压泵的流量 $q=32$ L/min，吸油管直径 $d=20$ mm，液压泵吸油口距离液面的高度 $h=500$ mm，油液密度 $\rho=0.9$ g/cm^3，在忽略压力损失且动能修正系数均为 1 的条件下，求液压泵吸油口的真空度。

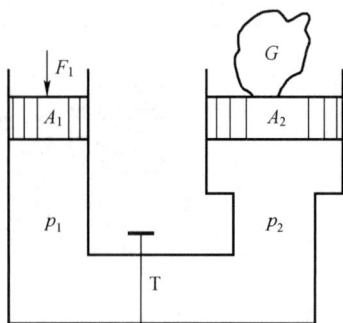

图 1.14　连通器　　　　　　　　图 1.15　液压泵从油箱吸油示意图

项目 2 液压传动系统工作介质的应用

项目目标

通过本项目的学习，学生应掌握液压传动系统工作介质（液压油）的性质、种类及其选用。具体目标如下。

（1）能够识别液压油的牌号。

（2）能够根据液压设备的类型和工作条件选用液压油。

（3）能够提出并实施防止油液污染的常用措施。

（4）能够合理选用、安装、维护过滤器。

任务 2.1 液压机液压油的选用

任务引入

图 2.1 所示为四柱液压机的原理图。其主缸驱动上滑块运动，顶出缸驱动下滑块运动，液压机常用来完成可塑性材料的锻压工艺及加压成形过程，如金属件冲压、弯曲、翻边，薄板拉伸，以及塑料、橡胶、粉末冶金的压制等。液压机使用液压传动系统，通过液压油来传递运动和动力，而液压传动系统的故障与液压油的选用不当有关，不同的液压传动系统对液压油的要求也不同。

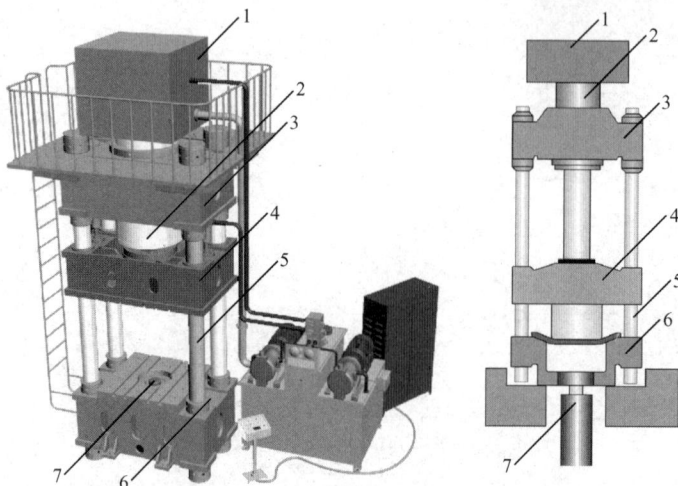

1—充液箱；2—主缸；3—上横梁；4—滑块；5—导向立柱；6—下横梁（工作台）；7—顶出缸。

图 2.1　四柱液压机的原理图

任务分析

液压油是液压传动系统中的工作介质，对液压装置的机构、零件起润滑、冷却和防锈作用。由于液压传动系统的压力、温度和流速会在很大范围内变化，液压油的质量优劣会直接影响液压传动系统的工作性能，因此合理地选用液压油是很重要的。所以首先要了解液压油的相关知识。

相关知识

2.1.1　液压油的性质

1. 密度

单位体积液体的质量称为液体的密度。液压油的密度随压力的升高而稍有增大，随温度的升高而减小，一般情况下，由压力和温度引起的这种变化都较小，可将其近似认为是常数。液体的密度越大，其泵吸入性就越差。

2. 可压缩性

液体受压力作用而体积减小的特性称为液体的可压缩性。液体的可压缩性可用体积压缩系数 κ 来表示，并定义为单位压力变化下的液体体积的相对变化量。若体积为 V_0 的液体，其压力变化量为 Δp，液体体积减小 ΔV，则体积压缩系数

$$\kappa = -\frac{1}{\Delta p}\frac{\Delta V}{V_0} \tag{2.1}$$

液压油的可压缩性是钢的 $100\sim150$ 倍。可压缩性会降低运动精度，增大压力损失而使油温上升，在传递压力信号时，会有时间延迟、响应不良的现象。液压油虽具有可压缩性，但在中低压系统中的压缩量很小，一般可忽略不计。只有在高压系统和液压系统的动态特性分析中才考虑液压油的可压缩性。

3. 黏性

当液体在外力作用下流动时，液体分子间的内聚力会产生一种阻碍液体分子之间进行相对运动的内摩擦力，这一特性称为黏性。

扫一扫看动画：黏性示意图

实验测定指出，当液体流动时相邻液层之间的内摩擦力 F 与液层间的接触面积 A 和液层间的相对速度 du 成正比，而与液层间的距离 dy 成反比，即

$$F = \mu A \frac{du}{dy} \qquad (2.2)$$

式中，μ 为比例常数，称为黏性系数或黏度；$\frac{du}{dy}$ 为速度梯度。

若以 τ 表示液体的内摩擦切应力，即液层间单位面积上的内摩擦力，则有

$$\tau = \frac{F}{A} = \mu \frac{du}{dy} \qquad (2.3)$$

运动黏度的数学表达式为

$$r = \frac{\mu}{\rho} \qquad (2.4)$$

黏度是衡量流体黏性的指标。常用的液体黏度表示方法有三种，即动力黏度、运动黏度和相对黏度。

1）动力黏度 μ

动力黏度 μ 在物理意义上讲，是指当速度梯度 $du/dy = 1$ 时，单位面积上的内摩擦力的大小，它直接表示流体的黏性，即内摩擦力的大小。其法定计量单位为 Pa·s。

2）运动黏度 ν

运动黏度是动力黏度 μ 与液体密度 ρ 的比值，即 $\nu = \mu/\rho$。

运动黏度的单位是 m^2/s，以前沿用的单位为 St（斯），它与 cSt（厘斯）间的关系是

$$1\ m^2/s = 10^6\ mm^2/s = 10^6\ cSt = 10^4\ St$$

虽然运动黏度 ν 没有明确的物理意义，但习惯上常用它来标志液体的黏度，工程中常用运动黏度 ν 作为液体黏度的标志。例如，各种矿物油的牌号就是该种油液在 40 ℃时的运动黏度（mm^2/s）的平均值。

3）相对黏度 $°E_t$

相对黏度又称条件黏度。各国采用的相对黏度单位有所不同。美国用赛氏黏度，英国用雷氏黏度，中国、德国等采用恩氏黏度。

4）黏度和温度的关系

油液的黏度对温度的变化极为敏感，温度升高，油液的黏度会下降。黏度随温度变化的性质称为油液的黏温特性。不同种类的液压油有不同的黏温特性，黏温特性较好的液压油，黏度随温度的变化较小，因而油温变化对液压系统性能的影响较小。

国内常采用黏度指数 VI 值来衡量油液黏温特性的好坏。黏度指数 VI 值较大，表示油液黏度随温度的变化率越小，即黏温特性较好。

5）黏度和压力的关系

当液体所受的压力增大时，其分子间的距离减小，内聚力增大，黏度亦随之增大。但对

于一般的液压系统，当压力在 32 MPa 以下时，压力对黏度的影响不大，可以忽略不计。

4. 其他性质

液压油除以上基本物理性质外，还有其他物理及化学性质，如稳定性、抗泡沫性、抗乳化性、防锈性、润滑性及相容性等。它们都对液压油的选择和使用有重要影响，这些性质需要在精炼的矿物油中加入各种添加剂来获得。

2.1.2 液压油的识别

液压油有矿油型液压油、乳化型液压油和合成型液压油三种。矿油型液压油的主要品种有普通液压油、抗磨液压油、低温液压油、高黏度指数液压油、液压导轨油及其他专用液压油（如航空液压油、舵机液压油等），都是以全损耗系统用油为基础原料，精炼后按需要加入适当的添加剂制得的。矿油型液压油润滑性和防锈性好，黏度等级范围较宽，因而在液压系统中被广泛应用。

合成型液压油主要有水-乙二醇液、磷酸酯液和硅油等，乳化型液压油有水包油型乳化液和油包水型乳化液。合成型液压油和乳化型液压油的抗燃性好，主要用于有抗燃要求的液压系统。

液压油采用统一命名方式，其一般形式为：类别-品种-牌号。例如，L-HV22，其中 L 是润滑剂及有关产品的类别代号，HV 是指低温抗磨液压油，22 是液压油的牌号。液压油的特性和用途如表 2.1 所示。

表 2.1 液压油的特性和用途

类型	名称	ISO 代号	特性和用途
矿油型	普通液压油	L-HL	精制矿油加添加剂，提高抗氧化和防锈性能，适用于室内一般设备的中低压系统
	抗磨液压油	L-HM	L-HL 油加添加剂，改善抗磨性能，适用于工程机械、车辆液压系统
	低温液压油	L-HV	L-HM 油加添加剂，改善黏温特性，可用于环境温度在-40～-20 ℃范围的高压系统
	高黏度指数液压油	L-HR	L-HL 油加添加剂，改善黏温特性，VI值达 175 以上，适用于对黏温特性有特殊要求的低压系统，如数控机床液压系统
	液压导轨油	L-HG	L-HM 油加添加剂，改善黏滑性能，适用于机床中液压和导轨润滑合用的系统
	全损耗系统用油	L-AN	浅度精制矿油，抗氧化性、抗泡沫性较差，主要用于机械润滑，可作为液压代用油，用于要求不高的低压系统
	汽轮机油	L-TSA	深度精制矿油加添加剂，改善抗氧化、抗泡沫等性能，为汽轮机专用油，可作为液压代用油，用于一般液压系统
乳化型	水包油型乳化液	L-HFA	又称高水基液，特点是难燃、黏温特性好，有一定的防锈能力，润滑性差，易泄漏，适用于有抗燃要求，油液用量大且泄漏严重的系统
	油包水型乳化液	L-HFB	既具有矿油型液压油的抗磨、防锈性能，又具有抗燃性，适用于有抗燃要求的中压系统
合成型	水-乙二醇液	L-HFC	难燃，黏温特性和抗蚀性好，能在-30～60 ℃温度范围内使用，适用于有抗燃要求的中低压系统
	磷酸酯液	L-HFDR	难燃，润滑、抗磨性能和抗氧化性能良好，能在-54～135 ℃温度范围内使用，缺点是有毒，适用于有抗燃要求的高压精密液压系统

2.1.3　液压油的选用

扫一扫看动画：液压油的选用

1．液压油的功用

（1）传递能量和信号。

（2）润滑液压元件、减少摩擦和磨损。

（3）散热。

（4）防止锈蚀。

（5）密封液压元件对偶摩擦副的间隙。

（6）传输、分离和沉淀杂质。

2．对液压油的性能要求

在液压传动中，液压油既是传动介质，又兼起润滑作用，故对液压油的性能提出如下要求：

（1）合适的黏度和良好的黏温特性。

（2）润滑性能好、腐蚀性小、抗锈性好。

（3）质地要纯净，有极少量的杂质、水分和水溶性酸碱，无毒害、无味，废料易处理，成本低等。

（4）对金属和密封件有良好的相容性。

（5）氧化稳定性好，长期工作不易变质。

（6）抗泡沫性和抗乳化性好。

（7）体积膨胀系数小，比热容大。

（8）在高温环境下具有较高的闪点，起防火作用；在低温环境下具有较低的凝点。

3．液压油的选择

扫一扫看微课视频：液压传动的工作介质

1）液压油的选用原则

在选用液压油时，可根据液压元件生产厂的样本和说明书所推荐的品种号数来选用，或者根据液压系统的工作压力、工作温度、液压元件种类及经济性等因素来选用。

选择液压油时，首先要选择液压油的品种。品种选择是否合适，对液压系统的工作影响很大。在选择液压油的品种时，可根据是否液压专用、有无起火危险、工作压力及工作温度范围等因素进行选择。

其次要选择液压油的黏度等级。黏度等级的选择是十分重要的，因为黏度对液压系统工作的稳定性、可靠性、效率、温升及磨损都有显著影响。在选择黏度等级时要注意以下几方面的情况。

（1）按工作机械的不同要求选用。精密机械与一般机械对黏度的要求不同。为了避免温度升高而引起的机件变形，影响工作精度，精密机械宜采用较低黏度的液压油。例如，在机床液压伺服系统中，为保证伺服机构动作的灵敏性，宜采用黏度较低的液压油。

（2）按液压泵的类型选用。液压泵是液压系统的重要元件，在系统中它的运动速度、压力和温升都较高，工作时间又长，因而对黏度要求较严格，所以选择黏度时要考虑液压泵。液压泵磨损快，容积效率会降低，甚至可能破坏液压泵的吸油条件。不同类型的液压泵对油的黏度有不同要求，液压泵常用液压油的黏度范围如表 2.2 所示。

表2.2 液压泵常用液压油的黏度范围

液压泵类型		液压油黏度 v_{40}/（mm²/s）	
		液压系统温度 5～40 ℃	液压系统温度 40～80 ℃
齿轮泵		30～70	65～165
叶片泵	p<7.0 MPa	30～50	40～75
	p≥7.0 MPa	50～70	55～90
径向柱塞泵		30～80	65～240
轴向柱塞泵		40～75	70～150

（3）按液压系统的工作压力选用。通常当工作压力较高时，宜采用黏度较高的油液，以免系统泄漏过多，效率过低；当工作压力较低时，宜采用黏度较低的油液，这样可以减少压力损失。例如，机床液压传动的工作压力一般低于 6.3 MPa，采用 20～60 cSt 油液；工程机械的液压系统，其工作压力属于高压，多采用较高黏度的油液。

（4）考虑液压系统的环境温度。矿物油的黏度因温度的影响变化很大，为保证在工作温度时有较适宜的黏度，还必须考虑周围环境温度的影响。当温度高时，宜采用黏度较高的油液；当周围环境温度低时，宜采用黏度较低的油液。依据环境和工况条件选择液压油如表2.3 所示。

表2.3 依据环境和工况条件选择液压油

工况	7.0 MPa 以下 50 ℃以下	7.0～14.0 MPa 50 ℃以下	7.0～14.0 MPa 50～80 ℃	14.0 MPa 以上 80～100 ℃
室内固定的液压设备	HL 液压油	HL 液压油或 HM 液压油	HM 液压油	HM 液压油
露天、寒区和严寒区	HL 液压油或 HS 液压油	HV 液压油或 HS 液压油	HV 液压油或 HS 液压油	HV 液压油或 HS 液压油
地下、水上	HL 液压油	HL 液压油或 HM 液压油	HL 液压油或 HM 液压油	HM 液压油
高温热源或明火附近	HFAE 液压油或 HFAS 液压油	HFB 液压油或 HFC 液压油	HFDR 液压油	HFDR 液压油

（5）考虑液压系统中的运动速度。当液压系统中工作部件的运动速度很高时，液压油的流速也高，压力损失随之增大，而泄漏相对减少，因此宜采用黏度较低的液压油；反之，当系统工作部件的运动速度较低时，每分钟所需的油量很小，这时泄漏相对较大，对系统的运动速度影响也较大，所以宜采用黏度较高的液压油。

2）合理使用液压油

（1）使用前验明油品的牌号、性能等是否符合要求。

（2）液压系统要清洗干净方可使用。

（3）新油使用前要过滤，油液不能与其他物品混放。

（4）严格控制污染，防止水、气、固体杂物混入液压系统。为防止空气进入液压系统，回油口应在油箱液面以下，并将管口切成斜面；液压泵和吸油管应严格密封；液压泵和油管的安装高度应尽量低些，以减少液压泵的吸油阻力；必要时在液压系统的最高处设置放气阀。

（5）定期检查油液质量和油面高度。

（6）应保证油箱的温度不超过液压油温度的允许范围，通常不超过 70 ℃，否则应进行冷却调节。

4．液压油的更换

1）液压油变质

引起液压油变质的原因很多，其中比较常见的原因有如下几个方面。

（1）蒸发对液压油的性质影响很大。例如，含水液压油的水分蒸发，使水包油型液压油中的水二乙醇的浓度增加，黏度上升，防火性能下降；水分蒸发也会使油包水型液压油的黏度下降。

一般来讲，液压油的蒸发，除与温度有关外，与蒸发面积、容器的气体空间和密封程度，以及大气压力也有关，所以在使用液压油时，为了保证质量，应在这些方面加以注意。

（2）在空气作用下，液压油会发生氧化变质，使其颜色变深，酸度增大。值得注意的是，各种金属都是氧化的催化剂，尤其是铜，其更能加快液压油的污染和变质。

（3）杂质和水分侵入液压油，也会引起液压油的污染和变质。

（4）若液压油中混入轻质油，则会使黏度和闪点下降；若混入粗制油，则会使酸值和残碳增大。混入含有不同添加剂的油品，可能会使液压油的性能提高，也可能会使其性能降低。这些都表明，液压油中一旦混入异种油品，既会影响数量，又会影响质量。

2）液压油变质的鉴别方法

液压油的好坏，不仅会影响机械设备的正常工作，还会损坏液压系统的零部件。那么如何鉴别液压油变质了呢？

不同种类的油品具有不同的颜色；所含成分不同，其气味也不一样；当取无色玻璃瓶装的油品，并进行摇动时，会出现不同的油膜接瓶状况和气泡状态；用手仔细抚摸，不同油品的手感各异。据此，人们在长期使用中，总结出一套"看、嗅、摇、摸"识别液压油的简易方法。常用液压油的"看、嗅、摇、摸"简易鉴别方法如表 2.4 所示。

表 2.4 常用液压油的"看、嗅、摇、摸"简易鉴别方法

油品	看	嗅	摇	摸
N32-N68 号机械油	黄褐色到棕黄色，有不明显的蓝荧光		泡沫多而消失慢，挂瓶成黄色	
普通液压油	浅色到深黄色，发蓝光	酸味	气泡消失快，稍挂瓶	
汽轮机油	浅黄色到深黄色		气泡多、大、消失快，无色	蘸水捻不乳化
抗磨液压油	橙红色、透明		气泡多、消失较快，稍挂瓶	
低凝液压油	深红色			
水二乙醇液压油	浅黄色	无味		光滑、觉热
磷酸酯液压油	浅黄色			
油包水型乳化液	乳白色		浓稠	
水包油型乳化液		无味	清淡	
蓖麻油制动液	淡黄色、透明	强烈的酒精味		光滑、觉凉
矿物油制动液	淡红色			
合成制动液	苹果绿色	醚味		

3）液压油的更换

液压油使用时间长了，会逐渐地老化变质，常用如下方法，在不同场合更换液压油。

（1）对于要求不高、耗油量较少的液压系统，可采用经验更换法，即操作者或现场服务的技术人员根据其使用经验，或者通过外观比较，又或者采用沉淀法和加热过滤法等简易测定法，对液压油的污染程度做出判断，从而决定液压油是否应当更换。

（2）对于工作条件和工作环境变化不大的中、小型液压系统，可采用定期更换法，即根据液压油本身规定的使用寿命进行更换。

（3）对于大型的或耗油量较大的液压系统，可用试验更换法，即在液压油使用过程中，定期取样化验、鉴定污染程度、监视油液的质量变化；当被测定油液的物理、化学性能超出规定的范围时，就不能继续使用了，而应更换。可以说，这种以试验数据来决定换油时间的方法是一种可取的科学方法。

任务实施

2.1.4 液压机液压油的检测和更换

工作任务单

姓名		班级		组别		日期	
工作任务	液压机液压油的检测和更换						
任务描述	在教师的指导下，在液压实训室或生产车间对液压机液压油进行监测和更换，并记录液压油的检测结果和更换过程						
任务要求	（1）掌握危险化学物品的安全使用与存放。 （2）检测液压油并记录检测结果。 （3）使用换油设备对液压油进行更换						
提交成果	（1）液压油的性质及更换记录清单。 （2）液压油检测报告						
考核评价	序号	考核内容	配分	评分标准		得分	
	1	安全文明操作	10	遵守安全规章、制度，正确使用实验工具			
	2	正确选择液压油牌号	20	正确分析和选用液压油			
	3	放油操作	20	操作规范，对油污处理好			
	4	清洗油箱	30	清洗干净			
	5	加注新液压油	20	液压油的更换过程记录，归纳正确			
指导教师	总分						

习题 2

扫一扫看
习题 2 的
参考答案

1. 简答题

（1）液压油的主要性能指标有哪些？说明各个性能指标的含义。

（2）选用液压油主要应考虑哪些因素？

项目 3
液压动力元件的应用

通过本项目的学习，学生应能识别常用液压泵，如齿轮泵、叶片泵等，理解各种液压泵的工作原理与性能，并能正确地选用和拆装液压泵。具体目标如下。

（1）掌握液压泵的工作原理。

（2）掌握液压泵的分类和结构。

（3）能进行液压泵的主要性能和参数计算。

（4）能进行液压泵与电机参数的选用。

（5）能进行液压泵简单故障的分析与排除。

扫一扫看教学课件：汽车修理升降台动力元件的应用

任务 3.1　汽车修理升降台动力元件的应用

扫一扫看课程思政：水利枢纽工程——都江堰

任务引入

图 3.1 所示为汽车修理液压升降台的外形图。汽车的升降是由液压缸带动升降台上下运动实现的。那么如何使液压缸实现这一运动？通过什么元件来实现这一运动？如何选择这些元件？这些元件的结构如何？这些问题都可以通过本任务来解决。

图 3.1　汽车修理液压升降台的外形图

任务分析

分析上述任务，要使液压缸向上运动必须在液压缸的压力油进油口输入压力油，而要使升降台克服汽车的重力，又要求输入的压力油的压力足够大。在液压系统中动力元件起着向系统提供动力源的作用，是系统不可缺少的核心元件，液压系统中的动力元件指的就是液压泵。

液压泵有很多种，其中齿轮泵结构简单、维护方便、造价低，对工作环境的适应性较好，而升降台液压泵维护和保养简单、成本低，所以齿轮泵能很好地满足其使用要求，为此本节选取齿轮泵作为动力元件。

相关知识

液压泵作为液压系统的动力元件，能将原动机（如电动机、柴油机等）输入的机械能（转矩和角速度）转换为压力能（压力和流量）输出，为执行元件提供压力油。液压泵的性能好坏直接影响液压系统的工作性能和可靠性，在液压传动中占有极其重要的地位。液压传动中使用的液压泵都是容积式液压泵，它是依靠周期变化的密封容积和配流装置来工作的，主要有齿轮泵、叶片泵和柱塞泵等。

3.1.1 液压泵的工作原理及分类

1. 液压泵的工作原理

图 3.2 所示为液压泵的工作原理。柱塞装在缸体内，并可左右移动，在弹簧的作用下，柱塞紧压在偏心轮的外表面上。当电动机带动偏心轮旋转时，偏心轮推动柱塞左右运动，使密封容积 α 的大小发生周期性变化。当 α 由小变大时就形成了部分真空，使油箱中的油液在大气压的作用下，经吸油管道顶开单向阀 6 进入油腔以实现吸油；反之，当 α 由大变小时，腔中吸满的油液会顶开单向阀 5 流入系统而实现压油。电动机带动偏心轮不断旋转，液压泵就不断地吸油和压油。

由于这种泵是依靠泵的密封工作腔的容积变化来实现吸油和压油的，因此称之为容积式泵。

1—偏心轮；2—柱塞；3—缸体；4—弹簧；5、6—单向阀。

图 3.2 液压泵的工作原理

扫一扫看动画：液压泵的工作原理

容积式泵的流量大小取决于密封工作腔容积变化的大小和次数。若不计泄漏，则流量与压力无关。

2. 液压泵的分类

液压泵的分类方式很多，它可按压力大小分为低压泵、中压泵和高压泵；也可按流量

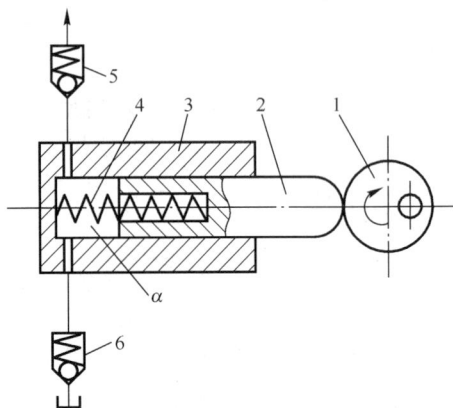

是否可调节分为定量泵和变量泵；还可按泵的结构分为齿轮泵、叶片泵和柱塞泵，其中齿轮泵和叶片泵多用于中、低压系统，柱塞泵多用于高压系统。

液压泵的图形符号如图 3.3 所示。

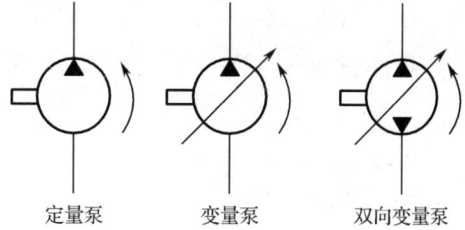

定量泵　　变量泵　　双向变量泵

图 3.3　液压泵的图形符号

3.1.2　液压泵的主要性能参数

1. 工作压力

液压泵在实际工作时的输出压力称为液压泵的工作压力，用符号 p 表示。工作压力取决于外负载的大小和排油管路上的压力损失，而与液压泵的流量无关。

2. 额定压力

液压泵在正常工作条件下，按试验标准规定，连续运转的最高压力称为液压泵的额定压力。

3. 最大压力

最大压力指液压泵在短时间内过载运行的极限压力。最大压力值的大小由液压泵零部件的结构强度和密封性来决定。超过这个压力值，液压泵就有可能发生机械或密封方面的损坏。

由于液压传动的用途不同，系统所需的压力也不相同，为了便于液压元件的设计、生产和使用，将压力分为几个等级，如表 3.1 所示。

表 3.1　压力等级

压力等级	低压	中压	中高压	高压	超高压
压力/MPa	≤2.5	2.5~8	8~16	16~32	≥32

4. 排量

排量是泵主轴每转一周所排出液体体积的理论值，用符号 V 表示。如果泵排量固定，则为定量泵；如果泵排量可变，则为变量泵。一般定量泵因为密封性较好，泄漏小，所以在高压时效率较高。

5. 流量

流量为泵单位时间内排出的液体体积（L/min），用符号 q 表示，有理论流量 q_t 和实际流量 q 两种。

$$q_t = Vn \tag{3.1}$$

式中，V 表示泵的排量（L/r）；n 表示泵的转速（r/min）。

$$q = q_t - \Delta q \tag{3.2}$$

式中，Δq 表示泵运转时，油从高压区泄漏到低压区的泄漏量。

6. 液压泵的功率和效率

1）液压泵的功率

（1）输出功率 P_o。

泵输出的是液压能，表现为输出油液的压力 p 和流量 q。

$$P_o = pq \tag{3.3}$$

（2）输入功率 P_i

液压泵的输入功率为泵轴的驱动功率，其值为

$$P_i = 2\pi n T_i \qquad (3.4)$$

2）液压泵的效率

（1）容积效率 η_v

容积效率是指液压泵的实际流量 q 与理论流量 q_t 的比值，即

$$\eta_v = q/q_t \qquad (3.5)$$

（2）机械效率 η_m

机械效率是指液压泵的理论转矩 T_t 与实际输入转矩 T_i 的比值，即

$$\eta_m = T_t/T_i \qquad (3.6)$$

（3）总效率 η

总效率是指液压泵的输出功率与输入功率的比值，即

$$\eta = \frac{P_o}{P_i} = \frac{pq}{2\pi n T_i} = \frac{q}{Vn}\frac{pV}{2\pi T_i} = \eta_v \eta_m \qquad (3.7)$$

【实例3-1】某液压系统，泵的排量 $V=10$ mL/r，电机转速 $n=1\,200$ r/min，泵的输出压力 $p=5$ MPa，泵的容积效率 $\eta_v=0.92$，总效率 $\eta=0.84$，求：

（1）泵的理论流量。

（2）泵的实际流量。

（3）泵的输出功率。

（4）驱动电机功率。

解 （1）泵的理论流量为

$$q_t = Vn = 10 \times 1\,200 \times 10^{-3} = 12 \text{（L/min）}$$

（2）泵的实际流量为

$$q = q_t \eta_v = 12 \times 0.92 = 11.04 \text{（L/min）}$$

（3）泵的输出功率为

$$P_o = pq = 5 \times 11.04/60 = 0.92 \text{（kW）}$$

（4）驱动电机功率为

$$P_M = P_i = P_o/\eta = 0.92/0.84 = 1.1 \text{（kW）}$$

3.1.3 齿轮泵的工作原理与结构

扫一扫看微课视频：齿轮泵的工作原理与结构

齿轮泵按结构形式可分为外啮合齿轮泵和内啮合齿轮泵两种，内啮合齿轮泵的应用较少，故重点介绍外啮合齿轮泵。外啮合齿轮泵具有结构简单、紧凑、容易制造、成本低、对油液污染不敏感、工作可靠、维护方便、寿命长等优点，被广泛应用于各种低压系统中。随着齿轮泵在结构上的不断完善，中、高压齿轮泵的应用逐渐增多。目前高压齿轮泵的工作压力可达 14～21 MPa。

1. 外啮合齿轮泵的工作原理

外啮合齿轮泵的工作原理如图 3.4 所示。它由装在壳体内的一对齿轮组成，齿轮两侧用端盖罩住，壳体、端盖和齿轮的各个齿间槽组成了许多密封工作腔。当齿轮按图 3.4 所示的

方向旋转时，右侧吸油腔由于相互啮合的齿轮逐渐脱开，密封工作容积逐渐增大，形成部分真空，因此油箱中的油液在外界大气压的作用下，经吸油管进入吸油腔，将齿间槽充满，并随着齿轮旋转，把油液带到左侧的压油腔内。在压油区一侧，由于齿轮在这里逐渐进入啮合，密封工作腔容积不断减小，油液便被挤出去，从压油腔输送到压油管路中去。这里的啮合点处的齿面接触线一直起着隔离高、低压油腔的作用。

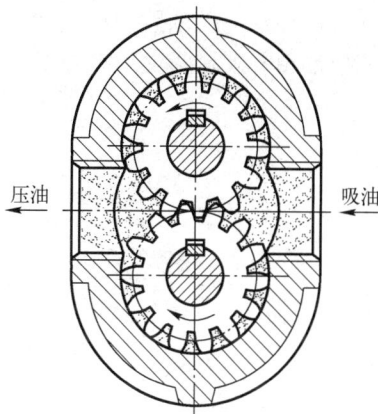

图 3.4　外啮合齿轮泵的工作原理

2. 齿轮泵存在的问题

扫一扫看动画：
外啮合齿轮泵
工作原理

1）齿轮泵的泄漏问题

外啮合齿轮泵在工作过程中有三个泄漏途径：一为两个齿轮的齿面啮合处，二为齿轮齿顶面与泵体内表面的径向间隙，三为齿轮端面与端盖间的轴向间隙。其中齿轮端面和端盖间的轴向间隙的泄漏量占总泄漏量的 75%～80%。当压力增加时，齿轮端面不会改变，但端盖的挠度增大，此为外啮合齿轮泵泄漏最主要的原因，故外啮合齿轮泵不适合用作高压泵。

为解决外啮合齿轮泵的内泄漏问题，增大其压力，逐步开发出固定侧板式齿轮泵，其最高允许压力平均为 7～10 MPa；开发出的可动侧板式齿轮泵在高压时侧板会被往内推，以减少高压时的内漏，其最高压力可达 14～17 MPa。

扫一扫看微
课视频：困
油

扫一扫看动
画：困油现
象

2）齿轮泵的困油问题

为了使齿轮泵能连续、平稳地供油，必须使齿轮啮合的重叠系数 $\varepsilon>1$，以保证工作的任一瞬间至少有一对轮齿在啮合。由于 $\varepsilon>1$，会出现两对轮齿同时啮合的情况，即原先一对啮合的轮齿尚未脱开，后面的一对轮齿已进入啮合。这样就会在两对啮合的轮齿之间产生一个闭死的容积，称为困油区，使留在这两对轮齿之间的油液困在这个封闭的容积内。齿轮泵的困油现象如图 3.5 所示。随着齿轮的转动，困油区的容积大小会发生变化。当容积缩小时，由于无法排油，因此困油区的油液受到挤压，压力急剧升高；随着齿轮的继续转动，闭死容积逐渐变大（当前面一对啮合的轮齿处于即将脱开的位置时，闭死容积为最大），由于无法补油，困油区会形成局部真空。当油液处在困油区中，需要排油时无处可排，而需要被充油时，又无法补充，这种现象就叫作困油现象。困油现象极为严重地影响着泵的工作平稳性和使用寿命。

为了消除困油现象，在齿轮泵的泵盖上铣出了两个困油卸荷槽，其几何关系如图 3.5 所示。卸荷槽的位置应该使困油腔由大变小时，能通过卸荷槽与压油腔相通，而当困油腔由小变大时，能通过另一个卸荷槽与吸油腔相通。两个卸荷槽之间的距离为 a，必须保证在任何时候都不能使压油腔和吸油腔互通。

3）齿轮泵的径向不平衡力

当齿轮泵工作时，在齿轮和轴承上会承受径向液压力的作用。齿轮泵的径向不平衡力如图 3.6 所示。泵的左侧为吸油腔，右侧为压油腔。在压油腔内有液压力作用于齿轮上，沿着齿顶泄漏油，具有大小不等的压力，就是齿轮和轴承受到的径向不平衡力。液压力越高，这个不平衡力就越大，其结果不仅加速了轴承的磨损，降低了轴承的寿命，甚至使轴变形，造成齿顶和泵体内壁的摩擦等。为了解决径向力不平衡的问题，在有些齿轮泵上，采用开压力平衡槽的办法来消除径向不平衡力，但这将使泄漏增大、容积效率降低等。CB-B 型齿轮泵

则采用缩小的压油腔，通过减少液压力对齿顶部分的作用面积来减小径向不平衡力，所以泵的压油口孔径比吸油口孔径要小。

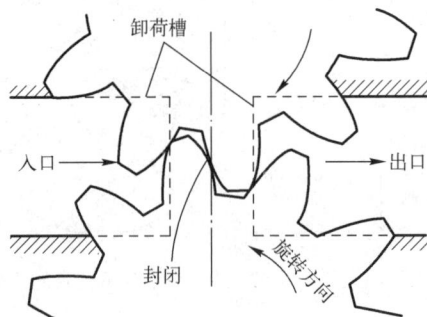

图 3.5 齿轮泵的困油现象

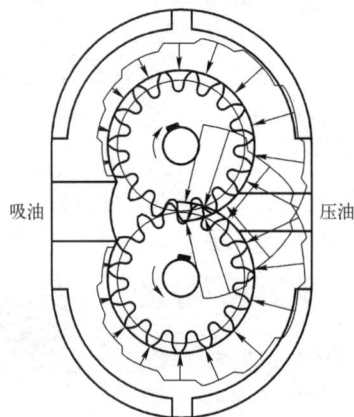

图 3.6 齿轮泵的径向不平衡力

3. 齿轮泵的结构

扫一扫看微课视频：径向不平衡力

齿轮泵的外形大致相同，而内部结构却不同，可分为无侧板型齿轮泵、浮动侧板型齿轮泵和浮动轴套型齿轮泵。

CB-B 型外啮合齿轮泵为无侧板型齿轮泵，其结构如图 3.7 所示。它是分离三片式结构，三片是指泵体和前、后泵盖，结构简单，不能承受较高的压力。泵体内装有一对齿数相等又相互啮合的齿轮，长轴和短轴通过键与齿轮相连接，两根轴借助滚针轴承支撑在前、后泵盖中。前、后泵盖与泵体用两个定位销定位，用 6 个螺钉连接并压紧。为了使齿轮能灵活地转动，同时使泄漏最小，在齿轮端面和泵盖之间应有适宜的间隙。为了防止泵内油液外泄，减轻螺钉的拉力，在泵体的两个齿轮端面开有封油卸荷槽 d，此槽与吸油口相通，泄漏油由此槽流回吸油口。另外，在前、后泵盖中的轴承处也钻有泄漏油孔，使轴承处的泄漏油液经短轴的中心通孔 b 及通道 c 流回吸油腔。

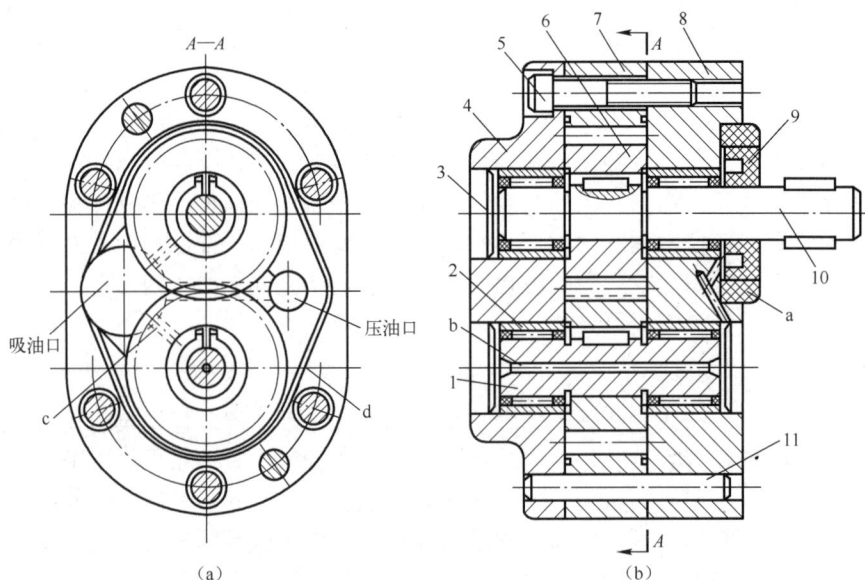

(a)

(b)

图 3.7 CB-B 型外啮合齿轮泵的结构

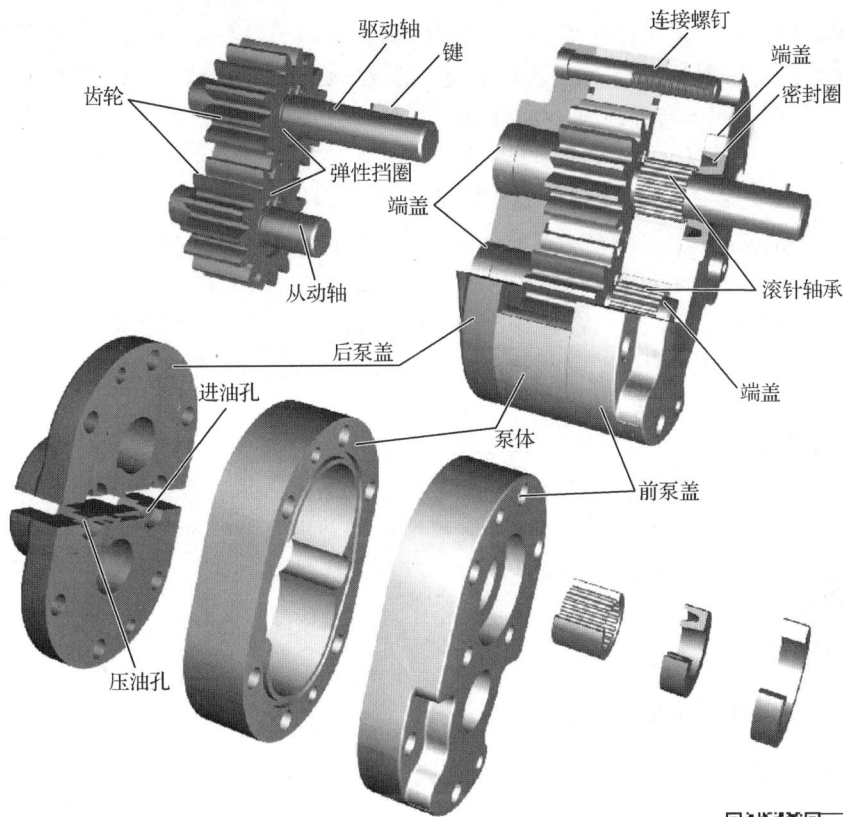

（c）

1—短轴；2—滚针轴承；3—油堵；4、8—前、后泵盖；5—螺钉；
6—齿轮；7—泵体；9—密封圈；10—长轴；11—定位销。

图 3.7　CB-B 型外啮合齿轮泵的结构（续）

扫一扫看 VR
视频：外啮合
齿轮泵

扫一扫看微课
视频：内啮合
齿轮泵

4. 内啮合齿轮泵

内啮合齿轮泵也是利用齿间密封容积的变化来实现吸油、压油的。图 3.8 所示为内啮合齿轮泵的工作原理图。它是由配油盘（前、后盖）、外转子（从动轮）和偏心安置在泵体内的内转子（主动轮）等组成的，其实物图如图 3.9 所示。

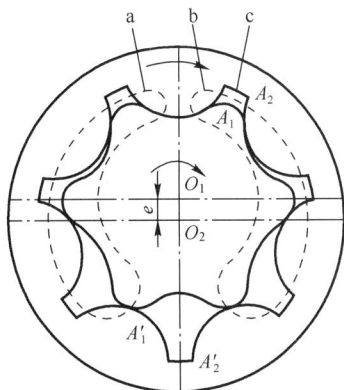

a、b—配油窗口；c—密封容积。

图 3.8　内啮合齿轮泵的工作原理图

图 3.9　内啮合齿轮泵的实物图

扫一扫看动画：
内啮合齿轮泵
工作原理

扫一扫看 VR
视频：内啮合
齿轮泵

　　内、外转子相差一齿，图 3.9 中的内转子为六齿，外转子为七齿，由于内、外转子是多齿啮合，这就形成了若干密封容积。当内转子围绕中心 O_1 旋转时，会带动外转子绕外转子中心 O_2 做同向旋转。这时，在内转子齿顶 A_1 和外转子齿谷 A_2 间形成的密封容积 c（图中的虚线部分），随着转子的转动，密封容积会逐渐扩大，于是就形成了局部真空，油液从配油窗口 b 被吸入密封腔，至 A'_1、A'_2 位置时封闭容积最大，这时吸油完毕。当转子继续旋转时，充满油液的密封容积会逐渐减小，油液受到挤压，于是通过另一个配油窗口 a 将油排出，至内转子的另一齿全部与外转子齿谷 A_2 啮合时，压油完毕，内转子每转一周，由内转子齿顶和外转子齿谷所构成的每个密封容积，就会完成吸、压油各一次，当内转子连续转动时，即完成了液压泵的吸排油工作。

　　内啮合齿轮泵的外转子齿形为圆弧，内转子齿形为短幅外摆线的等距线，故其又被称为内啮合摆线齿轮泵，也叫作转子泵。

　　内啮合齿轮泵有许多优点，如结构紧凑、体积小、零件少，转速可高达 10 000 r/mim，运动平稳、噪声低、容积效率较高等。缺点是流量脉动大、转子的制造工艺复杂等，目前已采用粉末冶金压制成型。随着工业技术的发展，内啮合齿轮泵的应用会越来越广泛。内啮合齿轮泵可正反转，也可作为液压马达使用。

任务实施

3.1.4　齿轮泵的选用和拆装

1. 齿轮泵的拆装

图 3.10 所示为外啮合齿轮泵的外观图和立体分解图。

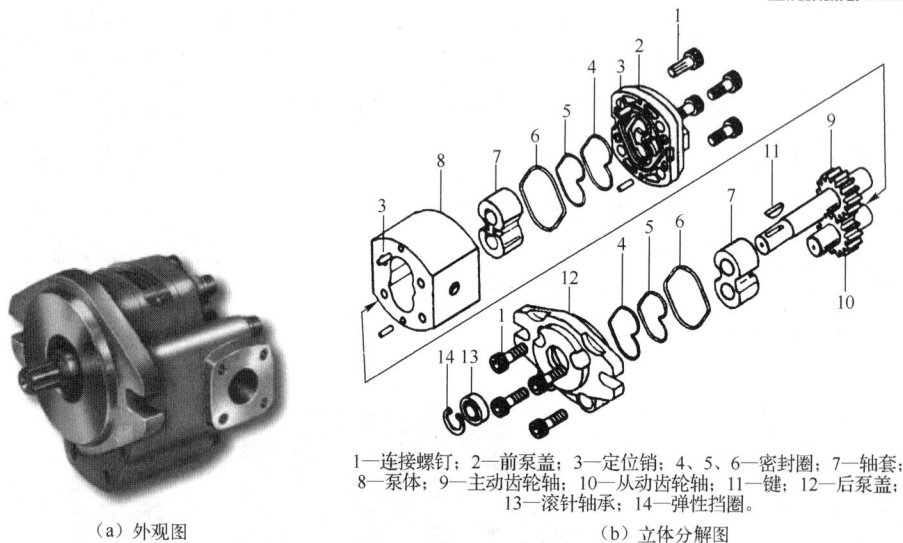

扫一扫看操作视频：齿轮泵拆装

1—连接螺钉；2—前泵盖；3—定位销；4、5、6—密封圈；7—轴套；8—泵体；9—主动齿轮轴；10—从动齿轮轴；11—键；12—后泵盖；13—滚针轴承；14—弹性挡圈。

（a）外观图　　　　　　　　　　（b）立体分解图

图 3.10　外啮合齿轮泵的外观图和立体分解图

其拆装步骤和方法如下：
（1）准备好内六角扳手一套、耐油橡胶板一块、油盘一个及钳工工具一套等。
（2）松开泵体与泵盖的连接螺钉。
（3）取出定位销。
（4）将前、后泵盖和泵体分离开。

（5）取出密封圈 4、5、6。

（6）从泵体中依次取出轴套、主动齿轮轴、从动齿轮轴等。如果配合面发卡，可用铜棒轻轻敲击出来，禁止猛力敲打，损坏零件。拆卸后，观察轴套的构造，并记住安装方向。

（7）观察主要零件的作用和结构。

① 观察泵体两个端面上泄油槽的形状、位置，并分析其作用。

② 观察前、后泵盖上的两矩形卸荷槽的形状、位置，并分析其作用。

③ 观察进、出油口的形状、位置。

（8）按拆卸的反向顺序装配齿轮泵。装配前清洗各零部件，将轴与泵盖之间、齿轮与泵体之间的配合表面涂上润滑液，并注意各处密封的装配，安装浮动轴套时应将有卸荷槽的端面对准齿轮端面，径向压力平衡槽与压油口在对角线方向，检查泵轴的旋向与泵的吸压油口是否吻合。

（9）装配完毕后，将现场清理干净。

2．工作任务单

工作任务单

姓名		班级		组别		日期	
工作任务	齿轮泵的选用和拆装						
任务描述	在液压实训室完成齿轮泵的拆卸与组装；完成对齿轮泵的工作压力与负载关系的分析						
任务要求	（1）正确进行齿轮泵的拆装并记录。 （2）正确使用相关工具。 （3）正确检测齿轮泵的工作压力，分析齿轮泵工作时出油口压力与负载之间的关系。 （4）实训结束后对齿轮泵、使用过的工具进行整理并放回原处						
提交成果	拆装实训报告						
考核评价	序号	考核内容		配分	评分标准		得分
	1	安全意识		20	遵守安全规章、制度		
	2	工具的正确使用		10	选择合适的工具，正确使用工具		
	3	齿轮泵的拆卸与组装		50	齿轮泵拆装前后的状态一致		
	4	工作压力分析		10	出油口压力与负载关系的分析正确		
	5	团队协作		10	与他人合作有效		
指导教师				总分			

任务3.2　数控加工中心液压系统动力元件的应用

扫一扫看教学课件：数控加工中心液压系统动力元件的应用

扫一扫看课程思政：中国最大直径泥水盾构机"春风号"

任务引入

数控加工中心的主轴进给运动采用的是微电子伺服控制，而其他辅助运动则采用液压驱动，如图 3.11 所示。液压泵作为动力元件向各分支提供稳定的液压能源。由于数控加工工作的特殊性，正确选择动力元件是保证整个液压系统可靠工作的关键。试根据具体要求，选择液压系统的动力元件。

图 3.11　数控加工中心

任务分析

　　在数控加工中心的液压系统中，经常采用液压泵作为动力元件，自动地向各分支提供稳定的液压能源，如夹紧回路、滑楔移动回路、机械手回转缸、刀库移动换刀等。由于加工工作的特殊性，数控加工中心的液压系统工作时，不同于液压机，它不需要液压泵输出较大的流量，也不需要液压泵输出很高的压力，但是要求液压泵在工作中噪声小、工作平稳，而齿轮泵工作时噪声大、小流量供油不稳定，因此，齿轮泵用在数控加工中心不能很好地满足工作需要，在实际应用时，常选择限压式变量叶片泵或双作用叶片泵配蓄能器作为动力元件，大型数控加工中心则采用柱塞泵作为动力元件。

相关知识

　　叶片泵的优点是运转平稳、压力脉动小、噪声小、结构紧凑尺寸小、流量大。其缺点是对油液要求高，若油液中有杂质，则叶片容易卡死；其与齿轮泵相比结构较复杂。它广泛应用于机械制造中的专用机床、自动线等中、低压液压系统中。该泵有两种形式：一种是单作用叶片泵，另一种是双作用叶片泵。单作用叶片泵往往做成变量的，而双作用叶片泵是定量的。

3.2.1　单作用叶片泵

扫一扫看微
课视频：叶
片泵

1. 单作用叶片泵的工作原理与结构

　　单作用叶片泵的工作原理如图 3.12 所示。单作用叶片泵由转子、定子和叶片等组成。定子具有圆柱形内表面，定子和转子间有偏心距 p，叶片装在转子槽中，并可在槽内滑动，当转子压油回转时，由于离心力的作用，使叶片紧靠在定子内壁，这样在定子、转子、叶片和两侧配油盘间就形成了若干个密封的工作空间，当转子按逆时针方向回转时，在图 3.12 所示的右部，叶片逐渐伸出，叶片间的空间逐渐增大，从吸油口吸油，这就是吸油腔。在图 3.12 所示的左部，叶片被定子内壁逐渐压进槽内，工作空间缩小，将油液从压油口压出，这就是压油腔。在吸油腔和压油腔之间有一段封油区，能把吸油腔和压油腔隔开，这种叶片泵每转一周，每个工作腔就完成一次吸油和压油，因此称之为单作用叶片泵。转子不停地旋转，泵就不断地吸油和排油。单作用叶片泵的实物图和结构分解图如图 3.13 所示。

改变转子与定子的偏心量，即可改变泵的流量，偏心量越大，流量越大，若将转子与定子调成接近同心，则流量接近于零。因此单作用叶片泵大多为变量泵。

单作用叶片泵的流量也是有脉动的，理论分析表明，泵内的叶片数越多，流量脉动率越小。此外，奇数叶片泵的流量脉动率比偶数叶片泵的流量脉动率小，所以单作用叶片泵的叶片均为奇数，一般为 13 片或 15 片。

另外还有一种限压式变量泵，当负荷较小时，泵输出的流量较大，负载可快速

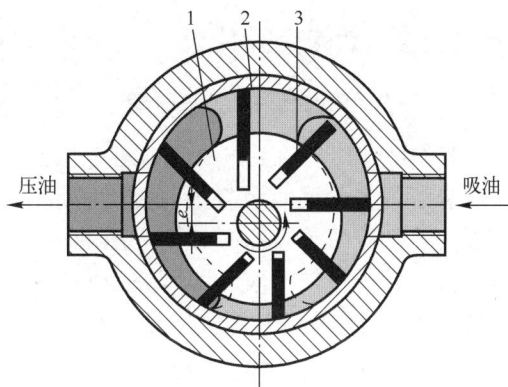

1—转子；2—定子；3—叶片。

图 3.12　单作用叶片泵的工作原理

移动；当负荷增加时，泵输出的流量变小，输出压力增加，负载速度降低。如此可减少能量消耗，避免油温上升。

扫一扫看动画：单作用叶片泵工作原理

扫一扫看动画：限压式变量叶片泵工作原理

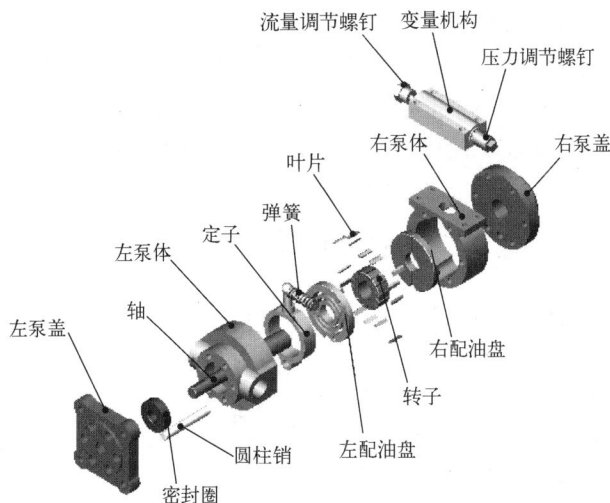

（a）实物图　　　　　　　　　　　　（b）结构分解图

图 3.13　单作用叶片泵的实物图和结构分解图

扫一扫看 VR 视频：单作用叶片泵

2. 单作用叶片泵的特点

（1）改变定子和转子之间的偏心便可以改变流量。当偏心反向时，吸油、压油的方向也相反。

（2）处在压油腔的叶片顶部受到压力油的作用，该作用要把叶片推入转子槽内。为了使叶片顶部可靠地和定子内表面接触，压油腔一侧的叶片底部要通过特殊的沟槽和压油腔相通。吸油腔一侧的叶片底部要和吸油腔相通，这里的叶片仅靠离心力的作用顶在定子内表面上。

（3）由于转子受到不平衡的径向液压作用力，所以这种泵一般不宜用于高压。

（4）为了更有利于叶片在惯性力作用下向外伸出，而使叶片有一个与旋转方向相反的倾斜角，称其为后倾角，一般为 24°。

3.2.2 双作用叶片泵

1. 双作用叶片泵的工作原理

双作用叶片泵的工作原理如图 3.14 所示。定子内表面近似为椭圆，转子和定子同心安装，有两个吸油区和两个压油区对称布置。转子每转一周，即可完成两次吸油和压油。双作用叶片泵大多是定量泵。

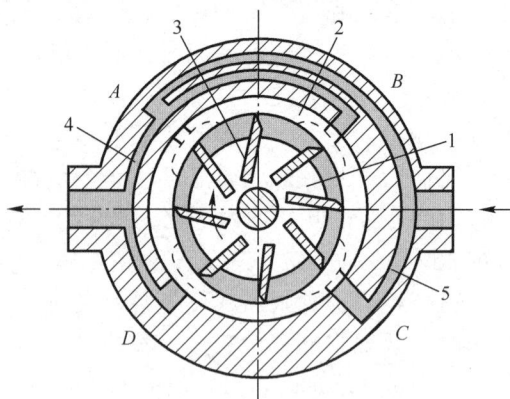

2. YB1 型叶片泵的结构

YB1 型叶片泵的结构如图 3.15 所示。它由前泵体和后泵体，左、右配油盘、定子、转子等组成。为了便于装配和使用，两个配油盘与定子、转子和叶片可组装成一个部件，用两个长螺钉紧固。转子上开有 12 个径向槽，槽内装有叶片。为了使叶

1—转子；2—定子；3—叶片；4—油液

图 3.14 双作用叶片泵的工作原理

片顶部与定子内表面紧密接触，叶片根部通过配油盘的环槽 c 与压油腔相通。转子安装在传动轴上，传动轴由两个滚珠轴承 2 和 8 支撑。配油盘是浮动的，它可以自动补偿与转子之间的轴向间隙，从而保证可靠密封，以减少泄漏。

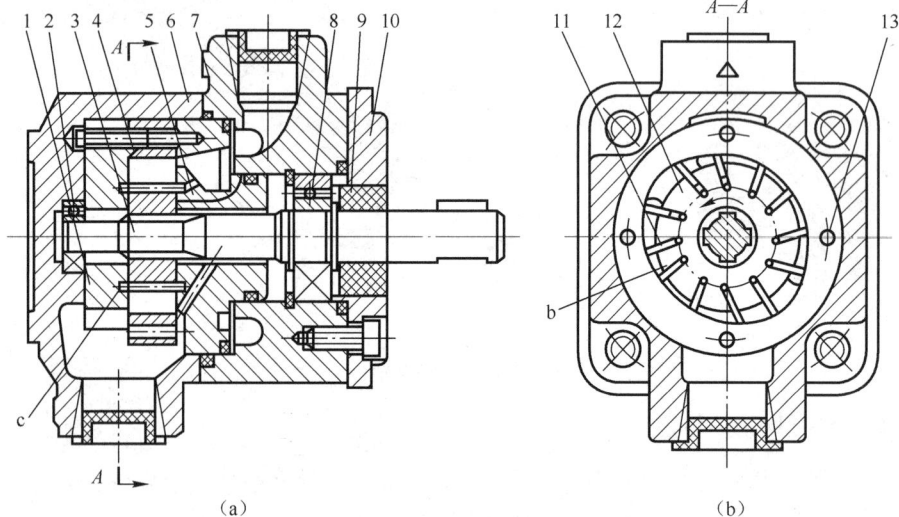

(a)　　　　　　　　　　　　　　(b)

1—左配油盘；2、8—滚珠轴承；3—传动轴；4—定子；5—右配油盘；6—后泵体；

7—前泵体；9—油封；10—压盖；11—叶片；12—转子；13—螺钉。

图 3.15 YB1 型叶片泵的结构

若双作用叶片泵不考虑叶片厚度，则泵的输出流量是均匀的，但实际上叶片是有厚度的，长半径圆弧和短半径圆弧也不可能完全同心，尤其叶片底部槽是与压油腔相通的，因此泵的输出流量将出现微小的脉动，但其脉动率比其他形式的泵（螺杆泵除外）的脉动率小得多，且在叶片数为 4 的整数倍时最小，因此双作用叶片泵的叶片一般为 12 片或 16 片。

3. 双作用叶片泵的应用

双作用叶片泵的突出优点在于径向作用力平衡，其卸除了转子轴和轴承的径向负荷，结构紧凑、流量均匀、运转平稳、噪声小、寿命较长，因此被广泛应用。但由于其结构，很难实现排量变化，当转速一定时，泵的输出流量一定，不能调节变化，因此双作用叶片泵多为定量泵。同时转速需要大于 500 r/min 才能可靠吸油，定子表面易磨损，叶片易咬死折断，可靠性差。因此，双作用叶片泵常用在机床、注塑机、液压机、起重运输机械、工程机械、飞机等中。

任务实施

3.2.3 双作用叶片泵的选用和拆装

1. 叶片泵的拆装

图 3.16 所示为 YB1 型叶片泵的外观和立体分解图。

扫一扫看操作视频：叶片泵的拆装

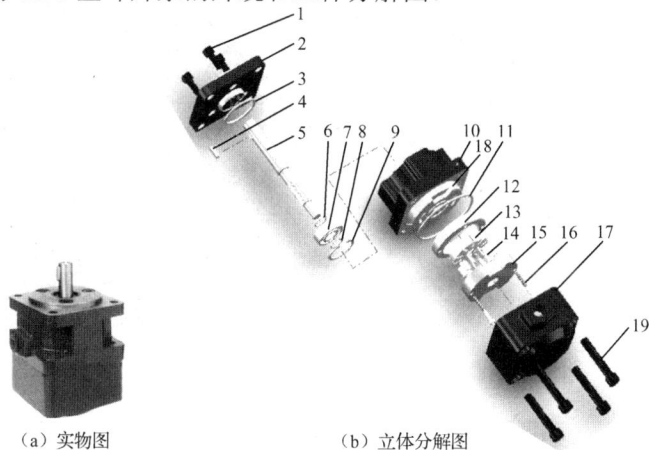

（a）实物图　　　　　　（b）立体分解图

1、16、19—螺栓；2—前盖；3、11—密封圈；4—键；5—传动轴；6、8、9—卡环；7—轴承；

10—泵体；12—定子；13—转子；14—叶片；15—右配油盘；17—泵盖；18—左配油盘。

图 3.16 YB1 型叶片泵的外观和立体分解图

其拆装步骤和方法如下：

（1）准备好内六角扳手一套、耐油橡胶板一块、油盘一个及钳工工具一套等。

（2）拧下四个螺栓 19，卸下泵盖。

（3）卸下传动轴。

（4）卸下由左配油盘、右配油盘、定子、转子等组成的组件，使它们从泵体上脱离。

（5）卸下密封圈 3、11 和卡环 6、9 等。

（6）将左、右配油盘，定子，转子等组件拆开。

① 拧下螺栓 19。

② 卸下左、右配油盘，定位销。

③ 卸下定子、转子的叶片。

（7）观察 YB1 型叶片泵主要零件的作用和结构。

① 观察定子内表面四段圆弧和四段过渡曲线的组成情况。

② 观察转子叶片上叶片槽的倾斜角度和斜倾方向。

③ 观察配油盘的结构。

④ 观察吸油口、压油口、三角槽、环形槽及槽底孔，并分析其作用。

⑤ 观察泵中所用密封圈的位置和形式。

（8）按拆卸时的反向顺序进行装配。装配前要先清洗各零部件，将各配合表面涂润滑液，并注意对各处密封的装配，再检查泵轴的旋向与泵的吸压油口是否吻合。

（9）装配完毕后，将现场清理干净。

2. 工作任务单

工作任务单

姓名		班级		组别		日期	
工作任务	双作用叶片泵的选用和拆装						
任务描述	在液压实训室完成双作用叶片泵的拆卸与组装；观察双作用叶片泵的结构，正确检测双作用叶片泵的工作压力；正确分析双作用叶片泵工作时的出油口压力与负载之间的关系						
任务要求	（1）正确进行双作用叶片泵的拆装并记录。 （2）正确使用相关工具。 （3）正确检测双作用叶片泵的工作压力，分析双作用叶片泵工作时出油口压力与负载之间的关系。 （4）实训结束后对双作用叶片泵、使用过的工具进行整理并放回原处						
提交成果	拆装实训报告						
考核评价	序号	考核内容		配分	评分标准		得分
	1	安全意识		20	遵守安全规章、制度		
	2	工具的正确使用		10	选择合适的工具，正确使用工具		
	3	双作用叶片泵的拆卸与组装		50	双作用叶片泵拆装前后的状态一致		
	4	工作压力分析		10	出油口压力与负载关系的分析正确		
	5	团队协作		10	与他人合作有效		
指导教师				总分			

任务 3.3 液压拉床动力元件的应用

扫一扫看教学课件：液压拉床动力元件的应用

扫一扫看课程思政：潘红波——以工匠之心，铸液压之魂

任务引入

液压拉床是用拉刀加工工件各种内外成形表面的机床，如图 3.17 所示。液压拉床主要应用于对通孔、平面及成形表面的加工。虽然拉刀的机构复杂、成本高，但是其加工效率高、加工精度高且有较细的表面粗糙度，因此在机械加工中占有相当重要的地位。因为拉削时拉床受到的切削力非常大，所以它通常是由液压系统驱动的。那么如何选择拉床液压系统的动力元件才能保证较大的切削力呢？

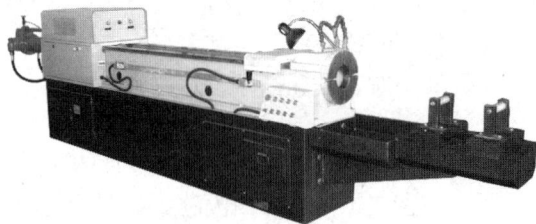

图 3.17　液压拉床

任务分析

拉削时机床只进行拉刀的直线运动，它是加工过程的主运动。由于需要较大的输出力来完成拉削任务，所以该设备以柱塞泵为液压系统提供压力油。与齿轮泵和叶片泵相比，柱塞泵能以最小的尺寸和最小的质量供给最大的动力，为一种高效率泵。该泵输出压力高，输出流量大。由于一般要求润滑装置的动力元件体积小、效率高，因此选择轴向柱塞泵作为动力元件，而径向柱塞泵使用较少。在使用轴向柱塞泵时，同样要求油液要清洁。

相关知识

扫一扫看微课
视频：柱塞泵
的工作原理

3.3.1 柱塞泵的工作原理与结构

柱塞泵是通过柱塞在液压缸内做往复运动来实现吸油和压油的。与齿轮泵和叶片泵相比，柱塞泵是一种高效率的泵，但其制造成本相对较高，该泵用于高压、大流量、大功率的场合。柱塞泵可分为轴向柱塞泵和径向柱塞泵两大类。轴向柱塞泵又可分为直轴（斜盘）柱塞泵和斜轴柱塞泵两种，其中直轴柱塞泵应用较广。

扫一扫看动画：
轴向柱塞泵工
作原理

1. 轴向柱塞泵的工作原理

轴向柱塞泵的工作原理如图 3.18 所示。轴向柱塞泵是将多个柱塞配置在一个共同缸体的圆周上，并使柱塞中心线和缸体中心线平行的一种泵。柱塞沿圆周均匀分布在缸体内，斜盘的轴线与缸体的轴线会组成一个倾斜角度，柱塞靠机械装置或在低压油作用下压紧在斜盘上（图 3.18 中为弹簧 6），配油盘和斜盘固定不转，当原动机通过传动轴使缸体转动时，由于斜盘的作用，迫使柱塞在缸体内做往复运动，并通过配油盘的配油窗口进行吸油和压油（见图 3.18 所示的回转方向），当缸体转角在 $-\pi/2 \sim \pi/2$ 范围内，柱塞向外伸出，柱塞底部缸孔的密封容积增大时，通过配油盘的吸油窗口吸油；在 $-\pi/2 \sim \pi/2$ 范围内，柱塞被斜盘推入缸体，使缸孔的密封容积减小，通过配油盘的压油窗口压油。缸体每转一周，每个柱塞各完成吸、压油过程一次，若改变斜盘倾角 γ，则能改变柱塞行程的长度，即改变液压泵的排量；若改变斜盘倾角方向，则能改变吸油和压油的方向，即成为双向变量泵。

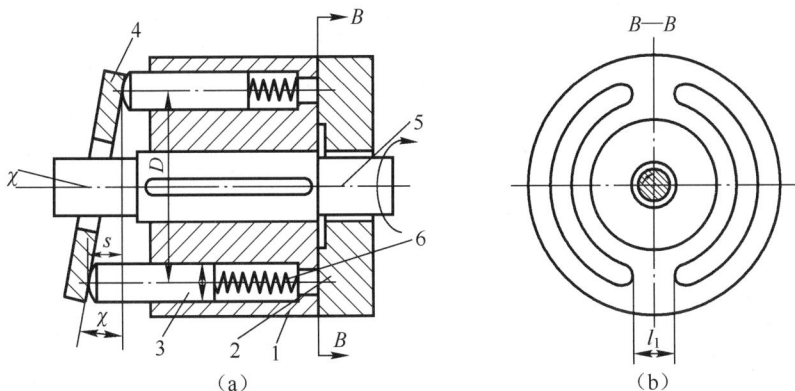

1—缸体；2—配油盘；3—柱塞；4—斜盘；5—传动轴；6—弹簧。

图 3.18 轴向柱塞泵的工作原理

扫一扫看 VR
视频：直轴（斜
盘）柱塞泵

2. 径向柱塞泵的工作原理

径向柱塞泵的工作原理如图 3.19 所示。因为柱塞径向排列装在缸体中，原动机带动缸体连同柱塞一起旋转，所以缸体一般称为转子，柱塞在离心力（或在低压油）的作用下抵紧定子的内壁，当转子按图示方向回转时，由于定子和转子之间有偏心距 e，柱塞绕经上半周时向外伸出，柱塞底部的容积逐渐增大，形成部分真空，因此便经过衬套（衬套是压紧在转子内，并和转子一起回转）上的油孔从配油孔和吸油口吸油；当柱塞转到下半周时，定子内壁将柱塞向里推，柱塞底部的容积逐渐减小，向配油轴的压油口压油，当转子回转一周时，每个柱塞底部的密封容积都会完成一次吸压油，转子连续运转，即完成吸压油工作。配油轴固定不动，油液从配油轴上半部的两个孔 a 流入，从下半部的两个油孔 d 压出，为了配油，配油轴在和衬套接触的一段加工处的上下两个缺口，形成吸油口和压油口，留下部分形成封油区。封油区的宽度应能封住衬套上的吸油口和压油口，以防这两个口连通，但尺寸也不能大得太多，以免产生困油现象。

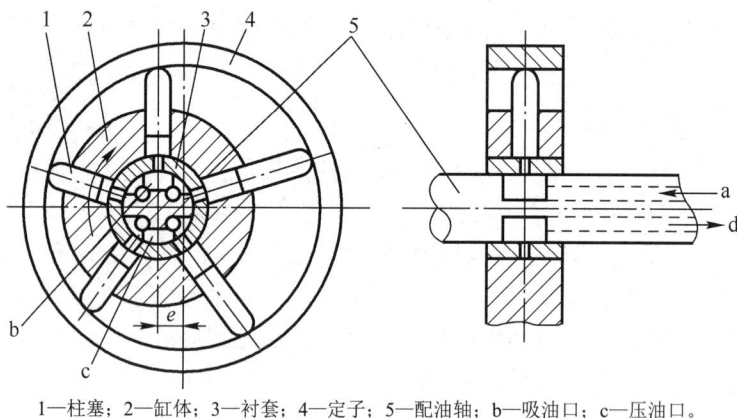

1—柱塞；2—缸体；3—衬套；4—定子；5—配油轴；b—吸油口；c—压油口。

图 3.19　径向柱塞泵的工作原理

扫一扫看微课视频：液压泵的选用

3.3.2　液压泵与电动机参数的选用

液压泵是向液压系统提供一定流量和压力的油液的动力元件，它是每个液压系统不可缺少的核心元件，合理地选择液压泵对于降低液压系统的能耗、提高系统的效率、降低噪声、改善工作性能和保证系统的可靠工作都十分重要。

1. 液压泵类型的选择

选择液压泵的原则是：根据主机工况、功率大小和系统对工作性能的要求，首先确定液压泵的类型，然后按系统所要求的压力、流量大小确定其规格型号。表 3.2 所示为液压系统中常用液压泵的主要性能。

一般来说，由于各类液压泵具有各自的特点，其结构、功能和运转方式各不相同，因此应根据不同的使用场合选择合适的液压泵。一般在机床液压系统中，往往选用双作用叶片泵和限压式变量叶片泵；而在筑路机械、港口机械及小型工程机械中，往往选择抗污染能力较强的齿轮泵；在负载大、功率大的场合往往选择柱塞泵。

表3.2 液压系统中常用液压泵的主要性能

性能	齿轮泵	双作用叶片泵	限压式变量叶片泵	径向柱塞泵	轴向柱塞泵
输出压力/MPa	<20	6.3～20	≤7	10～20	20～35
排量/（mL/r）	2.5～210	2.5～237	10～125	0.25～188	2.5～915
流量调节	不能	不能	能	能	能
效率	0.60～0.85	0.75～0.85	0.70～0.85	0.75～0.92	0.85～0.95
输出流量脉动	很大	很小	一般	一般	一般
自吸特性	好	较差	较差	差	差
对油的污染敏感性	不敏感	较敏感	较敏感	很敏感	很敏感
噪声	大	小	较大	大	大
造价	最低	中等	较高	高	高
应用范围	机床、工程机械、农业机械、航空、船舶和一般机械	机床、注塑机、液压机、起重机械、工程机械	机床、注塑机	机床、冶金机械、锻压机械、工程机械、航空、船舶	机床、液压机、船舶

2. 液压泵大小的选用

通常先根据液压泵的性能要求来选定液压泵的类型，再根据液压泵所应保证的压力和流量来确定它的具体规格。

液压泵的工作压力是根据执行元件的最大工作压力来决定的，考虑到各种压力损失，泵的最大工作压力 $p_泵$ 可按式（3.8）确定：

$$p_泵 \geq k_压 \times p_缸 \qquad (3.8)$$

式中，$p_泵$ 表示液压泵所需要提供的最大工作压力（Pa）；$k_压$ 表示系统中的压力损失系数，一般取 1.3～1.5；$p_缸$ 表示液压缸中所需的最大工作压力（Pa）。

液压泵的输出流量取决于系统所需的最大流量及泄漏量，即

$$q_泵 \geq k_流 \times q_缸$$

式中，$q_泵$ 表示液压泵所需输出的流量（m^3/min）；$k_流$ 表示系统的泄漏系数，一般取 1.1～1.3；$q_缸$ 表示液压缸所需提供的最大流量（m^3/min）。若多个液压缸同时动作，则 $q_缸$ 应为同时动作的几个液压缸所需的最大流量之和。

求出 $p_泵$、$q_泵$ 后，就可以选择液压泵的规格。选择时应使实际选用泵的额定压力大于所求出的 $p_泵$ 值，通常可放大25%。泵的额定流量一般略大于或等于所求出的 $q_缸$ 值即可。

3. 电动机参数的选择

液压泵是由电动机驱动的，可先根据液压泵的功率计算电动机所需要的功率，然后考虑液压泵的转速，再从样本中合理地选定标准的电动机。

驱动液压泵所需的电动机的功率可按式（3.9）确定：

$$P_M = \frac{p_泵 \times q_泵}{60\eta} \quad (kW) \qquad (3.9)$$

式中，P_M 表示电动机所需的功率（kW）；$p_泵$ 表示泵所需的最大工作压力（MPa）；$q_泵$ 表示泵所需输出的最大流量（L/min）；η 表示泵的总效率。

任务实施

3.3.3　柱塞泵的选用和拆装

1. 柱塞泵的拆装步骤

图 3.20 所示为 10SCY14-1B 型柱塞泵的外观和立体分解图。

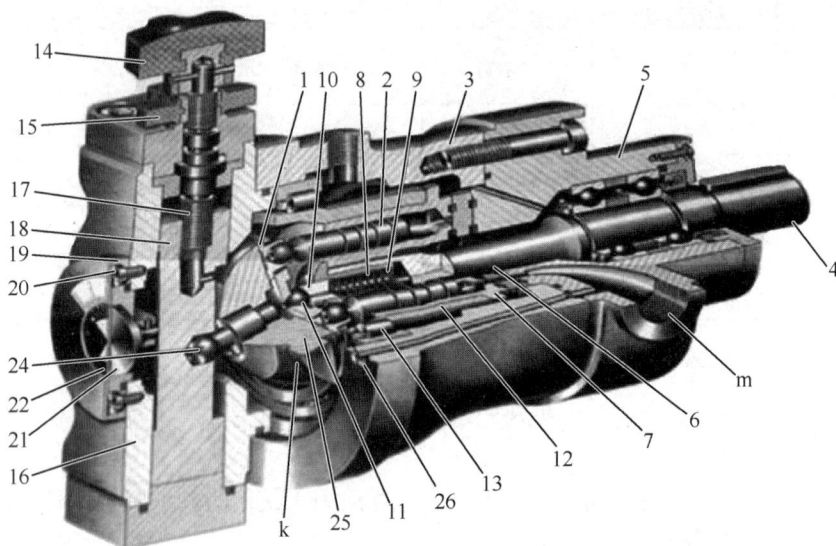

1—回程盘；2—柱塞；3—中间泵体；4—传动轴；5—前泵体；6—配油盘；7—缸体；8—定心弹簧外套；9—定心弹簧；
10—定心弹簧内套；11—钢球；12—缸体外套；13—滚子轴承；14—调节手轮；15—锁紧螺母；16—变量壳体；
17—调变螺杆；18—变量活塞；19—法兰盘；20—紧固螺栓；21—刻度转盘；22—刻度指示盘；24—销轴；
25—变量头（斜盘）；26—滑履；m—进口或出口。

图 3.20　10SCY14-1B 型柱塞泵的外观和立体分解图

其拆装步骤和方法如下：

（1）准备好内六角扳手一套、耐油橡胶板一块、油盘一个及钳工工具一套等。

（2）先把泵安装在拆装台上，加以固定，再用抹布将泵壳体擦干净，旋转调节手轮，将斜盘角调至零度，并用锁紧螺母锁紧。

（3）用内六角扳手将壳体与变量机构之间的紧固螺栓对称拧松，首先用手将紧固螺栓旋出体外，然后用螺丝刀伸入缸体与变量机构之间的缝隙中（不要伸入过多，以免碰坏密封圈）撬松，最后两手均匀用力，将变量机构从壳体上卸下来，朝天放在工作台上，以防止碰坏斜盘。

（4）将柱塞从缸体中拔出，应特别注意柱塞是精密偶件，卸下时一定要做好记号，以便装配时对号入座。将柱塞朝天放在橡皮垫上，使柱塞、液压缸、滑履的表面不受损伤。

（5）两人将泵体慢慢抬起，水平放在工作台上，将输出轴端往上抬起（约 $60°$）。使缸体慢慢从泵壳中滑出，并安放在工作台上，此时可清楚地看到配油盘上吸油口、阻尼孔的分布情况，若要拆下配油盘，应注意配油盘背面的定位销。

（6）首先拆下调节手轮及锁紧螺母和斜盘的角度指示器，然后两个人配合用内六角扳手将变量活塞端盖上的螺栓拧下，卸下两个端盖，将调节螺杆旋出。

（7）观察主要零件的作用和结构。

① 观察缸体结构，并分析其作用。

② 观察柱塞与滑履的结构，并分析其作用。

③ 观察中心弹簧机构和变量的结构、位置，并分析其作用。

（8）将零部件用煤油清洗后进行装配，装配过程与拆装过程相反。

（9）装配完毕后，将现场清理干净。

2. 工作任务单

工作任务单

姓名		班级		组别		日期	
工作任务	柱塞泵的选用和拆装						
任务描述	在液压实训室完成柱塞泵的拆卸与组装；观察柱塞泵的结构，正确检测柱塞泵的工作压力；正确分析柱塞泵工作时的出油口压力与负载之间的关系						
任务要求	（1）正确进行柱塞泵的拆装并记录。 （2）正确使用相关工具。 （3）正确检测柱塞泵的工作压力，分析柱塞泵工作时的出油口压力与负载之间的关系。 （4）实训结束后对柱塞泵、使用工具进行整理并放回原处						
提交成果	拆装实训报告						
考核评价	序号	考核内容		配分	评分标准		得分
	1	安全意识		20	遵守安全规章、制度		
	2	工具的正确使用		10	选择合适的工具，正确使用工具		
	3	柱塞泵的拆卸与组装		50	柱塞泵拆装前后的状态一致		
	4	工作压力分析		10	出油口压力与负载关系的分析正确		
	5	团队协作		10	与他人合作有效		
指导教师				总分			

习题 3

扫一扫看习题 3 的参考答案

1. 已知轴向柱塞泵的压力 $p=15$ MPa，理论流量 $q=330$ L/min，设轴向柱塞泵的总效率 $\eta=0.9$，机械效率 $\eta_m=0.93$，求泵的实际流量和驱动电动机的功率。

2. 某液压系统，泵的排量 $V=10$ mL/r，电动机转速 $n=1\,200$ r/min，泵的输出压力 $p=3$ MPa，泵的容积效率 $\eta_v=0.92$，总效率 $\eta=0.84$，求下面几个参数。

（1）泵的理论流量。

（2）泵的实际流量。

（3）泵的输出功率。

（4）驱动电动机的功率。

3．某液压泵的转速 n=950 r/min，排量 V=168 mL/r，在额定压力 p=30 MPa 和同样转速下，测得的实际流量为 150 L/min，额定工况下的总效率为 0.87，求下面几个参数。

（1）泵的理论流量。

（2）泵的容积效率和机械效率。

（3）泵在额定工况下，所需的驱动电动机功率。

项目 4
液压执行元件的应用

项目目标

通过本项目的学习，学生应掌握液压执行元件的功能和种类，熟悉液压缸和液压马达的结构原理，认识液压执行元件的使用特点，拥有应用液压执行元件的能力。具体目标如下。

（1）能掌握液压缸、液压马达的工作原理、结构特点和图形符号。

（2）能掌握液压缸的推力和速度的计算方法。

（3）能掌握液压马达的参数计算。

（4）能合理选用液压缸。

（5）能进行液压缸简单故障的分析与排除。

扫一扫看教学课件：压蜡机执行元件的应用

扫一扫看课程思政：国产运-20运输机

任务 4.1 压蜡机执行元件的应用

任务引入

图 4.1 所示为双工位、双缸液压压蜡机的外形图。该压蜡机设有两个挤蜡缸，液压系统配有 4 个液压油泵。两个挤蜡缸分别给两个工位供蜡，两个工位可按工艺要求分别调定射蜡压力，克服了双工位、单缸压蜡机射蜡压力相互影响的问题。每个工位配有两个液压油泵，压模、进模、退模、升模由一个液压油泵供油；挤蜡由一个液压油泵专门供油，射蜡压力可根据工艺要求调定。更换蜡缸，采用回转进出，操作轻便、定位

图 4.1　双工位、双缸液压压蜡机的外形图

准确。那么在压蜡机中由什么元件来带动主轴完成这一运动呢？该如何选择这些元件呢？

任务分析

分析上述任务可知，液压压蜡机要完成工作所需的双工位运动必须靠液压传动系统中相关的元件来带动，这个元件就是液压传动系统中的执行元件。液压传动系统中的执行元件一般有液压缸和液压马达两种，液压缸将油压力转化为直线运动，液压马达将油压力转化为旋转运动。此任务中需要采用液压缸作为执行元件来带动主轴产生上下运动。

相关知识

扫一扫看微课视频：液压缸和液压马达的应用

在液压传动系统中，执行元件是把油液的压力能转变为机械能输出的装置。其中液压缸将液压能转化为能进行直线运动或摆动的机械能，液压马达将液压能转化为能进行连续旋转运动的机械能。

4.1.1 液压缸的分类、特点与结构

1. 液压缸的分类

液压缸按结构特点的不同可分为活塞缸、柱塞缸和摆动缸三类。活塞缸和柱塞缸用于实现直线运动，输出推力和速度；摆动缸用于实现小于360°的转动，输出转矩和角速度。

液压缸按其作用方式的不同可分为单作用液压缸和双作用液压缸两种，如图4.2、图4.3所示。单作用液压缸中的液压力只能使活塞（或柱塞）单方向运动，反方向运动必须靠外力（如弹簧力或自重等）实现；双作用液压缸可由液压力实现两个方向的运动。

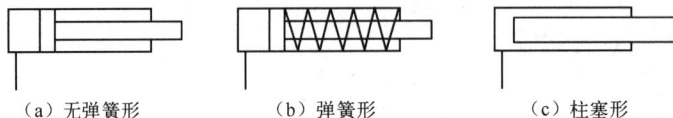

（a）无弹簧形　　　　　　（b）弹簧形　　　　　　（c）柱塞形

图4.2　单作用液压缸

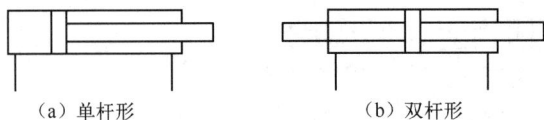

扫一扫看 VR 视频：单作用液压缸

（a）单杆形　　　　　　　　（b）双杆形

图4.3　双作用液压缸

扫一扫看 VR 视频：双作用液压缸

2. 活塞式液压缸的特点

活塞式液压缸简称活塞缸，可分为双杆活塞缸和单杆活塞缸两种，其固定方式有缸体固定和活塞杆固定两种。

1）双杆活塞缸

双杆活塞缸的活塞两端都带有活塞杆，其固定方式分为缸体固定和活塞杆固定两种，如图 4.4 所示。当两个活塞杆直径相等，供油压力和流量不变时，活塞（或缸体）在两个方向的运动速度和推力都相等，即缸的运动速度 v 及推力 F 为

$$v=\frac{q}{A}=\frac{4q}{\pi(D^2-d^2)}\text{（m/s）}\tag{4.1}$$

$$F=pA=p\frac{\pi(D^2-d^2)}{4}\ \text{(N)} \tag{4.2}$$

式中，F 为液压缸受到的推力；p 为压力；A 为液压缸的有效面积；D 为活塞面积；d 为活塞杆面积。

这种两个方向等速、等力的特性使双杆活塞缸特别适合用于双向负载基本相等而又要求往返运动速度相同的场合。

图 4.4（a）所示为缸体固定方式，此时液压缸上某一点的运动行程约等于活塞有效行程的 3 倍，一般用于中小型设备。图 4.4（b）所示为活塞杆固定方式，此时液压缸上某一点的运动行程等于缸体有效行程的两倍，常用于大中型设备。

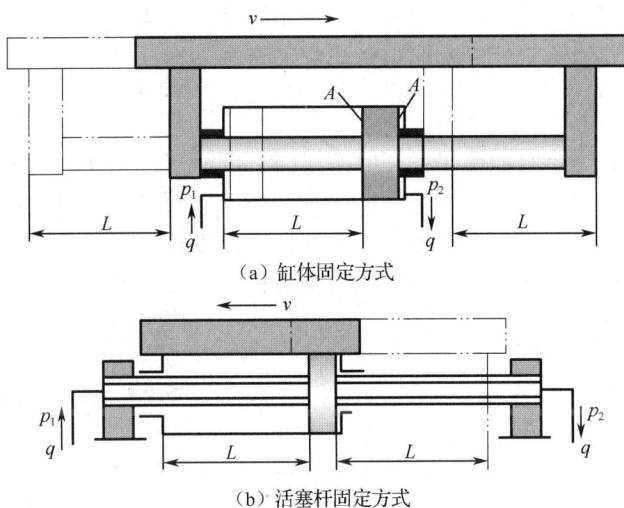

（a）缸体固定方式

（b）活塞杆固定方式

图 4.4 双杆活塞缸

扫一扫看动画：
双杆活塞缸-缸体固定

扫一扫看动画：
双杆活塞缸-活塞杆固定

扫一扫看动画：
单杆活塞缸工作原理

2）单杆缸

无杆腔进油如图 4.5 所示。若泵输入液压缸的流量为 q，压力为 p，则无杆腔进油时的活塞运动速度 v_1 及推力 F_1 为

$$v_1=\frac{q}{A_1}=\frac{4q}{\pi D^2}\ \text{(m/s)} \tag{4.3}$$

$$F_1=pA_1=p\frac{\pi D^2}{4}\ \text{(N)} \tag{4.4}$$

有杆腔进油如图 4.6 所示。有杆腔进油时的活塞运动速度 v_2 及推力 F_2 为

$$v_2=\frac{q}{A_2}=\frac{4q}{\pi(D^2-d^2)}\ \text{(m/s)} \tag{4.5}$$

$$F_2=pA_2=p\frac{\pi(D^2-d^2)}{4}\ \text{(N)} \tag{4.6}$$

式中，q 为流量；A_1 为无杆腔的有效面积；D 为活塞面积；A_2 为有杆腔的有效面积；d 为活塞杆面积。

比较式（4.3）～式（4.6），可以看出：$v_2>v_1$，$F_1>F_2$，液压缸往复运动时的速度比为

$$\frac{v_1}{v_2}=\frac{D^2-d^2}{D^2} \tag{4.7}$$

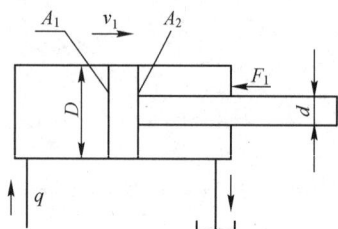

图 4.5　无杆腔进油

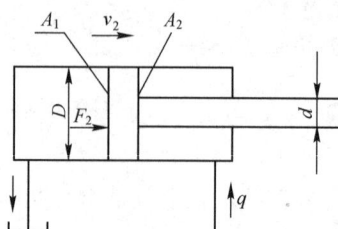

图 4.6　有杆腔进油

扫一扫看动画：
单杆活塞缸-缸
筒固定

扫一扫看动画：
单杆活塞缸-活
塞杆固定

由式（4.7）得知：若有效作用面积大，则推力大、速度慢；反之，若有效作用面积小，则推力小、速度快。

单杆活塞缸可以是缸体固定、活塞运动，也可以是活塞固定、缸体运动，无论采用哪种形式，液压缸的往复运动范围均为有效行程的两倍。单杆活塞缸的运动范围如图 4.7 所示。

3）差动连接缸

差动连接如图 4.8 所示。当液压缸的两个腔同时通以压力油时，由于作用在活塞两端面上的推力不等，因此会产生推力差。在此推力差的作用下，活塞向右运动，这时，从液压缸有杆腔排出的油液也进入液压缸的左端，使活塞快速运动，这种连接方式称为差动连接。这种两端同时通压力油，利用活塞两端面积差进行工作的单出杆液压缸也叫作差动液压缸。

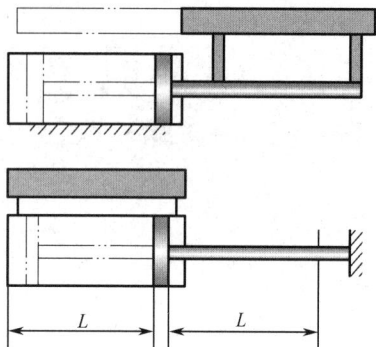

扫一扫看动画：用
液压缸差动连接的
快速运动回路

图 4.7　单杆活塞缸的运动范围

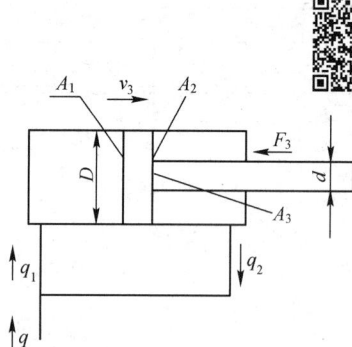

图 4.8　差动连接

设差动连接时泵的供油量为 q，无杆腔的进油量为 q_1，有杆腔的排油量为 q_2，则活塞运动速度 v_3 及推力 F_3 为

$$q = q_1 - q_2 = A_1 v_3 - A_2 v_3 = A_3 v_3 = v_3 \frac{\pi d^2}{4}$$

$$v_3 = \frac{4q}{\pi d^2} \quad \text{（m/s）} \tag{4.8}$$

$$F_3 = pA_3 = p\frac{\pi d^2}{4} \quad \text{（N）} \tag{4.9}$$

由式（4.8）和式（4.9）得知：当同样大小的液压缸差动连接时，活塞的速度 v_3 大于无差动连接时的速度 v_1，因而可以获得快速运动。当要求差动液压缸的往返速度相同时（$v_3 = v_2$），只要使活塞直径满足下列关系即可

$$D = \sqrt{2}\, d \tag{4.10}$$

差动连接通常应用于需要快进、工进、快退运动的组合机床液压系统中。

3. 其他常见液压缸

1）柱塞式液压缸

前面所讨论的双作用液压缸、双杆活塞缸和单杆活塞缸都属于活塞液压缸。这种液压缸由于对缸孔的加工精度要求很高，当行程较长时，加工难度较大，使制造成本增加。在实际生产中，某些场合所用的液压缸并不要求双向控制，柱塞式液压缸正是满足这种使用要求的一种价格低廉的液压缸。

单柱塞式液压缸如图 4.9（a）所示。其由缸筒、柱塞、导套、密封圈和压盖等零件组成，由于柱塞和缸筒内壁不接触，因此缸筒内孔不需要精加工，工艺性好、成本低。单柱塞式液压缸是单作用的，它的回程需要借助自重或弹簧等其他外力来完成，如果要获得双向运动，可将两个柱塞式液压缸成对使用，如图 4.9（b）所示。柱塞式液压缸的柱塞端面是受压面，其面积大小决定了柱塞式液压缸的输出速度和推力，为保证柱塞式液压缸有足够的推力和稳定性，一般柱塞较粗，质量较大，水平安装时易产生单边磨损，因此柱塞式液压缸适于垂直安装。为减轻柱塞的质量，有时可将其制成空心柱塞。

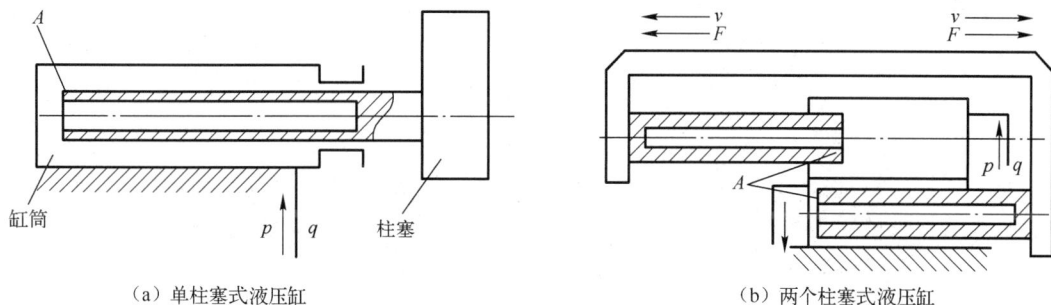

（a）单柱塞式液压缸　　　　　　　　　　　　　　（b）两个柱塞式液压缸

图 4.9　柱塞式液压缸

柱塞式液压缸结构简单、制造方便，常用于工作行程较长的场合，如大型拉床、矿用液压支架等。

2）摆动式液压缸

摆动式液压缸也叫作摆动马达。当通入液压油时，它的主轴能进行小于 360° 的摆动运动。图 4.10（a）所示为单叶片式摆动缸，它的摆动角度较大，可达 300°。图 4.10（b）所示为双叶片式摆动缸，它的摆动角度和角速度为单叶片式摆动缸的摆动角度和角速度的一半，而输出角度为单叶片式摆动缸的输出角度的两倍。

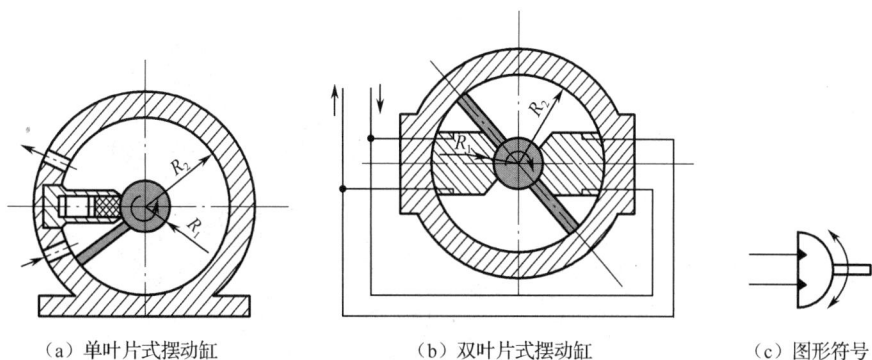

（a）单叶片式摆动缸　　　　　（b）双叶片式摆动缸　　　　　（c）图形符号

图 4.10　摆动式液压缸

3）增压缸

在某些短时间或局部需要高压的液压系统中，常将增压缸与低压大流量泵配合作用。单作用增压缸如图 4.11（a）所示，若输入低压力为 p_1 的液压油，输出高压力为 p_2 的液压油，则增大压力的关系式为

$$p_2 = p_1 \left(\frac{D}{d} \right)^2 \tag{4.11}$$

单作用增压缸不能连续向系统供油，双作用增压缸可由两个高压端连续向系统供油［见图 4.11（b）］。

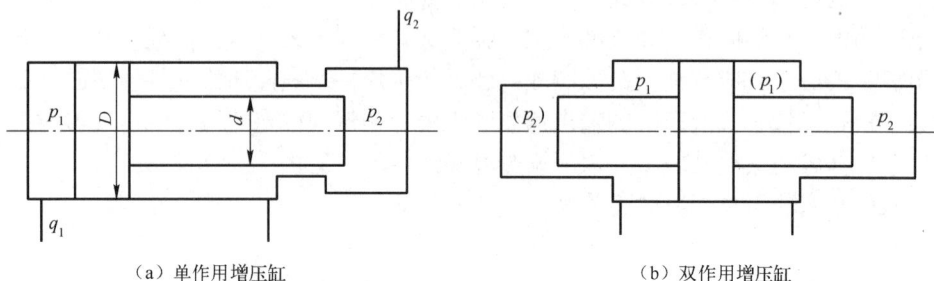

（a）单作用增压缸   （b）双作用增压缸

图 4.11 增压缸

4）伸缩式液压缸

伸缩式液压缸如图 4.12 所示。伸缩式液压缸由两个或多个活塞式液压缸套装而成，前一级活塞式液压缸的活塞是后一级活塞式液压缸的缸筒，可获得很长的工作行程。伸缩式液压缸被广泛用于起重运输车辆上。

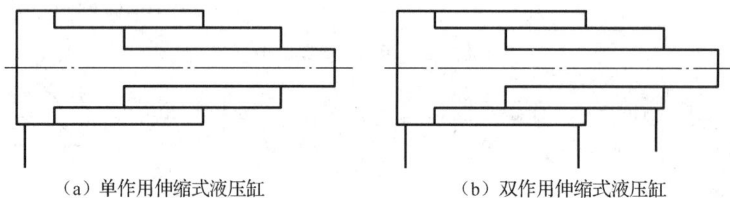

（a）单作用伸缩式液压缸   （b）双作用伸缩式液压缸

图 4.12 伸缩式液压缸

扫一扫看动画：伸缩式液压缸

5）齿轮缸

齿轮缸如图 4.13 所示。它由两个柱塞和一套齿轮齿条传动装置组成，当液压油推动活塞左右往复运动时，齿条就推动齿轮往复转动，从而由齿轮驱动工作部件做往复旋转运动。

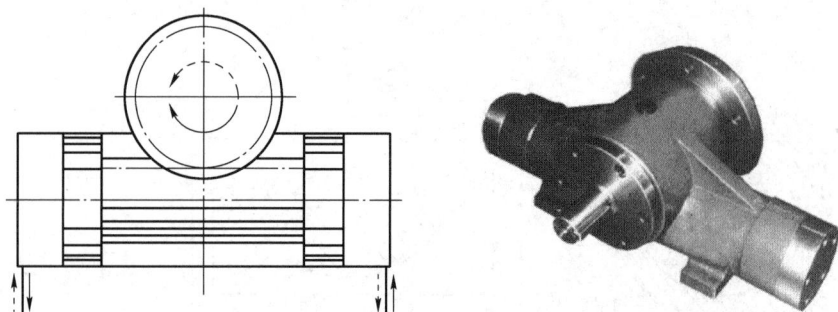

图 4.13 齿轮缸

4. 液压缸的结构

1）液压缸的典型结构举例

图 4.14 所示为双作用单杆活塞缸的典型结构。它是由缸底、缸筒、缸盖兼导向套、活塞和活塞杆组成。缸筒一端与缸底焊接，另一端的缸盖兼导向套与缸筒用卡键、套和弹簧挡圈固定，以便拆装、检修，两端设有油口 A 和 B。活塞与活塞杆利用卡键、卡键帽和弹簧挡圈连在一起。活塞与缸孔的密封采用的是一对 Y 形聚氨酯密封圈，由于活塞与缸孔有一定的间隙，采用由尼龙 1010 制成的耐磨环（又叫作支撑环）定心导向。活塞杆和活塞的内孔由 O 形密封圈密封。较长的缸盖兼导向套则可保证活塞杆不偏离中心，缸盖兼导向套的外径由 O 形密封圈密封，而其内孔则由 Y 形聚氨酯密封圈和防尘圈密封，分别防止油外漏和将灰尘带入缸内。缸通过杆端销孔与外界连接，销孔内有尼龙衬套以防磨损。

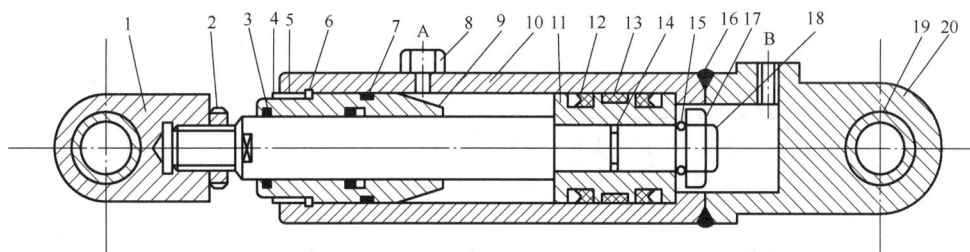

1—耳环；2—螺母；3—防尘圈；4、17—弹簧挡圈；5—套；6、15—卡键；
7、14—O 形密封圈；8、12—Y 形聚氨酯密封圈；9—缸盖兼导向套；10—缸筒；11—活塞；
13—耐磨环；16—卡键帽；18—活塞杆；19—衬套；20—缸底。

图 4.14　双作用单杆活塞缸的典型结构

2）液压缸的组成

液压缸一般由缸筒和缸盖、活塞和活塞杆、密封装置、缓冲装置、放气装置等组成。选用液压缸时，首先应考虑活塞杆的长度，再根据回路的最高压力选用适合的液压缸。

（1）缸筒和缸盖。一般来说，缸筒和缸盖的结构形式与其使用的材料有关。当工作压力 $p<10$ MPa 时，使用铸铁；当 $p<20$ MPa 时，使用无缝钢管；当 $p>20$ MPa 时，使用铸钢或锻钢。图 4.15 所示为缸筒和缸盖的常见结构形式。图 4.15（a）所示为法兰连接式，其结构简单、容易加工，也容易拆装，但外形尺寸和质量都较大，常用于铸铁制的缸筒上。图 4.15（b）所示为半环连接式，它的缸筒壁部因开了环形槽而降低了强度，所以有时要加厚缸筒壁，它容易加工和拆装，质量较小，常用于无缝钢管或锻钢制的缸筒上。图 4.15（c）所示为螺纹连接式，它的缸筒端部结构复杂，在外径加工时要求保证内外径同心，拆装要使用专用工具，它的外形尺寸和质量都较小，常用于无缝钢管或铸钢制的缸筒上。图 4.15（d）所示为拉杆连接式，其结构的通用性大，容易加工和拆装，但外形尺寸较大且较重。图 4.15（e）所示为焊接连接式，其结构简单、尺寸小，但缸底处的内径不易加工，且可能会引起变形。

（2）活塞和活塞杆。可以把短行程的液压缸的活塞杆和活塞做成一体的，这是最简单的形式之一。但当行程较长时，这种整体式活塞组件的加工比较费事，所以常先把活塞和活塞杆分开制造，再连接成一体。图 4.16 所示为几种常见的活塞和活塞杆的连接形式。

图 4.16（a）所示为活塞与活塞杆之间采用螺纹连接，它适用于负载较小、受力无冲击的液压缸。螺纹连接虽然结构简单、安装方便，但在活塞杆上车螺纹将削弱其强度。图 4.16（b）和（c）所示为卡环式连接。图 4.16（b）中的活塞杆上开有一个环形槽，槽内装有两个半环

以夹紧活塞，半环由轴套套住，而轴套的轴向位置用弹簧卡来固定。图4.16（c）中的活塞杆使用了两个半环，它们分别由两个密封圈座套住，半圆形的活塞安放在密封圈座的中间。图 4.16（d）所示为径向销式连接，用锥销把活塞固定在活塞杆上，这种连接方式特别适用于双出杆式活塞。

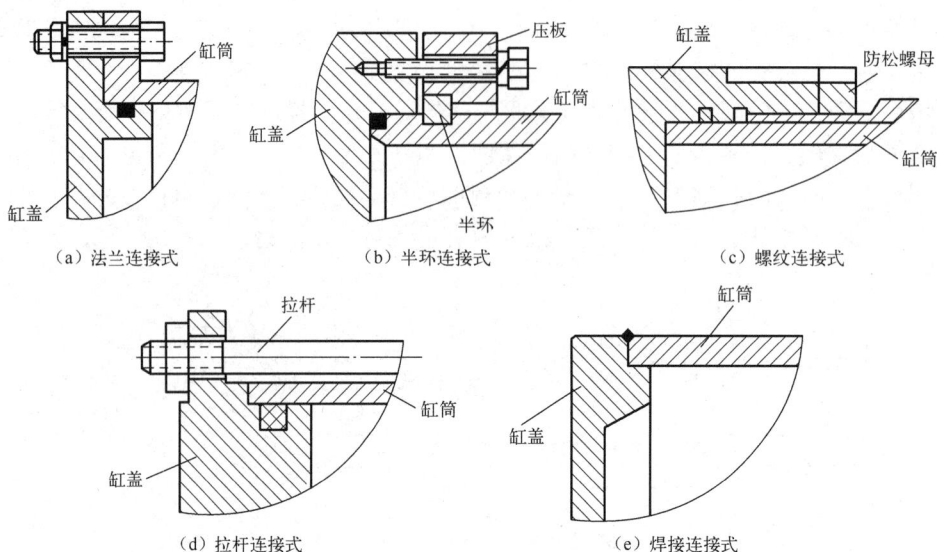

（a）法兰连接式　　　　（b）半环连接式　　　　（c）螺纹连接式

（d）拉杆连接式　　　　　　　　（e）焊接连接式

图4.15　缸筒和缸盖的常见结构形式

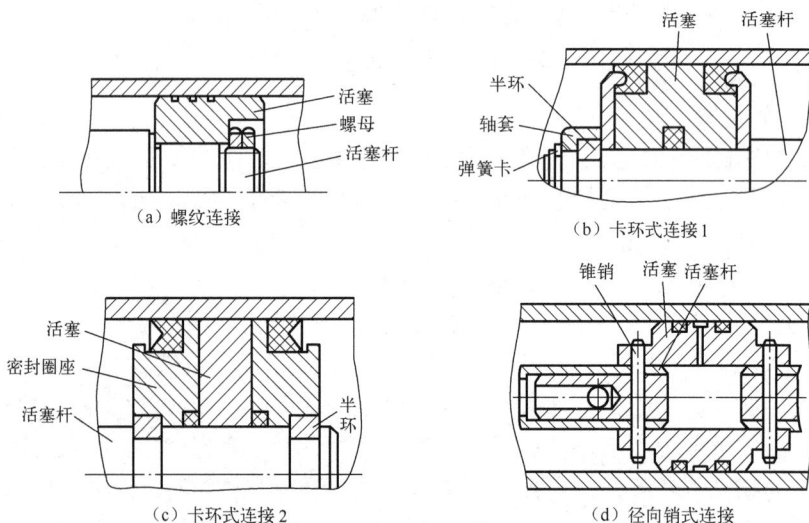

（a）螺纹连接　　　　　　　　（b）卡环式连接1

（c）卡环式连接2　　　　　　　（d）径向销式连接

图4.16　几种常见的活塞和活塞杆的连接形式

（3）密封装置。液压缸中常见的密封装置如图4.17所示。图4.17（a）所示为间隙密封，它依靠运动间的微小间隙来防止泄漏。为了提高这种装置的密封能力，常在活塞的表面制出几条细小的环形槽，以增大油液通过间隙时的阻力。它的结构简单、摩擦阻力小，可耐高温，但泄漏大，加工要求高，磨损后无法恢复原有能力，只能在尺寸较小、压力较低、相对运动速度较高的缸筒和活塞间使用。图4.17（b）所示为摩擦环密封，它通过套在活塞上的摩擦环（由尼龙或其他高分子材料制成），在摩擦环弹力作用下贴紧缸壁而防止泄漏。摩擦环效果较好，摩擦阻力较小且稳定，可耐高温，磨损后有自动补偿能力，但加工要求高，装拆较不便，

适用于缸筒和活塞之间的密封。图 4.17（c）、（d）所示分别为 O 形圈密封、V 形圈密封，它们利用橡胶或塑料的弹性使各种截面的环形圈贴紧在静、动配合面之间来防止泄漏。它们结构简单、制造方便，磨损后有自动补偿能力，性能可靠，在缸筒和活塞之间、缸盖和活塞杆之间、活塞和活塞杆之间、缸筒和缸盖之间都能使用。

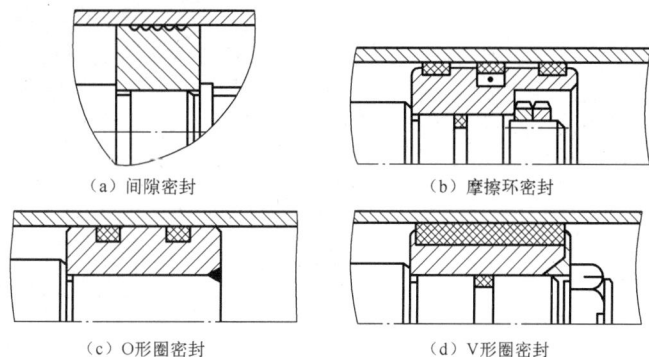

（a）间隙密封　　　　　（b）摩擦环密封

（c）O 形圈密封　　　　（d）V 形圈密封

图 4.17　液压缸中常见的密封装置

　　对于活塞杆的外伸部分来说，由于它很容易把污物带入液压缸，使油液受到污染，使密封件磨损，因此常需要在活塞杆密封处增添防尘圈，并放在向着活塞杆外伸的一端。

　　（4）缓冲装置。液压缸一般都设置缓冲装置，特别是对大型、高速或要求高的液压缸，为了防止活塞在行进到行程终点时和缸盖相互撞击，引起噪声、冲击，必须设置缓冲装置。

　　缓冲装置的工作原理是利用活塞或缸筒在其走向行程终端时封住活塞和缸盖之间的部分油液，强迫它从小孔或细缝中挤出，以产生很大的阻力，使工作部件受到制动，逐渐减慢运动速度，达到避免活塞和缸盖相互撞击的目的。

　　图 4.18（a）所示为当缓冲柱塞进入与其相配的缸盖上的内孔时，孔中的液压油只能通过间隙 δ 排出，使活塞速度降低。由于配合间隙不变，因此随着活塞运动速度的降低，其能起到缓冲作用。当缓冲柱塞进入配合孔之后，油腔中的油只能经节流阀排出，如图 4.18（b）所示。由于节流阀是可调的，因此缓冲作用也可调节，但仍不能解决速度降低后缓冲作用减弱的缺点。图 4.18（c）所示为在缓冲柱塞上开有三角槽，随着柱塞逐渐进入配合孔中，其节流面积越来越小，解决了在行程最后阶段缓冲作用过弱的问题。

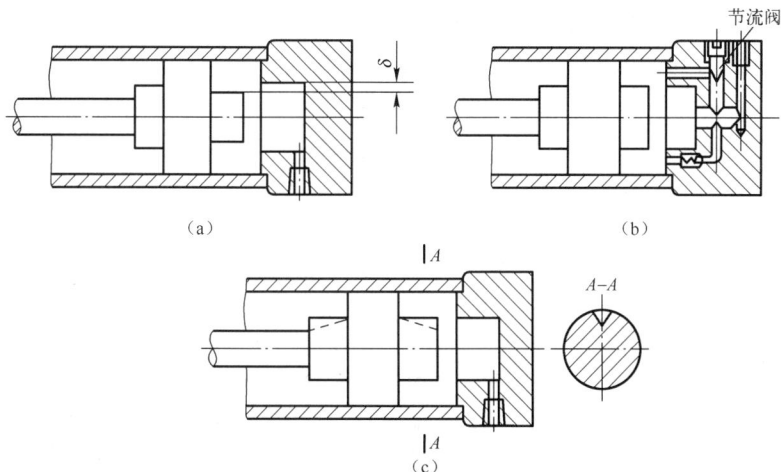

（a）　　　　　　　　　　　　（b）

（c）

扫一扫看动画:液压缸的缓冲装置

图 4.18　液压缸的缓冲装置

（5）放气装置。当液压缸在安装过程中或长时间停放后重新工作时，液压缸和管道系统中会渗入空气，为了防止执行元件出现爬行、噪声和发热等不正常现象，需要把液压缸和管道系统中的空气排出。一般可在液压缸的最高处设置进、出油口把气带走，也可在最高处设置如图 4.19（a）所示的放气孔或专门的放气阀 [见图 4.19（b）、（c）]。

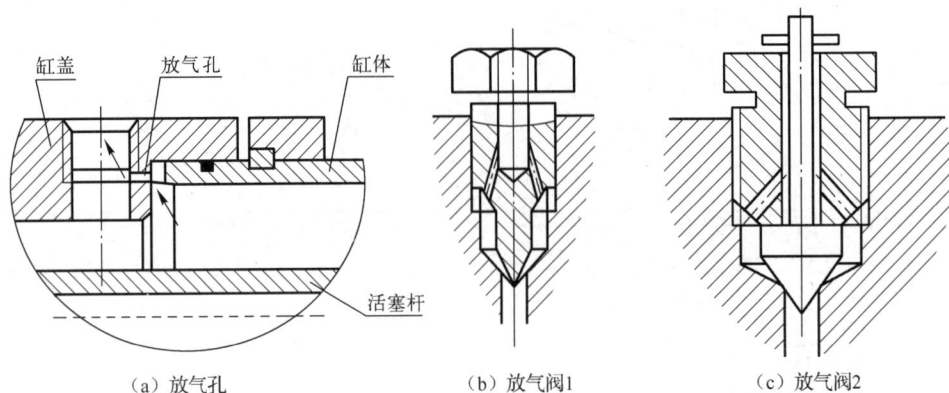

（a）放气孔　　　　　　　（b）放气阀1　　　　　　　（c）放气阀2

图 4.19　放气装置

扫一扫看课程思政：Atlas 机器人再度升级

4.1.2　液压马达的工作原理与参数计算

液压马达是将液体的压力能转换为机械能的能量转换装置，它是液压设备执行机构实现旋转运动的执行元件。从工作原理上讲，它与液压泵是可逆的，但由于功能不同，它们的实际结构有所差别，本节仅做简要介绍。

扫一扫看微课视频：液压马达

扫一扫看教学课件：液压马达的应用

1. 液压马达的分类

液压马达与液压泵一样，按其结构形式分为齿轮式液压马达、叶片式液压马达和柱塞式液压马达；按其排量是否可调分为定量式液压马达和变量式液压马达。

液压马达一般根据其转速来分类，分为高速液压马达和低速液压马达。一般认为，额定转速高于 500 r/min 的液压马达属于高速液压马达；额定转速低于 500 r/min 的液压马达属于低速液压马达。高速液压马达的主要优点是转速高、转动惯量小，便于启动、制动、调速和换向；其缺点是启动转矩较低、最低稳定转速偏高、低速稳定性差。低速液压马达主要有径向柱塞马达、斜盘式柱塞马达、双作用叶片马达等。它的主要特点是排量大、低速稳定性好，具有较大的启动转矩，因此可以直接与工作机构连接，不需要减速机构，从而大大减少了机械的传动装置。因为低速液压马达的输出转矩较大，所以又称其为低速大转矩液压马达。低速液压马达的主要缺点是体积大、转动惯量大、制动较困难。

2. 液压马达的工作原理和图形符号

以叶片式液压马达为例，其通常是双作用的，工作原理和图形符号如图 4.20 所示。当压力油从进油口经配油窗口 a 输入转子与相邻两个叶片间的密封容腔时，位于进油腔的两个叶片 2 和 6 两侧均受进油口压力的作用，作用力相互抵消，故不产生转矩；位于回油腔的两个叶片 4 和 8 两侧均受回油压力的作用，也不产生转矩。而位于封油区的叶片 3、7 和 1、5，一面受进油腔压力的作用，而另一面通过配油窗口 b 与回油口相通，受低压油的作用，叶片两侧所受的作用力不平衡，故叶片推动转子转动。由于叶片 3 和 7 的伸出长度比叶片 1 和 5 的伸出长度大，即作用面积大，因此转子产生顺时针方向的转动，通过与转子相连的马达轴

输出转矩和转速。当改变输油方向时，液压马达反转。叶片式液压马达一般都是双向定量液压马达。

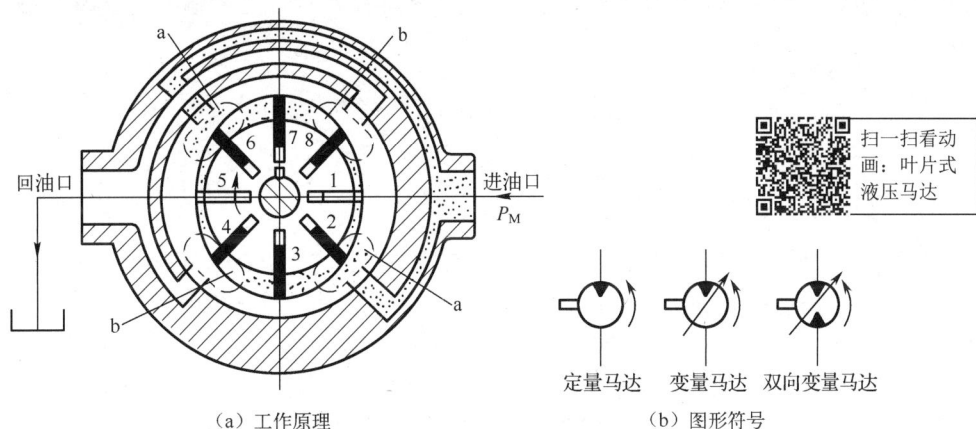

（a）工作原理　　　　（b）图形符号

图 4.20　叶片式液压马达的工作原理和图形符号

为保证叶片马达正、反转的要求，叶片沿转子径向安放，进、回油口通径一样大，同时叶片根部必须与进油腔相通，使叶片与定子内表面紧密接触，在泵体内装有两个单向阀。

3. 液压马达的参数计算

在液压马达的各项性能参数中，压力、排量、流量等参数与液压泵同类参数有相似的含义，其差别在于：在液压泵中它们是输出参数，在液压马达中它们是输入参数。

（1）排量。排量是指在不考虑泄漏的情况下，液压马达轴每转一周，所需要输入的液体体积，用 V_M 表示。常用单位：mL/r。

（2）流量。理论流量 q_t。液压马达的理论流量是指液压马达在不考虑泄漏的情况下，单位时间内所需输入的液体体积（L/min），用符号 q_t 表示。若液压马达轴的每分钟转速为 n，则液压马达的理论流量 q_t 为

$$q_t = Vn \tag{4.12}$$

式中，V 表示液压马达的排量（L/r）；n 表示液压马达的转速（r/min）。

实际流量是指液压马达工作时的输入流量，用 q 表示。计算实际流量时必须考虑液压马达的泄漏量（Δq）。则液压马达的实际流量为

$$q = q_t + \Delta q \tag{4.13}$$

（3）液压马达的容积效率 η_v。

$$\eta_v = \frac{q_t}{q} \tag{4.14}$$

（4）液压马达的机械效率 η_m。

$$\eta_m = \frac{T}{T_t} \tag{4.15}$$

（5）液压马达的转矩 T。忽略能量损失，设液压马达进出口的工作压力差为 Δp，则液压马达的理论功率为

$$P_t = 2\pi nT_t = \Delta p q_t = \Delta p Vn \tag{4.16}$$

即　　　　　　　　　$T_t = \Delta pV/2\pi$

所以有
$$T = \frac{\Delta p V}{2\pi}\eta_\mathrm{m} \qquad (4.17)$$

（6）液压马达的总效率η。液压马达的总效率是指液压马达的输出功率P_o与输入功率P_i的比值，即

$$\eta = \frac{P_\mathrm{o}}{P_\mathrm{i}} = \frac{2\pi n T}{\Delta p q} = \frac{2\pi n T}{\Delta p \frac{V n}{\eta_v}} = \frac{T}{\frac{\Delta p V}{2\pi}}\eta_v = \eta_\mathrm{m}\eta_v \qquad (4.18)$$

4. 液压马达在结构上与液压泵的差异

（1）液压马达是依靠输入的压力油来启动的，密封容腔必须有可靠的密封。

（2）液压马达往往要求能正、反转，因此它的配流机构应该对称，进、出油口的大小应相等。

（3）液压马达是依靠泵的输出压力来进行工作的，不需要具备自吸能力。

（4）液压马达要能实现双向转动，高、低压油口要能相互变换，故采用外泄式结构。

（5）液压马达应有较大的启动转矩，为使启动转矩尽可能地接近工作状态下的转矩，要求液压马达的转矩脉动小，内部摩擦小，齿数、叶片数和柱塞数比泵的齿数、叶片数和柱塞数多。同时，要求液压马达的轴向间隙补偿装置的压紧力系数也比泵的压紧力系数小，以减小摩擦。

虽然液压马达和泵的工作原理是可逆的，但由于上述原因，同类型的泵和液压马达一般不能通用。

4.1.3 液压执行元件的选用

扫一扫看 VR 视频：齿轮式液压马达

扫一扫看动画：柱塞式液压马达工作原理

1. 液压马达的选用

在选择液压马达时，需要考虑的因素很多，如转矩、转速、工作压力、排量、外形及连接尺寸、容积效率、总效率等。首先应根据液压系统的工作特点选择类型，然后根据要求输出的转矩和转速选择合适的型号和规格。

（1）齿轮式液压马达的选用。齿轮式液压马达的结构简单、制造容易，但转速的脉动性较大；齿轮式液压马达的负载转矩不大，速度平稳性要求不高，噪声限制不严，适用于高转速低转矩的情况。所以，齿轮式液压马达一般用于钻床、通风设备中。

（2）叶片式液压马达的选用。叶片式液压马达的结构紧凑、外形尺寸小、运动平稳、噪声小、负载转矩小，一般适用于磨床回转工作台和机床操纵机构。

（3）摆线式液压马达的选用。摆线式液压马达的负载速度中等，体积小，一般适用于塑料机械、煤矿机械、挖掘机。

（4）柱塞式液压马达的选用。轴向柱塞式液压马达的结构紧凑、径向尺寸小、转动惯量小、转速较高、负载大、有变速要求、负载转矩较小、低速平稳性要求高，所以其一般用于起重机、绞车、铲车、内燃机车、数控机床、行走机械；径向柱塞式液压马达的负载转矩较大、速度中等、径向尺寸大，较多应用于塑料机械、行走机械等；内曲线径向液压马达的负载转矩较大、转速低、平稳性高，用于挖掘机、拖拉机、起重机、采煤机等。

液压马达的种类很多，可针对不同的工况进行选择。

低速运转工况可选择低转速液压马达，也可以采用高速液压马达加减速装置。在这两种

方案的选择上，应根据结构及空间情况、设备成本、驱动转矩是否合理等进行选择。确定所采用液压马达的种类后，可先根据液压马达产品的技术参数概览表选出几种规格，再进行综合分析，加以选择。

表 4.1 所示为常用液压马达的技术性能参数表，供选用液压马达时参考。

表 4.1　常用液压马达的技术性能参数表

性能	齿轮式液压马达	叶片式液压马达	轴向柱塞式液压马达	曲轴连杆式液压马达	静力平衡式液压马达	多作用内曲线式液压马达
压力范围/MPa	10～14	6～20	10～32	16	14～25	7～32
转矩/N·m	17～330	10～70	17～5655	44～23304	470～16800	167～120814
转速范围/(r/min)	150～3000	120～3000	30～3000	5～1500	2～1500	0.2～180
机械效率	0.8～0.85	0.85～0.95	0.90～0.95	0.92～0.95	0.92～0.95	0.95～0.98
制动性能	差	较差	好	尚好	尚好	尚好
噪声	大	小	较小	大	大	大
流量脉动/%	11～27	1～3	2～14	1～14	2～14	<1
最高自吸能力/KPa	50	33.5	33.5	16.5	16.5	63.5
连续运转允许油温/℃	60	60	60	60	60	60
对油中杂质的敏感性	不敏感	较敏感	较敏感	很敏感	很敏感	不敏感

2. 液压缸的选用

在液压系统中选择合适的液压缸，首先应考虑工况及安装条件，然后确定液压缸的主要参数及标准密封附件和其他附件，其使用工况及安装条件如下。

（1）当工作中有剧烈冲击时，液压缸的缸筒、端盖不能用脆性材料，如铸铁。

（2）当采用长行程液压缸时，需综合考虑选用足够刚度的活塞杆和安装中间圈。

（3）当工作环境污染严重，有较多的灰尘、风沙、水分等杂质时，需采用活塞杆防护套。

（4）安装方式与负载导向会直接影响活塞杆的稳定性，也会影响对活塞杆直径 d 的选择。按负载的重、中、轻型，推荐的安装方式和负载导向参考如表 4.2 所示。

表 4.2　推荐的安装方式和负载导向参考表

负载类型	推荐的安装方式	作用力承受情况	负载导向情况
重型	法兰安装	作用力与支承中心在同一轴线上	导向
	耳轴安装		导向
	底座安装	作用力与支承中心不在同一轴线上	导向
	后球铰安装	作用力与支承中心在同一轴线上	不要求导向
中型	耳环安装	作用力与支承中心在同一轴线上	导向
	法兰安装		导向
	耳轴安装		导向
轻型	耳环安装	作用力与支承中心在同一轴线上	可不导向

（5）缓冲机构的选用：一般认为普通液压缸在工作压力为 $p>10\ \text{MPa}$、活塞速度为 $v>0.1\ \text{m/s}$ 时，应采用缓冲装置或其他缓冲办法。这只是一个参考条件，还要根据具体情况和液压缸的用途

等来决定。例如，速度变化缓慢的液压缸，当活塞速度 $v \geqslant 0.1$ m/s 时，也需要采用缓冲装置。

（6）密封装置的选用：选用合适的密封圈和防尘圈。

（7）工作介质的选用：按照环境温度可初步选定工作介质的品种。

① 在正常温度（-20～60 ℃）下工作的液压缸，一般采用石油型液压油。

② 在高温（>60 ℃）下工作时，必须采用难燃液及特殊结构的液压缸。

任务实施

4.1.4 液压缸的选用和拆装

扫一扫看操
作视频：液
压缸的拆装

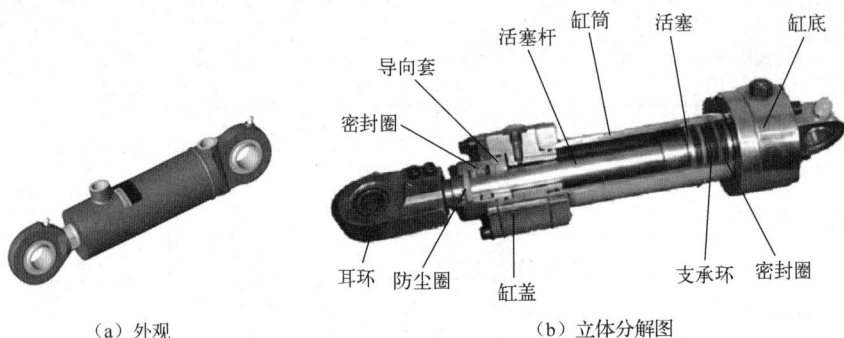

1. 液压缸的拆装步骤

图 4.21 所示为单杆液压缸的外观和立体分解图。

（a）外观　　　　　　　　　　　　（b）立体分解图

图 4.21　单杆液压缸的外观和立体分解图

其拆装步骤和方法如下：

（1）准备好锤子、内六角扳手、钳子、起子等。

（2）液压缸的拆卸顺序：先拆掉两端压盖上的螺钉及缸盖；将活塞与活塞杆从缸体中分离出来。在拆卸液压缸的缸盖时，对于内卡键式连接的卡键或卡环要使用专用工具，禁止使用扁铲；对于法兰式缸盖必须用螺钉顶出，不允许锤击或硬撬。在活塞和活塞杆难以抽出时，不可强行打出，应先查明原因再进行拆卸。

（3）观察活塞与活塞杆的结构及其连接方式，缸筒与缸盖的连接方式；观察缓冲装置的类型并分析其原理及调节方法；观察密封的类型并分析其原理。

（4）缸的装配：装配前清洗各零件，将活塞杆与导向套、活塞与活塞杆、活塞与缸体等配合表面涂润滑油，按拆卸时的反向顺序装配。

（5）装配完毕后，将现场清理干净。

2. 工作任务单

工作任务单

姓名		班级		组别		日期	
工作任务	液压缸的选用和拆装						
任务描述	在液压实训室完成液压缸的拆卸与组装；观察液压缸的结构，正确检测液压缸的运动速度和工作压力；正确分析液压缸工作时的运动速度、工作压力等参数						

续表

任务要求	（1）正确进行液压缸的拆装并记录。 （2）正确使用相关工具。 （3）正确检测液压缸的运动速度和工作压力，分析影响液压缸正常工作及容积效率的因素，了解易产生故障的部件并分析其原因。 （4）实训结束后对液压缸、使用过的工具进行整理并放回原处				
提交成果	拆装实训报告				
考核评价	序号	考核内容	配分	评分标准	得分
	1	安全意识	20	遵守安全规章、制度	
	2	工具的正确使用	10	选择合适的工具，正确使用工具	
	3	液压缸的拆卸与组装	50	液压缸拆装前后的状态一致	
	4	影响液压缸正常工作及容积效率的分析	10	影响液压缸正常工作及容积效率的分析正确	
	5	团队协作	10	与他人合作有效	
指导教师			总分		

习题 4

扫一扫看习题 4 的参考答案

1. 试分别计算图 4.22（a）、（b）中的大活塞杆上的推力和运动速度。

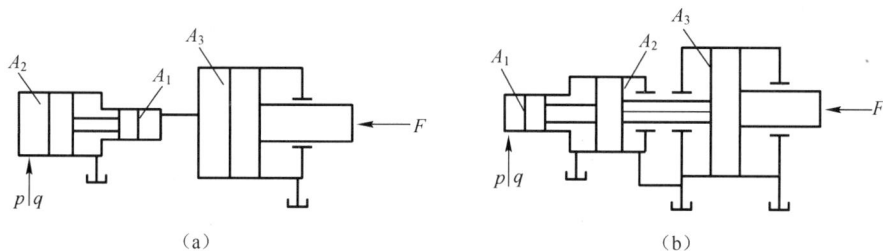

图 4.22　大活塞杆

2. 某一差动液压缸，求在 $v_{快进}=v_{快退}$ 和 $v_{快进}=2v_{快退}$ 两种条件下的活塞面积 A_1 和活塞杆面积 A_2 之比。

3. 图 4.23 所示为两个结构和尺寸均相同且相互串联的液压缸，无杆腔的面积 $A_1=100\,cm^2$，有杆腔的面积 $A_2=80\,cm^2$，缸 1 的输入压力 $p_1=0.9\,MPa$，输入流量 $q_1=12\,L/min$。不计损失和泄漏，试求：

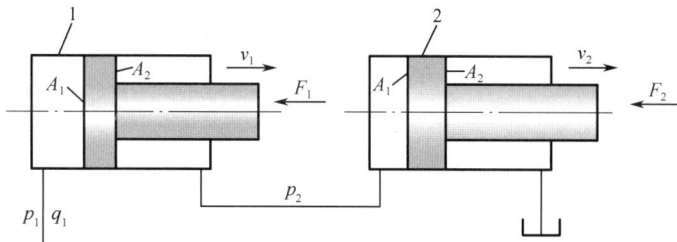

图 4.23　液压缸

（1）当两缸承受相同负载时（$F_1 = F_2$），负载和速度各为多少？

（2）当缸 1 不受负载时（$F_1 = 0$），缸 2 能承受多少负载？

（3）当缸 2 不受负载时（$F_2 = 0$），缸 1 能承受多少负载？

4．已知某液压马达的排量 $V = 250$ mL/r，液压马达的入口压力 $p_1 = 10.5$ MPa，出口压力 $p_2 = 1.0$ MPa，其总效率 $\eta = 0.9$，容积效率 $\eta_v = 0.92$，当输入流量 $q = 22$ L/min 时，试求液压马达的实际转速 n 和液压马达的输出转矩 T。

项目 5

液压方向控制回路
的设计与应用

扫一扫看教学课件：汽车助力转向机构中方向控制阀的应用

项目目标

通过本项目的学习，应掌握方向控制阀的功用及分类、方向控制阀的工作原理和滑阀的中位机能，认识换向阀的不同操作方式，具有分析和调试方向控制回路的能力。具体目标如下。

（1）掌握方向控制阀的功用和分类。

（2）掌握换向阀的工作原理和中位机能。

（3）能对方向控制阀进行正确选用及维护。

（4）能对方向控制回路进行连接、安装及运行。

（5）能对锁紧回路进行油路分析。

（6）能根据系统功能设计基本的换向回路。

任务 5.1　汽车助力转向机构中方向控制阀的应用

任务引入

扫一扫看课程思政：中国制造 80 000 吨模锻压机

图 5.1 所示为汽车助力转向机构。它在工作中由液压传动系统带动两个前轮进行往复运动，那么液压传动系统中控制转向的是哪些元件呢？这些元件是如何在系统中工作的呢？

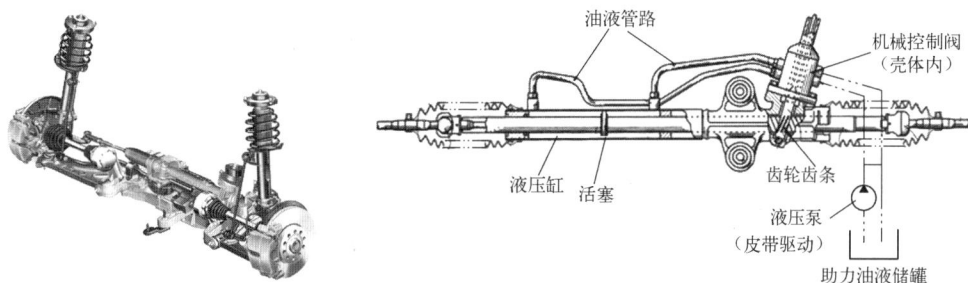

图 5.1　汽车助力转向机构

任务分析

只要使液压油进入驱动汽车助力转向机构液压缸的不同工作腔，就能使液压缸带动转向机构完成往复运动。这种能够使液压油进入不同的液压缸工作腔从而实现液压缸不同的运动方向的元件，我们把它称为换向阀。换向阀是如何改变和控制液压传动系统中油液流动的方向、油路的接通和关闭，从而改变液压传动系统的工作状态的呢？转向机构在工作时，需要自动地完成往复运动，液压泵由电动机驱动后，从油箱中吸油，油液经滤油器进入液压泵，在泵腔中从入口低压流到泵出口高压，通过溢流阀、节流阀、换向阀进入液压缸的左腔或右腔，推动活塞使转向机构向右或向左移动。现要求正确选用汽车助力转向机构的方向控制阀，学会单向阀和换向阀的拆装方法。

相关知识

方向控制阀用于控制液压系统中液流的方向和通断。它分为单向阀和换向阀两类，单向阀主要用于控制油液的单向流动，换向阀主要用于接通或者切断油路、改变油液的流动方向。

5.1.1 液压控制阀概述

液压控制阀的作用是控制液压系统中液体的流动方向，调节液体的压力和流量，从而满足各类执行元件克服外部载荷、改变运动方向和运动速度的要求，它是直接影响液压系统工作过程和工作特性的重要元器件，是液压系统的重要组成部分。

1. 液压控制阀的分类

液压控制阀的种类很多，可按不同的特征进行分类，如表 5.1 所示。

表 5.1　液压控制阀的分类

分类方法	类别	类别内容
按功能分类	压力控制阀	溢流阀、减压阀、顺序阀、压力继电器、比例压力控制阀等
	方向控制阀	单向阀、液控单向阀、换向阀、截止阀、梭阀、比例换向阀
	流量控制阀	节流阀、单向节流阀、调速阀、分流-集流阀、比例流量控制阀
按结构分类	滑阀	圆柱滑阀、转阀、平板滑阀
	座阀	锥阀、球阀、喷嘴挡板阀
	射流管阀	射流阀
按操纵方式分类	手动阀	手柄及手轮、踏板、杠杆
	电动阀	电磁铁、电液动阀、伺服控制
	机动阀	挡块及碰块、弹簧
	液动阀	液动阀
按连接方式分类	管式连接阀	法兰板式连接、螺纹式连接
	板式或叠加式连接阀	单（双）层板式连接、叠加阀
	插装式连接阀	螺纹式插装、法兰式插装

2．液压控制阀的结构原理与共性

尽管液压控制阀的类型及控制功能各不相同，但都具有基本的共性。

（1）结构上，所有液压控制阀都是由阀芯、阀体及驱动阀芯相对阀体做运动的元器件组成的。

（2）原理上，所有液压控制阀都是利用阀芯在阀体内的相对运动来控制阀口的通断及开度大小，从而限制或改变油液的流动和停止的。

（3）只要有油液流过阀孔，就会产生压降和温度升高等现象。通过阀孔的流量，与通流面积和液压控制阀前后的压力差有关。

（4）功能上，阀不能对外做功，只能用来满足执行元件的压力、速度和换向等要求。

（5）参数上，各种液压控制阀有不同的参数，但其共性的参数有两个。一个是规格参数，表示液压控制阀的大小、适用范围，一般用公称通径表示。公称通径代表液压控制阀通流能力的大小，对应液压控制阀的额定流量，与液压控制阀进、出口相连接的油管规格应与液压控制阀的公称通径相匹配。另一个是性能参数，表示液压控制阀工作的功能特征，如额定压力，它是液压控制阀正常工作所允许的最高工作压力。

3．对液压控制阀的基本要求

由于液压控制阀质量的优劣，直接影响液压系统的工作性能，因此对液压控制阀的基本要求如下。

（1）动作灵敏、使用可靠，工作时冲击和振动小、噪声小、使用寿命长。

（2）当阀口全开时，液体流过液压控制阀的压力损失小；当阀口关闭时，密封性能好，内泄漏小，无外泄漏。

（3）所控制的参量（压力或流量）稳定，受外部干扰时的变化量小。

（4）结构紧凑，安装、调整、使用、维护方便，通用性好。

5.1.2　单向阀的工作原理与应用

1．普通单向阀

扫一扫看
VR 视频：
单向阀

1）普通单向阀的结构和工作原理

普通单向阀简称单向阀，其作用是控制油液只能按一个方向流动，而反向截止。它由阀体、阀芯、弹簧等零件组成，其外形图如图 5.2（a）所示。图 5.2（b）所示为一种管式普通单向阀的结构原理。油液从阀体左端的通口 P_1 流入，作用于锥形阀芯上，当克服弹簧的弹力时，使阀芯向右移动，打开阀口，并通过阀芯上的径向孔 a、轴向孔 b 从阀体右端的通口 P_2 流出。但是当压力油从阀体右端的通口 P_2 流入时，它和弹簧力会一起使阀芯锥面压紧在阀座上，使阀口关闭，油液无法通过。图 5.2（c）所示为普通单向阀的图形符号。

为了保证普通单向阀工作灵敏、可靠，普通单向阀中的弹簧刚度一般都较小。普通单向阀的开启压力在 0.035～0.05 MPa 范围内。普通单向阀也可以用作背压阀。将软弹簧更换成合适的硬弹簧，就成为背压阀。这种阀常安装在液压系统的回油路上，用来产生 0.2～0.6 MPa 的背压力。

2）普通单向阀的应用

（1）普通单向阀装在液压泵的出口处，可以防止油液倒流而损坏液压泵，如图 5.3（a）所示。

（2）隔开油路之间不必要的联系，防止油路间的相互干扰，如图 5.3（b）所示。

扫一扫看动画：
L 型单向阀工作
原理

扫一扫看动画：
直通式单向阀
工作原理

（a）外形图

P_1 ——◁—— P_2

（c）图形符号

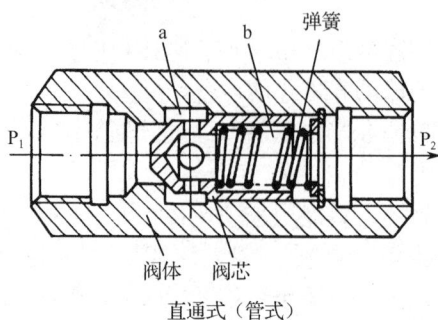

直通式（管式）

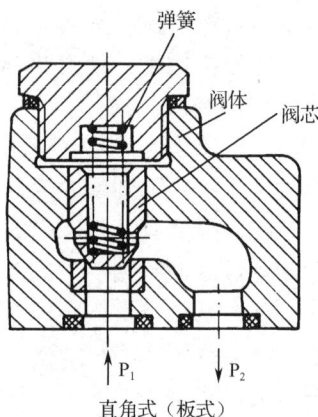

直角式（板式）

（b）一种管式普通单向阀的结构原理

图 5.2 普通单向阀

（3）普通单向阀装在回油管路上做背压阀，会使其产生一定的回油阻力，以满足控制油路的使用要求或改善执行元件的工作性能，如图 5.3（c）所示。

（4）单向节流阀如图 5.3（d）所示。普通单向阀与其他阀可制成组合阀，如单向减压阀、单向顺序阀、单向调速阀等。

另外，在安装普通单向阀时必须认清进、出油口的方向，否则会影响系统的正常工作。

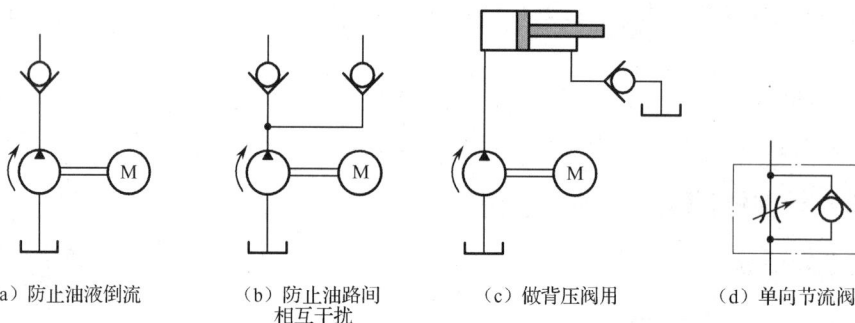

（a）防止油液倒流   （b）防止油路间   （c）做背压阀用   （d）单向节流阀
                           相互干扰

图 5.3 普通单向阀的应用实例

扫一扫看微课
视频：普通单
向阀的应用

2. 液控单向阀

1）液控单向阀的结构和工作原理

液控单向阀又称单向闭锁阀，其作用是使液流有控制地双向流动，其外形图如图 5.4 所示。液控单向阀由普通单向阀和液控装置两部分组成。其结构原理如图 5.5（a）所示。当控油口 K 处不通入压力油时，其与普通单向阀的作用相同。当控油口 K 处通入压力油时，因控制活塞右侧 a 腔与泄油口相通，活

图 5.4 液控单向阀外形图

塞在压力作用下右移，推动顶杆顶开阀芯，使通口 P_1 和 P_2 接通，油液就可在两个方向自由

流动。图 5.5（b）所示为液控单向阀的图形符号。

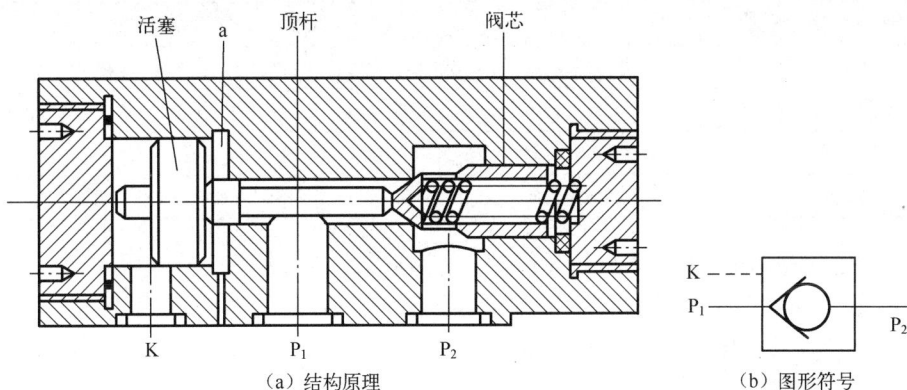

（a）结构原理　　　　　　　　　　　（b）图形符号

图 5.5   液控单向阀的结构原理和图形符号

扫一扫看动画：
液控单向阀工
作原理

2）液控单向阀的应用

（1）实现液压缸的锁紧状态。当换向阀处于中位时，两个液控单向阀关闭，严密封闭液压缸两腔的油液，这时活塞就不能因外力作用而发生移动 [见图 5.6（a）]。

（2）保持压力。滑阀式换向阀都有间隙泄漏现象，只能短时间保压。当有保压要求时，可在油路上加一个液控单向阀 [见图 5.6（b）]，利用锥阀关闭的严密性，对油路进行长时间保压。

（3）用于液压缸的"支撑"。液控单向阀接于液压缸下腔的油路，可防止立式液压缸的活塞和滑块等活动部分因滑阀泄漏而下滑 [见图 5.6（c）]。

（4）作为充油阀使用。立式液压缸的活塞在高速下降过程中，因高压油和自重的作用，会迅速下降，产生吸空和负压，必须增设补油装置。图 5.6（d）所示的液控单向阀就是作为充油阀使用的，以完成补油功能。

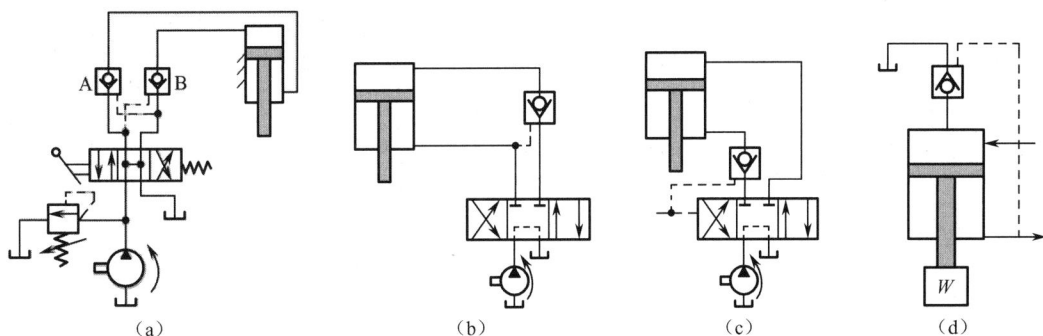

（a）　　　　　　　　（b）　　　　　　　　（c）　　　　　　　　（d）

图 5.6   液控单向阀的应用

扫一扫看微
课视频：换
向阀的应用

5.1.3   换向阀的工作原理、图形符号及选用

换向阀的作用是利用阀芯对阀体的相对运动，使油路接通、关断或变换油流的方向，从而实现液压执行元件及其驱动机构的启动、停止或变换运动方向。换向阀的种类很多，其分类如表 5.2 所示。

表5.2　换向阀的分类

分类方式	类型
按阀的操纵方式分	手动换向阀、机动换向阀、电磁动换向阀、液动换向阀、电液换向阀
按阀芯的位置数和通道数分	二位三通换向阀、二位四通换向阀、三位四通换向阀、三位五通换向阀
按阀芯的运动方式分	滑阀、转阀和锥阀
按阀的安装方式分	管式换向阀、板式换向阀、法兰式换向阀、叠加式换向阀、插装式换向阀

常用的换向阀阀芯在阀体内做往复滑动，称为滑阀。滑阀是一个有多段环形槽的圆柱体，其直径大的部分称为凸肩，凸肩与阀体内孔相配合。阀体内孔中加工有若干段环形槽，阀体上有若干个与外部相通的通路口，并与相应的环形槽相通。四通滑阀结构如图5.7所示。

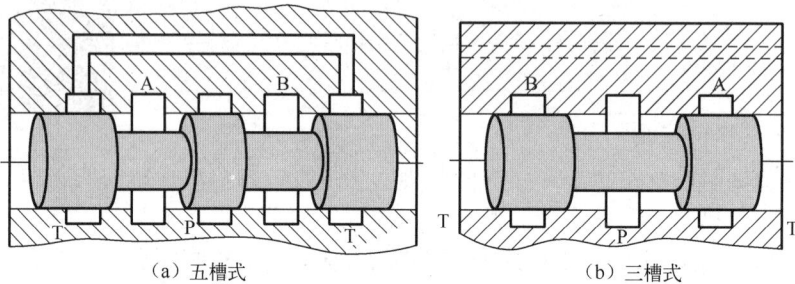

（a）五槽式　　　　　　　　　　（b）三槽式

图5.7　四通滑阀结构

1. 换向阀的工作原理

图5.8所示为换向阀的工作原理。在图示状态下，液压缸的两腔不通压力油，活塞处于停止状态。若使阀芯左移，阀体的油口P和油口A连通、油口B和油口T连通，则压力油经油口P、油口A进入液压缸左腔，右腔油液经油口B、油口T流回油箱，活塞向右运动；反之，若使阀芯右移，则油口P和油口B连通、油口A和油口T连通，活塞向左运动。

换向阀阀芯的工作位置数称为"位"，与液压系统中油路相连通的油口数称为"通"。常用换向阀的结构原理和图形符号如表5.3所示。

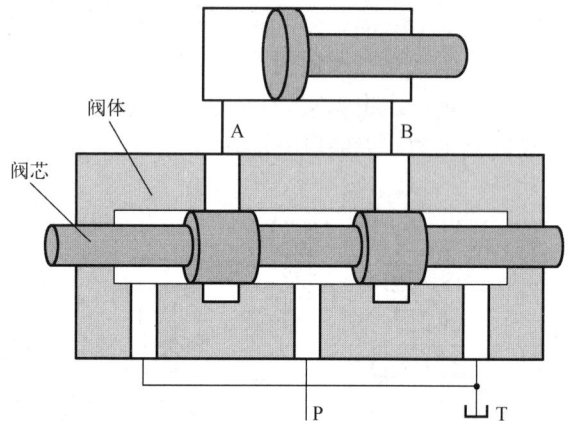

扫一扫看动画：换向阀工作原理

图5.8　换向阀的工作原理

扫一扫看动画：换向阀的"通"与"位"

表5.3　常用换向阀的结构原理和图形符号

名称	结构原理	图形符号	使用场合
二位二通			控制油路的接通与切断

名称	结构原理	图形符号	使用场合	
二位三通		A B P	控制油液的流动方向	
二位四通		A B P T	控制执行元件的换向，且执行元件正反向运动时回油方式相同	不能使执行元件在任意位置处停止运动
三位四通		A B P T		能使执行元件在任意位置处停止运动
二位五通		A B T_1 P T_2	执行元件正反向运动时可获得不同的回油方式	不能使执行元件在任意位置处停止运动
三位五通		A B T_1 P T_2		能使执行元件在任意位置处停止运动

2. 换向阀图形符号的规定和含义

（1）用方框数表示换向阀的工作位置数，有几个方框就是几位阀。

（2）在一个方框内，箭头"↑"、堵塞符号"⊤"或"⊥"与方框相交的点数就是通路数，有几个交点就是几通换向阀，箭头"↑"表示阀芯处在这一位置时两个油口相通，但不表示流向，"⊤"或"⊥"表示此油口被阀芯封闭（堵塞）不通流。

（3）三位阀中间的方框和二位阀靠近弹簧的方框为换向阀的常态位置（未施加控制信号以前的原始位置）。在液压系统原理图中，换向阀的图形符号与油路的连接，一般应画在常态位置上。工作位置应按"左位"画在常态位的左面，"右位"画在常态位的右面。同时在常态位置上应标出油口的代号。

（4）控制方式和复位弹簧的符号画在方框的两侧。

3. 换向阀的滑阀机能

当换向阀处于常态位置时，其各油口的连通关系称为滑阀机能。由于三位换向阀的常态位置为中位，因此三位换向阀的滑阀机能又被称为中位机能。不同机能的三位阀，阀体通用，但阀芯的台肩结构、尺寸及内部通孔情况有区别。表 5.4 所示为常见的三位四通换向阀的中位机能。

表 5.4　常见的三位四通换向阀的中位机能

类别	结构原理	图形符号	中位油口的状况、特点及应用
O 型			各油口全封闭；换向精度高，但有冲击，缸被锁紧、泵不卸荷、并联缸可运动
H 型			各油口全通；换向平稳、缸浮动、泵卸荷
Y 型			P 口封闭，A、B、T 口相通；换向较平稳、缸浮动、泵不卸荷、并联缸可运动
M 型			P、T 口相通，A、B 口均封闭；缸被锁紧、泵卸荷、换向精度高
P 型			P、A、B 口相通，T 口封闭；换向较平稳、双杆缸浮动、单杆缸差动、泵不卸荷、并联缸可运动

4．几种常用的换向阀

扫一扫看 VR 视频：三位四通手动换向阀

1）手动换向阀

手动换向阀是用手动杆操纵阀芯换位的换向阀。换位方式分弹簧自动复位和弹簧钢珠定位两种。图 5.9（b）所示为弹簧自动复位式手动换向阀。放开手柄，阀芯会在弹簧的作用下自动回到中位，该阀适用于动作频繁、工作持续时间短的场合，操作比较安全，常用于工程机械的液压传动系统中。

如果将该阀阀芯左端弹簧的部位改为图 5.9（a）所示的形式，即成为可在三个位置定位的手动换向阀。图 5.9（c）、（d）所示为弹簧钢球定位式手动换向阀和弹簧自动复位式手动换向阀的图形符号。

2）机动换向阀

机动换向阀又称行程换向阀，它利用安装在运动部件上的挡块或凸块，推压阀芯端部滚轮使阀芯移动，从而使油路换向。常用的有二位二通（常闭和常通）、二位三通、二位四通和二位五通等多种形式的机动换向阀。图 5.10（a）所示为二位二通常闭式机动换向阀的结构原理。在图示状态下，阀芯被弹簧顶向上端，油口 P 和油口 A 不通。当挡铁压下滚轮经阀杆使阀芯移到下端时，油口 P 和油口 A 连通。图 5.10（b）所示为其图形符号。

（a）弹簧钢球定位式　　　　（b）弹簧自动复位式手动换向阀

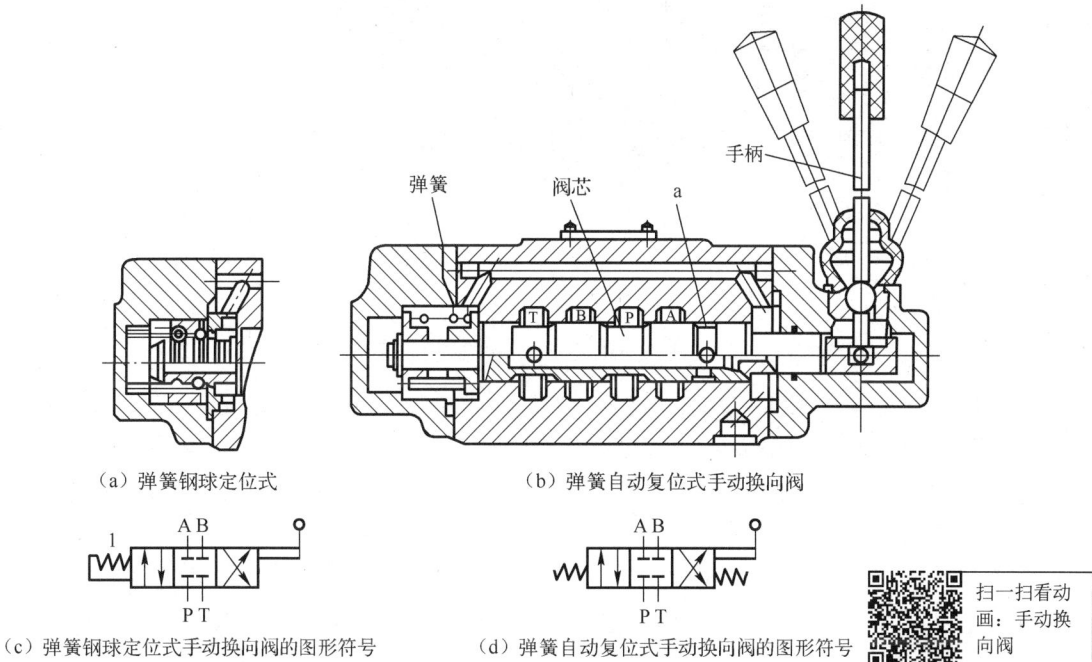

（c）弹簧钢球定位式手动换向阀的图形符号　　（d）弹簧自动复位式手动换向阀的图形符号

图 5.9　三位四通手动换向阀

3）电磁换向阀

电磁换向阀简称电磁阀，利用电磁铁的通电吸合与断电释放而直接推动阀芯来控制液流方向。它是电气系统和液压系统之间的信号转换元件。它操纵方便、布局灵活，有利于提高自动化程度，因此应用较广泛。由于电磁铁的吸力有限（120 N），因此电磁换向阀只适用于流量不太大的场合。

电磁换向阀由电磁铁和换向滑阀两部分组成。按使用电源的不同，可分为交流电磁阀和直流电磁阀两种。交流电压常用 220 V 或 380 V，直流电压常用 24 V。

图 5.11 所示为二位三通交流电磁换向阀的结构原理和图形符号。这种阀的左端有一个交流电磁铁，当电磁铁通电时，衔铁通过推杆将阀芯推向右端，进油口 P 与油口 B 接通，油口 A 被关闭。当电

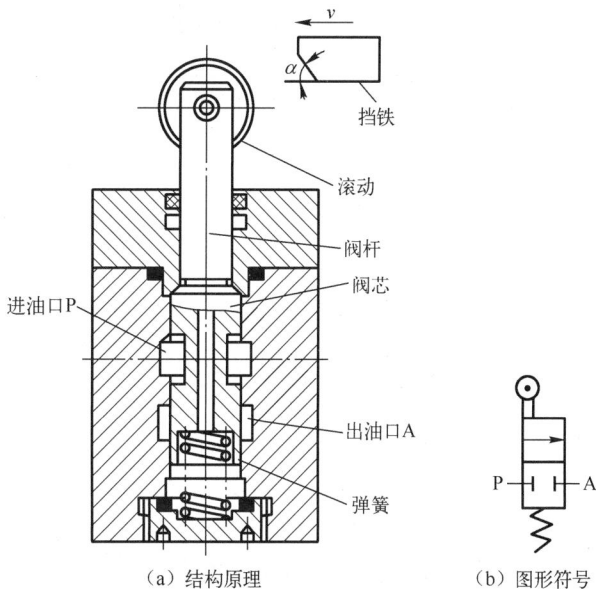

（a）结构原理　　（b）图形符号

图 5.10　二位二通常闭式机动换向阀

磁铁断电时，弹簧将阀芯推向左端，油口 B 被关闭，进油口 P 与油口 A 接通。

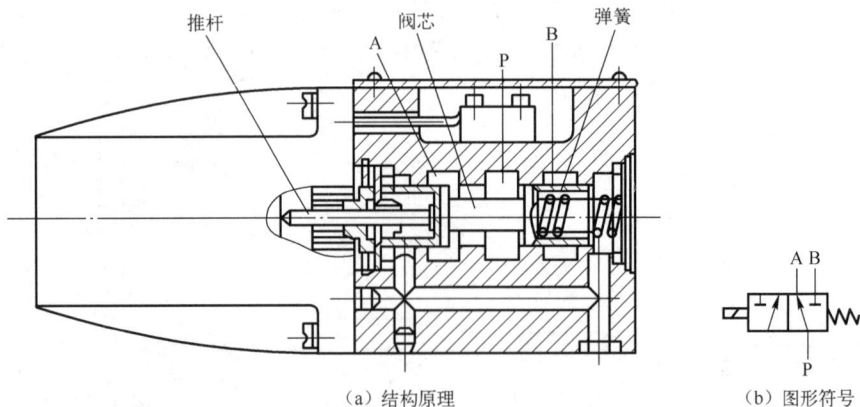

（a）结构原理　（b）图形符号

图 5.11　二位三通交流电磁换向阀的结构原理和图形符号

图 5.12 所示为三位四通直流电磁换向阀的结构原理和图形符号。阀的两端各有一个直流电磁铁和一个对中弹簧。当两边的电磁铁都不通电时，阀芯在两边对中弹簧的作用下处于中位，油口 P、油口 T、油口 A、油口 B 互不相通；当右边的电磁铁通电时，推杆将阀芯推向左端，阀右位工作，其油口 P 与油口 B 相通，油口 A 与油口 T 相通；当左边的电磁铁通电时，阀芯移至右端，阀左位工作，油口 P 与油口 A 相通，油口 B 与油口 T 相通。

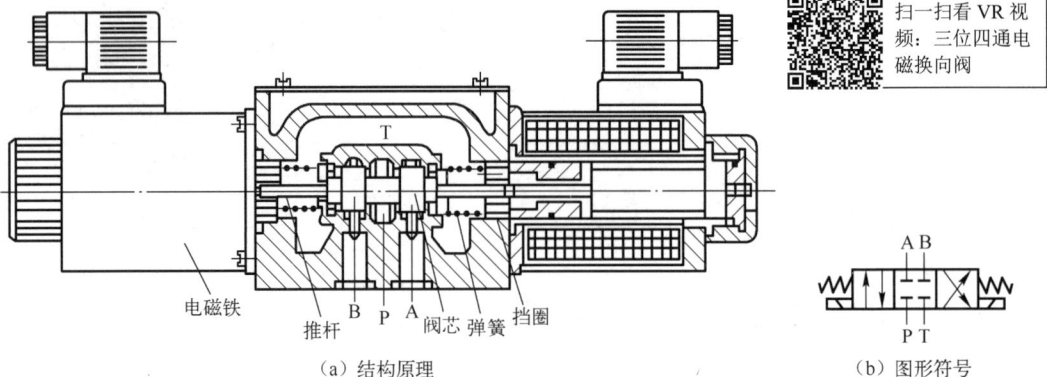

扫一扫看 VR 视频：三位四通电磁换向阀

（a）结构原理　（b）图形符号

图 5.12　三位四通直流电磁换向阀的结构原理和图形符号

4）液动换向阀

液动换向阀是利用控制油路的压力油来改变阀芯位置的换向阀，广泛应用于大流量（阀的公称通径大于 10 mm）的控制回路中。

图 5.13 所示为三位四通液动换向阀的结构原理和图形符号。阀芯是由其两端密封腔中油液的压力差来移动的。当控制油路的压力油从阀右边的控制油口 K_2 进入右控制油腔时，推动阀芯左移，使进油口 P 与油口 B 接通，油口 A 与回油口 T 接通；当压力油从阀左边的控制油口 K_1 进入左控制油腔时，压力油推动阀芯右移，使进油口 P 与油口 A 接通，油口 B 与回油口 T 接通，实现换向；当两个控制油口 K_1 和 K_2 均不通控制压力油时，阀芯在两端弹簧的作用下居中，恢复到中间位置。

5）电液换向阀

电液换向阀由电磁换向阀和液动换向阀组合而成。电磁换向阀为先导阀，它用来改变及控制油路的方向；液动换向阀为主阀，它用来改变主油路的方向。这种阀的优点是可用反应灵敏的小规格电磁阀方便地控制大流量的液动阀换向。

（a）结构原理　　　　　　　　　（b）图形符号

图 5.13　三位四通液动换向阀的结构原理和图形符号

三位四通电液换向阀的结构原理图如图 5.14（a）所示。上面是电磁阀（先导阀），下面是液动阀（主阀）。常态时，先导阀和主阀皆处于中位，主油路中的油口 A、B、P、T 均不相通。当左电磁铁 3 通电时，先导阀阀芯处于右位，控制油通过单向阀 1 到达主阀阀芯的左腔；回油经节流阀 7 和先导阀阀芯流回油箱，此时主阀阀芯向右移动，主油路油口 P 和油口 A 相通，油口 B 和油口 T 相通。同理，当先导阀的电磁铁 5 通电、电磁铁 3 断电时，先导阀阀芯向左移，控制油压使主阀阀芯向左移动，主油路油口 P 与油口 B 相通、油口 A 与油口 T 相通，实现了油液换向。

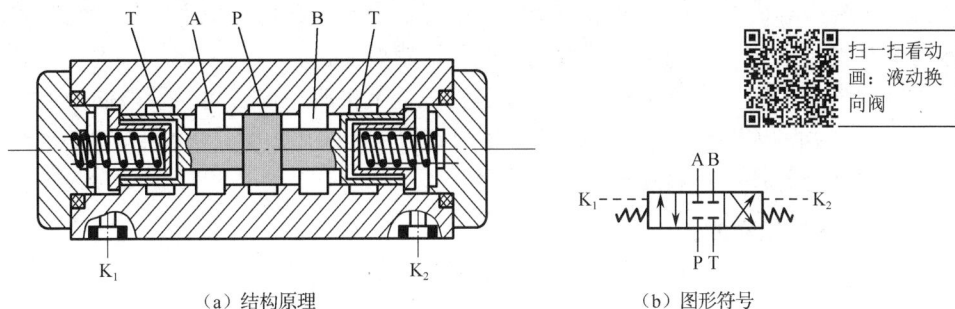

（a）结构原理

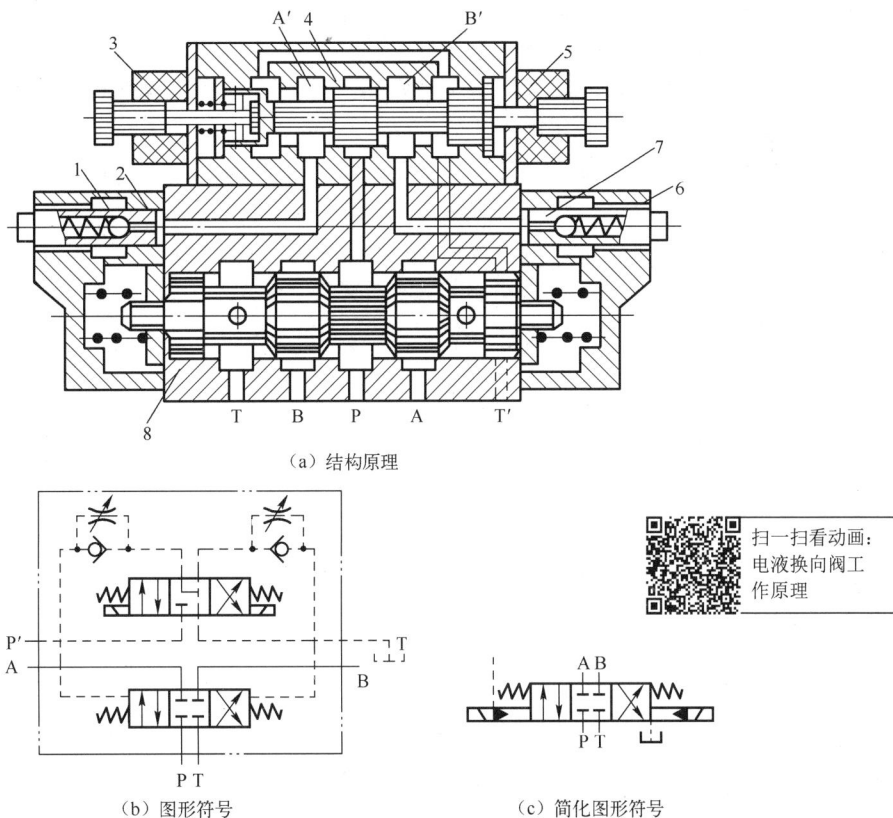

（b）图形符号　　　　　　　　　（c）简化图形符号

1、6—单向阀；2、7—节流阀；3、5—电磁铁；4—先导阀阀芯；8—主阀阀芯。

图 5.14　三位四通电液换向阀

在电液换向阀中，主阀阀芯的移动速度可由单向节流阀来调节，这使系统中的执行元件能够得到平稳无冲击的换向。这里的单向节流阀是换向时间调节器，也被称为阻尼调节器。它可叠放在先导阀与主阀之间调节节流阀的开口大小，即可调节主阀的换向时间，从而消除执行元件的换向冲击。这种阀的换向性能是比较好的，它适用于高压、大流量的场合。

在电液换向阀中还可以设置主阀阀芯行程调节机构，可在主阀两端的盖上加限位螺钉来实现。这样主阀阀芯换位移动的行程和各阀口的开度即可改变，通过主阀的流量也随之变化，因而可对执行元件起粗略的速度调节作用。

5. 方向控制阀的选用

方向控制阀实质上就是一种开关阀，所谓方向控制就是使油路通或断，或者使流量汇集与分流。常见的方向控制阀实物图如图 5.15 所示。

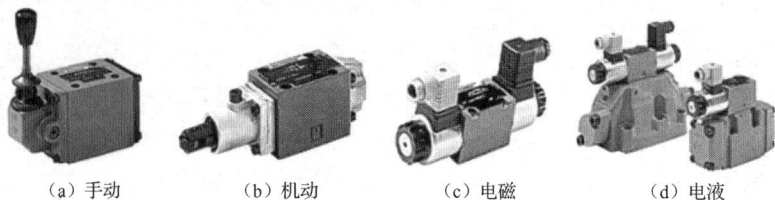

| (a) 手动 | (b) 机动 | (c) 电磁 | (d) 电液 |

图 5.15　常见的方向控制阀实物图

根据液压系统的要求选用适合的方向控制阀，必须考虑以下几个方面。

（1）额定压力。必须使所选方向控制阀的额定压力与液压系统的工作压力相容，液压系统的最大压力应低于方向控制阀的额定压力。

（2）额定流量。额定流量要高于工作流量，流经方向控制阀的最大流量一般不大于其额定流量。还要注意到由于单作用液压缸两边的面积差所造成的流量差异。有些公司将方向控制阀的通流能力用流量与压力差的关系曲线表示，选用时要根据这条曲线来确定通流能力是否满足液压系统的需要。

（3）滑阀机能。滑阀机能指换向滑阀处于中位时的通路形式。不同滑阀机能的阀在换向时的冲击大小不同，能够实现的功能也不同。

（4）操作方式。应根据设备功能的需要，选择合适的操纵方式，如手动、机动（凸轮、杠杆等）、电磁铁控制、液动、液压先导阀控制等。

（5）整体式与分片式。一些方向控制阀特别是多路阀，其阀体有整体式与分片式之分。叠加阀也是分片式的。

（6）其他因素。除以上因素外，还应考虑介质的相容性，方向控制阀的响应时间、安装及连接方式，进、出油口的形式等。另外，产品的质量与价格、使用寿命、厂家的服务与信誉等也是方向控制阀选用时需要综合考虑的。

任务实施

5.1.4　方向控制阀的选用与拆装

1. 单向阀的拆装步骤

图 5.16 所示为管式普通单向阀的外观和立体分解图。我们以该阀为例，说明单向阀的拆装步骤和方法。

（1）准备好内六角扳手一套、耐油橡胶板一块、油盘一个及钳工工具一套等。

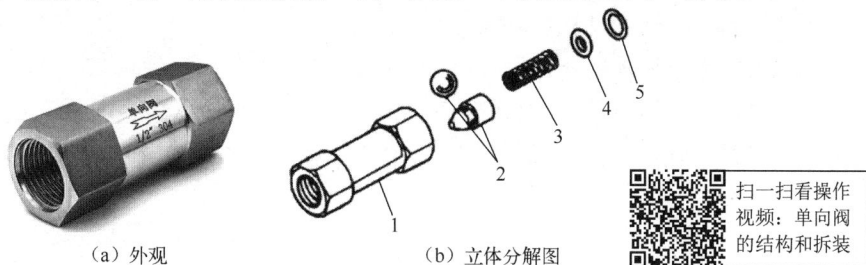

（a）外观　　　　　（b）立体分解图

扫一扫看操作视频：单向阀的结构和拆装

图 5.16　管式普通单向阀的外观和立体分解图

（2）用卡环钳卸下卡环 5。

（3）依次取下垫 4、弹簧 3、阀芯 2。

（4）观察单向阀主要零件的结构和作用。

① 观察阀体的结构和作用。

② 观察阀芯的结构和作用。

（5）按拆卸的相反顺序装配，即后拆的零件先装配，先拆的零件后装配。

① 装配前应认真清洗各零件，并在配合零件表面涂润滑油。

② 检查各零件的油孔、油路是否畅通，是否有尘屑，若有则重新清洗。

（6）将单向阀的外表面擦拭干净，整理工作台。

2. 换向阀的拆装步骤

图 5.17 所示为三位四通电磁换向阀的立体分解图。我们以该阀为例，说明换向阀的拆装步骤和方法。

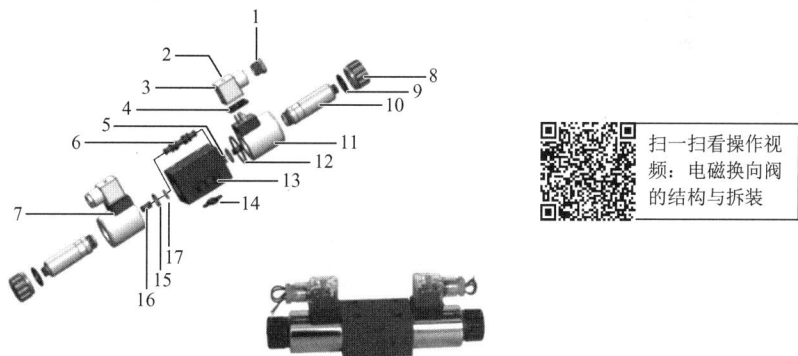

扫一扫看操作视频：电磁换向阀的结构与拆装

1—紧固螺母；2—紧固螺钉；3—接线盒；4—橡胶垫片；5—定位导套；6—阀芯；
7—电磁铁；8—固定螺帽；9、12、14—密封圈；10—白铁管；11—电磁铁；
13—阀体；15—定位导套；16—复位弹簧；17—垫圈。

图 5.17　三位四通电磁换向阀的立体分解图

（1）准备好内六角扳手一套、耐油橡胶板一块、油盘一个及钳工工具一套等。

（2）将换向阀两端的电磁铁拆下。

（3）轻轻取出弹簧、垫圈及阀芯等。如果阀芯被卡住，则可用铜棒轻轻将其敲击出来，禁止用猛力敲打，损坏阀芯的台肩。

（4）观察换向阀主要零件的结构和作用。

① 观察阀芯与阀体内腔的构造，并记录各自台肩与沉割槽的数量。

② 观察阀芯的结构和作用。

③ 观察电磁铁的结构。

④ 如果是三位换向阀，则要判断中位机能的型式。

（5）按拆卸的相反顺序装配换向阀。

（6）将换向阀的外表面擦拭干净，整理工作台。

3．工作任务单

工作任务单

姓名		班级		组别		日期	
工作任务	方向控制阀的选用与拆装						
任务描述	在教师的指导下，根据汽车助力转向机构的工作原理，查阅相关资料进行方向控制阀的选型，可完成换向阀的拆卸与组装						
任务要求	（1）了解实训室或生产车间的安全知识。 （2）根据汽车助力转向机构的换向要求，进行方向控制阀的选用，形成清单。 （3）正确进行单向阀、换向阀的拆装并记录。 （4）在工作台上合理布置各元器件，并规范安装						
提交成果	（1）单向阀、电磁换向阀的选型清单。 （2）单向阀、电磁换向阀的拆装流程						
考核评价	序号	考核内容		配分	评分标准		得分	
	1	安全意识		10	遵守安全规章、制度			
	2	工具的使用		10	正确使用实验工具			
	3	单向阀、换向阀的选型		20	合理选用方向控制阀			
	4	单向阀、换向阀的拆装		50	拆装前后一致，过程有序			
	5	团队协作		10	与他人合作有效			
指导教师				总分			

任务 5.2　汽车起重机支腿控制回路的设计与应用

任务引入

扫一扫看课程思政：挑战者号事件

扫一扫看教学课件：汽车起重机支腿控制回路的设计与应用

汽车起重机（见图 5.18）由汽车发动机通过传动装置驱动工作，由于汽车轮胎的支撑能力有限，且为弹性变形体，作业很不安全，因此在起重作业前必须放下前后支腿，使汽车轮胎架空，用支腿承重。在行驶时又必须将支腿收起，让轮胎着地。要确保支腿停放在任意位置并能可靠地锁定而不因受外界影响发生漂移或窜动，应选用何种液压元件、何种液压回路来实现这一功能呢？

图 5.18　汽车起重机

任务分析

液压传动系统中执行机构的换向是依靠换向阀来控制的，而换向阀的阀芯和阀体间总是存在间隙，这就造成了换向阀内部的泄漏。若要求执行机构在停止运动时不受外界的影响，仅依靠换向阀是不能保证的，这时就要利用液控单向阀来控制液压油的流动，从而可靠地控制执行元件停在某处而不受外界影响。本项目要确保支腿停放在任意位置并能可靠地锁定而不因受外界影响发生漂移或窜动，从而需要采用液压锁紧回路实现控制，在实际应用中常通过在每一个支腿液压缸的油路中设置一个由两个液控单向阀组成的双向液压锁来实现。

相关知识

方向控制回路是指在液压系统中，起控制执行元件的启动、停止及换向作用的液压基本回路。它包括启停回路、换向回路和锁紧回路等。

5.2.1　启停回路

1. 采用二位二通电磁换向阀的起停回路

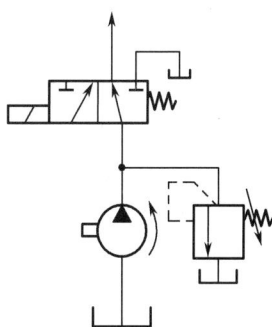

采用二位二通电磁换向阀的起停回路如图 5.19 所示。当电磁铁通电时，换向阀左位工作，主油路断开，工作机构停止运动；当电磁铁断电时，换向阀右位接入，系统启动。该回路要求二位二通电磁换向阀能通过全部流量，故一般适用于小流量系统。

2. 采用二位三通电磁换向阀的起停回路

采用二位三通电磁换向阀的起停回路如图 5.20 所示。当二位三通电磁换向阀右位工作时，液压泵向系统供油，液压系统开始工作；当电磁铁通电时，二位三通电磁换向阀左位工作，液压泵卸荷，工作机构停止运动。该回路用一个二位三通电磁换向阀来接通或切断压力油源，使液压泵向系统供油或低压卸荷，结构简单，适用于小流量系统。

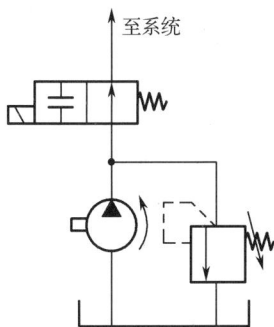

图 5.19　采用二位二通电磁换向阀的起停回路　　图 5.20　采用二位三通电磁换向阀的起停回路

5.2.2　换向回路

换向回路用于控制液压系统中的液流方向，从而改变执行元件的运动方向。运动部件的换向，一般可通过采用各种换向阀来实现。在容积调速的闭式回路中，也可利用双向变量泵控制油流的方向来实现液压缸（或液压马达）的换向。

1. 换向阀组成的换向回路

1）采用手动换向阀的换向回路

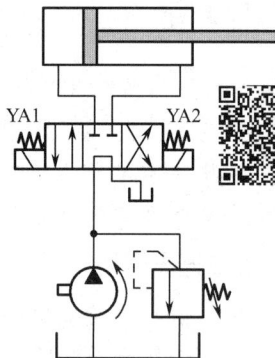

手动换向阀的换向回路如图 5.21 所示。当手动换向阀的左位接通时，液压泵输出的压力油会进入液压缸左腔，驱动活塞右移；当手动换向阀的右位接通时，压力油会进入液压缸右腔，驱动活塞左移。这种回路适用于换向不频繁且无须自动换向的场合，常用于起重机和工程机械。

2）采用电磁换向阀的换向回路

三位四通电磁换向阀的换向回路如图 5.22 所示。当 YA1 通电、YA2 断电时，电磁换向阀处于左位工作，液压缸左腔进油，液压缸右腔的油流回油箱，活塞向右移动；当 YA1 断电、YA2 通电时，电磁换向阀处于右位工作，液压缸右腔进油，液压缸左腔的油流回油箱，活塞向左移动；当 YA1 和 YA2 都断电时，电磁换向阀处于中位工作，活塞停止运动。

电磁换向阀组成的换向回路操作方便，易于实现自动化，但换向时间短，故换向冲击大，适用于小流量、对平稳性要求不高的场合。

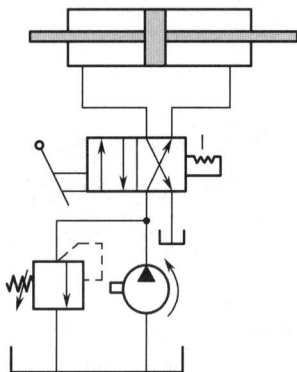

图 5.21　手动换向阀的换向回路　　图 5.22　三位四通电磁换向阀的换向回路

扫一扫看动画：换向回路

2. 双向变量泵的换向回路

双向变量泵的换向回路是利用双向变量泵直接改变输油方向，以实现液压缸和液压马达的换向的，如图 5.23 所示。这种换向回路比普通换向阀的换向回路换向平稳，多用于大功率的液压系统中，如龙门刨床、拉床等的液压系统。

扫一扫看动画：双向变量泵换向回路

5.2.3　锁紧回路

锁紧回路的作用是使执行元件能在任意位置上停留，并能防止其在停止工作时因受力而发生移动。

中位机能为 O 型或 M 型的三位换向阀常用于锁紧回路，应用换向阀 M 型中位机能的锁紧回路如图 5.24 所示。

图 5.23　双向变量泵的换向回路

当阀芯处于中位时，液压缸的进、出口都被封闭，可以将活塞锁紧，这种锁紧回路由于受到滑阀泄漏的影响，锁紧效果较差，只适用于短时间的锁紧或对锁紧程度要求不高的场合。

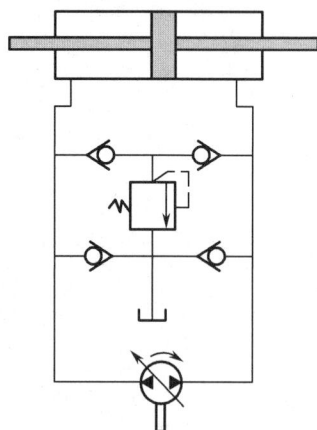

图 5.25 所示为采用液控单向阀的锁紧回路。在液压缸的进、回油路中都串接了液控单向阀（又称液压锁），活塞可以在行程的任何位置锁紧。其锁紧精度只受液压缸内少量内泄漏的影响，因此锁紧精度较高。采用液控单向阀的锁紧回路，换向阀的中位机能能使液控单向阀的控制油液卸压（换向阀采用 H 型机能或 Y 型机能），此时，液控单向阀便立即关闭，活塞停止运动。假如应用 O 型机能，在换向阀中位时，由于液控单向阀控制腔的压力油被封闭而不能使其立即关闭，直至由换向阀的内泄漏使控制腔卸压后，液控单向阀才能关闭，因此会影响其锁紧精度。

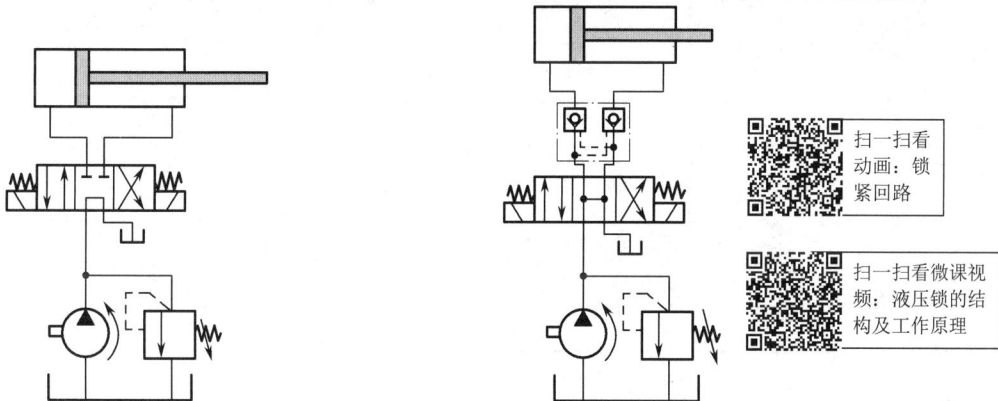

扫一扫看
动画：锁
紧回路

扫一扫看微课视
频：液压锁的结
构及工作原理

图 5.24 应用换向阀 M 型中位机能的锁紧回路　　图 5.25 采用液控单向阀的锁紧回路

任务实施

5.2.4 汽车起重机支腿控制回路的设计

汽车起重机支腿的控制回路可采用如图 5.25 所示的回路。在这种回路中要求液压缸的进、出油路中都串接液控单向阀，活塞可以在行程的任何位置锁紧，其锁紧精度只受液压缸内少量的内泄漏影响，因此锁紧精度较高。当换向阀处于左位或右位工作时，液控单向阀的控制口 K_1 或 K_2 通入压力油，缸的回油便可反向通过单向阀口，此时活塞可向上或向下移动；当换向阀处于中位工作或液压泵停止供油时，因换向阀的中位机能为 H 型（或 Y 型），两个液控单向阀的控制油直接通油箱，所以控制压力立即消失，液控单向阀不再反向导通，液压缸因两腔油液封闭被锁紧。由于液控单向阀的密封性能很好，因此能使执行元件长期锁紧。

1. 操作步骤

（1）熟悉单向阀的类型，能看懂锁紧回路图。

（2）选择相应的元器件，在实验台上组建回路并检查回路的功能是否齐全。

（3）观察运行情况，对使用中遇到的问题进行分析和解决。

（4）完成实验，经老师检查评估后，关闭油泵，拆下管线，将元件放回原来的位置。

2. 工作任务单

工作任务单

名称	班级		组别		日期	
工作任务	汽车起重机支腿控制回路的设计					
任务描述	在液压实训室，根据汽车起重机支腿的工作原理，选用合理的方向控制阀，设计汽车起重机支腿的控制回路，搭建回路并实现功能					

续表

任务要求	（1）正确使用相关工具。 （2）方向控制回路的连接、安装及运行。 （3）锁紧回路的油路分析				
提交成果	（1）汽车起重机支腿控制回路的设计。 （2）汽车起重机支腿控制回路的油路分析报告				
考核评价	序号	考核内容	配分	评分标准	得分
	1	安全文明操作	10	遵守安全规章、制度，正确使用工具	
	2	绘制液压系统的回路图	20	图形绘制正确，符号规范	
	3	回路正确连接	30	元器件的连接有序、正确，无明显泄漏现象	
	4	系统运行调试，进行油路分析	30	系统运行平稳	
	5	团队协作	10	与他人合作有效	
指导教师				总分	

习题 5

扫一扫看习题 5 的参考答案

1．问答题

（1）换向阀在液压系统中起什么作用？通常分哪几类？
（2）什么是换向阀的"位"与"通"？
（3）什么是换向阀的"滑阀机能"？
（4）普通单向阀能否作为背压阀使用？

2．绘出下列各阀的图形符号

（1）普通单向阀。
（2）二位二通常断型电磁换向阀。
（3）三位四通弹簧复位 H 型电磁换向阀。

项目 **6**

液压压力控制回路的设计与应用

项目目标

通过本项目的学习，学生应掌握压力控制阀的功用及分类，熟悉溢流阀的结构和性能，具备选用压力控制阀的能力，具有分析和调试压力控制回路的能力。具体目标如下。

（1）掌握压力控制阀的功用及分类。

（2）掌握溢流阀、减压阀和顺序阀的工作原理。

（3）能根据系统的功能要求合理选用压力控制阀。

（4）能正确、合理地调节系统压力。

（5）能正确连接与安装调压回路，并分析系统压力。

任务 6.1 胶黏机压力控制阀的应用

任务引入

图 6.1 所示为工业胶黏机的工作示意图。其通过液压缸的伸出将图形或字母粘贴在塑料板上，根据材料的区别需要调整压紧力，当一个动作完成后要返回准备做下一个动作。这就需要液压系统能够提供不同的工作压力，同时能够保证系统的安全及系统过载时能有效地卸荷。那么在液压传动系统中是依靠什么元件来实现这一目的的？这些元件的结构是怎样的？这些元件又是如何工作的？

扫一扫看教学课件：胶黏机压力控制阀的应用

扫一扫看课程思政：6 400 吨液压提升装置

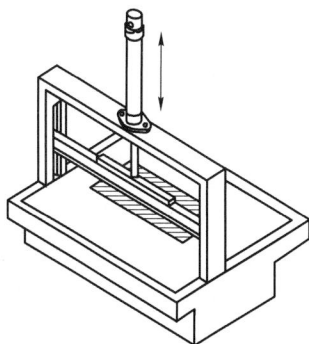

图 6.1　工业胶黏机的工作示意图

任务分析

　　稳定的工作压力是保证系统工作平稳的先决条件，液压传动系统一旦过载，且没有有效的卸荷措施的话，会使液压传动系统中的液压泵处于过载状态，很容易发生损坏。液压传动系统必须能有效地控制系统压力，可以采用压力控制阀来解决上述问题。压力控制阀是控制液压系统压力或利用压力的变化来实现某种动作的阀，简称压力阀。根据压力控制阀的功能和用途不同，压力控制阀可分为溢流阀、减压阀、顺序阀和压力继电器等。它们的共同特点是利用作用于阀芯上的油液压力和弹簧力相平衡的原理进行工作。其中溢流阀在系统中的主要作用是稳压和卸荷，通过换向阀改变液压缸活塞杆的运动方向，采用减压阀来获取不同材料所需的压力，可通过二级减压回路来实现，也可通过多级调压回路使液压设备在不同的工作阶段获得不同的压力。

相关知识

6.1.1 溢流阀的工作原理与选用

1. 溢流阀的结构和工作原理

　　溢流阀按其结构原理可分为直动式溢流阀和先导式溢流阀两类。直动式溢流阀用于低压系统，先导式溢流阀用于中、高压系统。

1）直动式溢流阀

　　直动式溢流阀依靠系统中的压力油直接作用在阀芯上，且与弹簧力平衡，以控制阀芯的开闭动作，其实物图如图 6.2 所示。图 6.3（a）所示为直动式溢流阀的结构原理图。来自进油口的压力油经阀芯上的径向孔和阻尼孔 a 通入阀芯底部，阀芯的下端便受到压力为 p 的油液的作用，若作用面积为 A，则压力油作用于该面上的力为 pA。调压弹簧作用在阀芯上的预紧力为 F_s。当进油压力较小（ $pA < F_s$ ）时，阀芯在弹簧力作用下往下移并关闭回油口，没有油液流回油箱。随着进油压力的升高，当 $pA = F_s$ 时，阀芯开启。当 $pA > F_s$ 时，弹簧被压缩，阀芯上移，进油口和回油口相通，直流式溢流阀开始溢流。当直流式溢流阀稳定工作时，若不考虑阀芯的自重、摩擦力和液动力的影响，则使液压泵出口处的压力保持 $p = F_s/A$，由于 F_s 变化不大，因此可认为直流式溢流阀进口处的压力 p 基本保持恒定，这时直流式溢流阀起定压溢流的作用。旋转调压螺母可以改变弹簧的预压缩量，从而调节直流式溢流阀的溢流压力。阻尼孔 a 的作用是增加液阻以减小滑阀移动过快而引起的振动。

图 6.2　直动式溢流阀的实物图

直动式溢流阀的结构简单、制造容易、成本低，但油液压力直接依靠弹簧平衡，所以压力稳定性较差，动作时有振动和噪声；此外，当系统压力较高时，要求弹簧的刚度大，不仅手动调节困难，而且阀口的开度略有变化便会引起较大的压力变化。因为直动式溢流阀的最大调定压力为 2.5 MPa，所以其只用于低压液压系统中。图 6.3（b）所示为直动式溢流阀的图形符号。

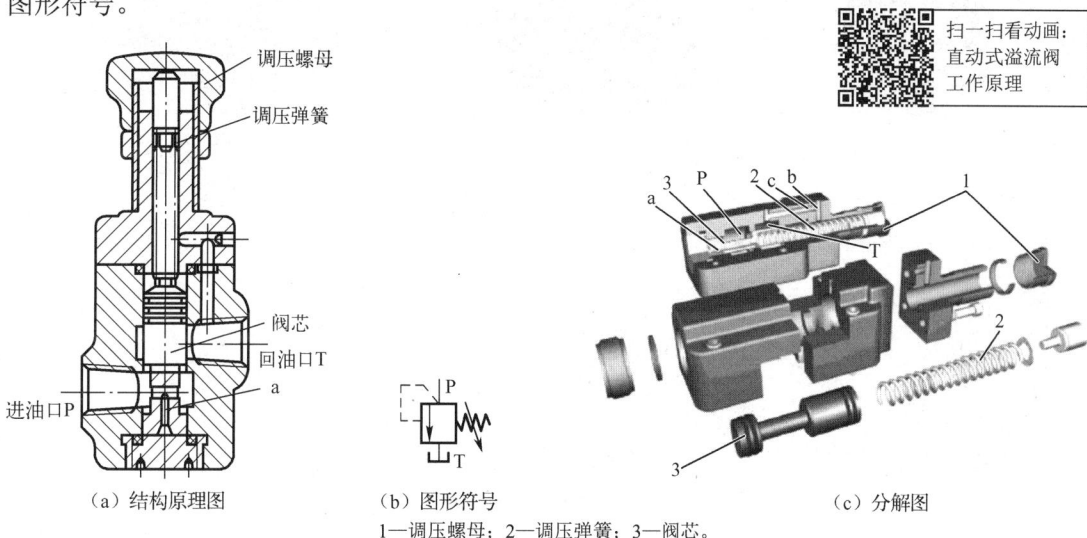

扫一扫看动画：
直动式溢流阀
工作原理

（a）结构原理图　　　　　（b）图形符号　　　　　（c）分解图

1—调压螺母；2—调压弹簧；3—阀芯。

图 6.3　直动式溢流阀的结构原理图、图形符号和分解图

2）先导式溢流阀

先导式溢流阀的剖面结构及实物图如图 6.4 所示。先导式溢流阀由先导阀和主阀两部分组成，其结构原理图如图 6.5（a）所示。先导阀实际上是一个小流量的直动式溢流阀，阀芯是锥阀阀芯，用来控制压力；主阀阀芯是滑阀芯，用来控制溢流流量。压力油先经进油口 P、通道 a 进入主阀阀芯底部的油腔 A，并经节流小孔 b 进入上部油腔，再经通道 c 进入先导阀右侧的油腔，给锥阀阀芯以向左的作用力，调压弹簧给锥阀阀芯以向右的弹簧力。此时远程控制口 K 不接通。当系统压力 p 较低时，先导阀关闭，主阀阀芯两端的压力相等，主阀阀芯在主阀弹簧的作用下处于最下端，主阀溢流口封闭，没有溢流。当系统压力 p 升高，主阀上腔的压力也随之升高，直至作用于锥阀阀芯上的液压力大于调压弹簧的调定压力时，先导阀开启，油液经通道 e、回油口 T 流回油箱。由于阻尼孔 b 的作用，在主阀阀芯两端形成的一定压力差的作用，当压力差超过主阀弹簧的作用力并克服主阀阀芯的自重和摩擦力时，主阀阀芯向上移动，主阀溢流阀阀口开启，进油口 P 和回油口 T 接通实现溢流。旋转调压螺母可调节调压弹簧的预压缩量，从而调节系统压力。

在先导式溢流阀中，先导阀用于控制和调节溢流压力，主阀通过溢流口的开闭而稳定压力。主阀阀芯因两端均受油液压力的作用，主阀弹簧只需要很小的刚度，当溢流量变化而引起主阀弹簧的压缩量变化时，溢流阀所控制的压力变化就较小，故先导式溢流阀的稳压性能优于直动式溢流阀的稳压性能。但先导式溢流阀必须在先导阀和主阀都动作后才能起控制压力的作用，因此它不如直动式溢流阀反应快。远程控制口 K 在一般情况下是不用的，若远程控制口 K 连接远程调压阀就可以对主阀进行远程控制。但是，远程调压阀所能调节的最高压力不得超过先导式溢流阀本身先导阀的调定压力。当远程控制口 K 通过二位二通阀接通油箱

时，可使泵卸荷。图6.5（b）所示为先导式溢流阀的图形符号。

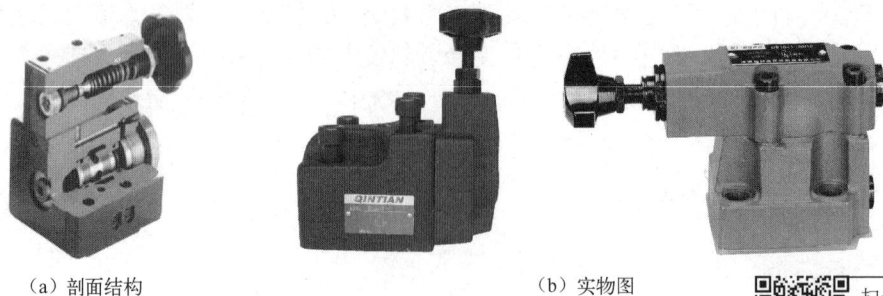

（a）剖面结构　　　　　　　　　　（b）实物图

图6.4　先导式溢流阀的剖面结构及实物图

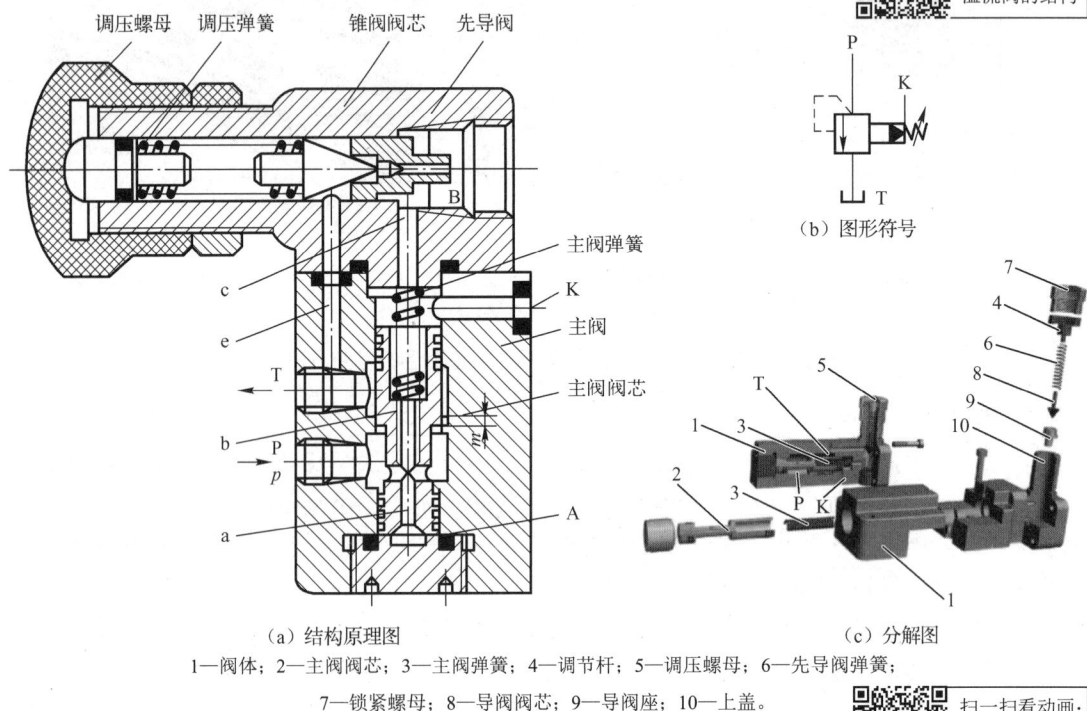

（a）结构原理图　　　　　　　　　　　　（c）分解图

1—阀体；2—主阀阀芯；3—主阀弹簧；4—调节杆；5—调压螺母；6—先导阀弹簧；

7—锁紧螺母；8—导阀阀芯；9—导阀座；10—上盖。

图6.5　先导式溢流阀的结构原理图、图形符号和分解图

2. 溢流阀的应用

根据溢流阀在液压系统中所起的作用，溢流阀可作为溢流阀、安全阀、卸荷阀、远程调压和背压阀使用。

（1）作为溢流阀使用，在用定量泵供油的节流调速回路中，当泵的流量大于节流阀允许通过的流量时，溢流阀会使多余的油液流回油箱，此时泵的出口压力保持恒定［见图6.6（a）］。

（2）作为安全阀使用，在由变量泵组成的液压系统中，可用溢流阀限制系统的最高压力，防止系统过载。当系统在正常工作状态下时，溢流阀关闭；当系统过载时，溢流阀打开，使压力油经溢流阀流回油箱，此时的溢流阀为安全阀［见图6.6（b）］。

（3）作为卸荷阀使用，在溢流阀的遥控口串接一个小流量的电磁阀，当电磁铁通电时，溢流阀的遥控口通油箱，此时液压泵处于卸荷状态，溢流阀此时作为卸荷阀使用［见图6.6（c）］。

（4）作为远程调压使用，装在控制台上的远程调压阀2与先导式溢流阀1的外控口K连

接后，系统便能实现远程调压。远程调压阀 2 的调定压力必须低于溢流阀 1 的调定压力，远程调压阀才能起作用 [见图 6.6 (d)]。

（5）作为背压阀使用，当溢流阀接在回油路上时，可对回油产生阻力，即形成背压，利用背压可提高执行元件的运动平稳性 [见图 6.6 (e)]。

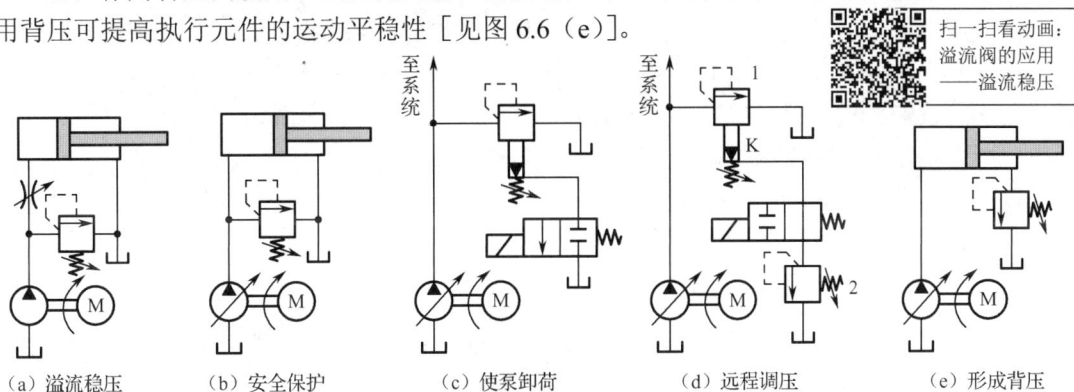

图 6.6　溢流阀的应用

3. 溢流阀的选用

1）性能要求

液压系统对溢流阀的性能有以下要求。

（1）定压精度高。当流过溢流阀的流量发生变化时，系统中的压力变化要小，即静态压力超调要小。

（2）灵敏度要高 [见图 6.6 (a)]，当液压缸突然停止运动时，溢流阀要迅速开大。否则，定量泵输出的油液将因不能及时排出而使系统压力突然升高，并超过溢流阀的调定压力，称为动态压力超调，使系统中各元件及辅助受力增加，影响其寿命。若溢流阀的灵敏度越高，则动态压力超调越小。

（3）工作要平稳，且无振动和噪声。

（4）当阀芯关闭时，密封要好、泄漏要小。

2）选用因素

在选用溢流阀时，需要考虑以下几个因素。

（1）溢流阀调定压力的选择。溢流阀的调定压力就是液压泵的供油压力，溢流阀的调定压力必须大于执行元件的工作压力和系统损失之和。

（2）溢流阀的流量选择。溢流阀的流量应按液压泵的额定流量进行选择，即其作为溢流阀和卸荷阀用时不能小于液压泵的额定流量，作为安全阀用时可小于液压泵的额定流量。对于接入控制油路上的各类压力阀，由于其通过的实际流量很小，因此可按照该阀的最小额定流量选取。

（3）根据系统性能要求选择溢流阀。低压系统可选用直动式溢流阀，而中、高压系统可选用先导式溢流阀。根据空间位置、管路布置等情况选用板式、管式或叠加式连接的溢流阀。根据系统要求，按溢流阀的性能曲线进行选用，在定量泵调速系统中应选择压力超调小、启闭特性好的溢流阀。

6.1.2 减压阀的工作原理与选用

减压阀主要用来降低液压系统中某一分支油路的压力，使其低于液压泵的供油压力，以满足执行机构的需要，并保持基本恒定。减压阀也有直动式减压阀和先导式减压阀两类，一般直动式减压阀用于低压系统，先导式减压阀用于中、高压系统，先导式减压阀应用较多。减压阀也常与单向阀组合成单向减压阀。减压阀按其调节性能又可分为保证出口压力为定值的定值减压阀，保证进、出口压力差不变的定差减压阀，保证进、出口压力成比例的定比减压阀。其中，定值减压阀应用较广。定值减压阀的剖面结构及实物图如图 6.7 所示。

（a）剖面结构　　　　　　　　　　　　（b）实物图

图 6.7　定值减压阀的剖面结构及实物图

1. 减压阀的结构和工作原理

先导式减压阀的结构与先导式溢流阀的结构相似［见图 6.8（a）］，也是由先导阀和主阀两部分组成的。先导阀由调压螺母、调压弹簧、先导阀阀芯和先导阀阀座等组成。主阀由主阀阀芯、主阀阀体和主阀盖等组成。

油压为 p_1 的压力油由主阀进油口流入，经减压阀阀口 x 后由出油口流出，其压力为 p_2。

当出口压力 p_2 低于先导阀弹簧的调定压力时，先导阀关闭，主阀阀芯两端的压力相等，在主阀弹簧力的作用下处于最下端位置，x 开度最大，不起减压作用。

当出口压力 p_2 高于先导阀弹簧的调定压力时，先导阀开启，此时 P_2 腔的部分压力油经孔 e、c、b、先导阀口、孔 a 和卸油口 L 流回油箱。由于阻尼孔 e 的作用，因此主阀阀芯上腔的压力 p_3 会小于下腔的压力 p_2，主阀阀芯便在此压力差作用下克服平衡弹簧的弹力上移，减压阀阀口减小，p_2 下降，直到此压力差与阀芯作用面积的乘积和主阀阀芯上的弹簧力相等时，主阀阀芯才处于平衡状态。此时减压阀保持一定开度，使出口压力 p_2 稳定在调压弹簧所调定的压力值上。

如果由于外来干扰使进口压力 p_1 升高，则出口压力 p_2 也会升高，主阀阀芯向上移动，主阀开口减小，p_2 又降低，在新的位置上取得平衡，而出口压力基本维持不变；反之亦然。这样，减压阀能利用出油口压力的反馈作用，自动控制阀口开度，保证出口压力基本上为弹簧调定压力，因此这种减压阀也被称为定值减压阀。图 6.8（b）所示为直动式减压阀的图形符号，也是减压阀的一般符号；图 6.8（c）所示为先导式减压阀的图形符号。

将先导式减压阀和先导式溢流阀进行比较，其主要区别有以下几点。

（1）先导式减压阀能保持出口压力基本不变，而先导式溢流阀能保持进口压力基本不变。

（2）在不工作时，先导式减压阀进、出油口互通，而先导式溢流阀进、出油口不互通。

（3）为保证先导式减压阀出口压力的调定值恒定，它的先导阀弹簧腔需要通过泄油口单独外接油箱；而先导式溢流阀的出油口是通油箱的，所以它的先导阀弹簧腔和泄漏油可通过阀体上的通道和出油口相通，不必单独外接油箱。

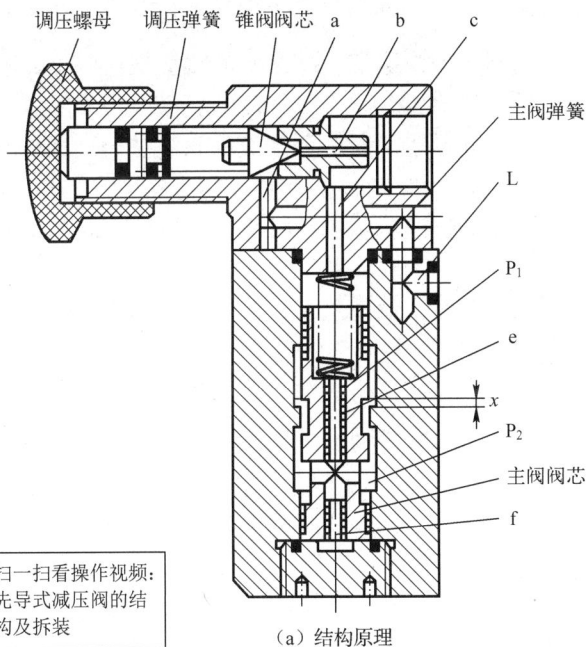

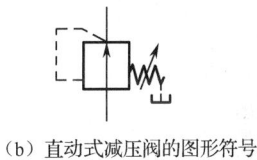

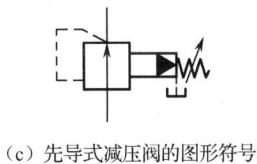

扫一扫看动画：
先导式减压阀
工作原理

（b）直动式减压阀的图形符号

（c）先导式减压阀的图形符号

扫一扫看操作视频：
先导式减压阀的结构及拆装

（a）结构原理

图 6.8　先导式减压阀

2. 减压阀的应用

减压阀在夹紧油路、控制油路、润滑油路中应用较多。图 6.9 所示为减压阀用于夹紧油路的原理图。

液压泵输出的压力油由溢流阀 2 调定压力以满足主油路系统的要求。在换向阀 5 处于图示位置时，液压泵 1 经减压阀 3、单向阀 4 供给夹紧缸 6 压力油。夹紧工件所需夹紧力的大小，由减压阀 3 来调节。当工件夹紧后，换向阀换位，液压泵向主油路系统供油。单向阀的作用是当泵向主油路系统供油时，使夹紧缸的夹紧力不受液压系统中压力波动的影响。为使减压油路正常工作，减压阀最低调定压力应大于 0.5 MPa，最高调定压力至少应比主油路系统的供油压力低 0.5 MPa。

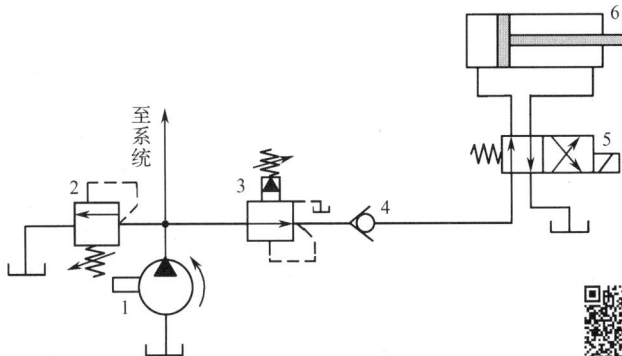

扫一扫看动画：减压阀的应用

图 6.9　减压阀用于夹紧油路的原理图

3. 减压阀的选用

减压阀主要依据它们在系统中的作用、额定压力、最大流量、工作特性参数和使用寿命等来选用。通常按照液压系统的最大压力和通过减压阀的流量进行选择。同时，在使用中还需要注意以下几点。

（1）减压阀的调定压力应根据其工作压力而决定，减压阀的流量规格应由实际通过该阀的最大流量决定，在使用中不宜超过额定流量。

（2）不要使通过减压阀的流量远小于其额定流量，否则液压系统易产生振动或其他不稳定的现象。

（3）接入控制油路中的减压阀，由于通过的实际流量很小，可按照该阀最小额定流量选用，使液压装置结构紧凑。

（4）根据系统性能要求选择合适的减压阀，如低压系统可选用直动式减压阀，而中、高压系统可选用先导式减压阀。根据空间位置、管路布置等情况选用以板式、管式或叠加式连接的减压阀。

（5）减压阀的各项性能指标对液压系统都有影响，可根据系统要求按照产品性能曲线选用减压阀。

（6）应保证减压阀的最低调定压力，使减压阀进、出口压力差保持在 0.3～1 MPa 范围内。

6.1.3 顺序阀的工作原理与选用

顺序阀是利用系统压力变化来控制油路的通断，以实现各执行元件按先后顺序动作的压力阀。按控制压力的不同，顺序阀可分为内控式顺序阀和外控式顺序阀两种，前者用阀进口处的油压力控制阀芯的开闭，后者用外来的压力油控制阀芯的开闭（液控顺序阀）。按结构的不同，顺序阀又可分为直动式顺序阀和先导式顺序阀两种，前者一般用于低压系统，后者用于中、高压系统。各类型顺序阀的实物图如图 6.10 所示。

图 6.10　各类型顺序阀的实物图

1. 顺序阀的结构和工作原理

直动式顺序阀如图 6.11 所示。其结构原理与直动式溢流阀的结构原理相似。直动式顺序阀由下盖、控制活塞、阀体、阀芯、弹簧和上盖等组成。当进油口压力较低时，阀芯在弹簧力的作用下处于下端位置，进油口 P_1 和出油口 P_2 不相通。当作用在阀芯下端油液的压力大于弹簧的预紧力时，阀芯向上移动，阀口打开，进油口 P_1 和出油口 P_2 相通，油液经阀口从出油口流出，从而操纵另一执行元件或其他元件动作。因直动式顺序阀利用其进油口的压力控制阀芯的开启，所以被称为普通顺序阀（也称内控外泄式顺序阀），其图形符号如图 6.11（b）所示。

若将下盖转 180°或 90°安装［见图 6.11（a）］，切断原控油路，将外控口 K 的螺塞取下，接通控制油路，则直动式顺序阀的开闭由外部压力油控制，便可构成外控外泄式顺序阀，其图形符号如图 6.11（c）所示。若再将上盖旋转 180°安装，使泄油口处的小孔与阀体上的小

孔连通，并将泄油口 L 用螺塞封住，使直动式顺序阀的出油口与回油箱连通，这时直动式顺序阀称为卸荷阀（也称外控内泄式顺序阀），其图形符号如图 6.11（d）所示。

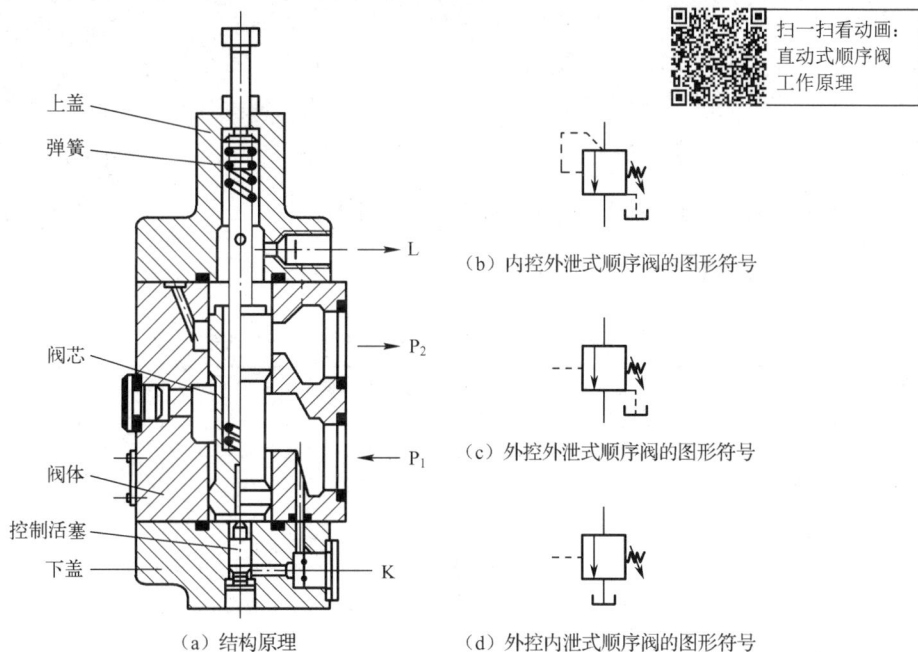

扫一扫看动画：直动式顺序阀工作原理

上盖
弹簧
阀芯
阀体
控制活塞
下盖

（a）结构原理

（b）内控外泄式顺序阀的图形符号

（c）外控外泄式顺序阀的图形符号

（d）外控内泄式顺序阀的图形符号

图 6.11　直动式顺序阀

2. 顺序阀的应用

顺序阀的应用如图 6.12 所示。该图回路为机床夹具上用顺序阀实现工件先定位、后夹紧的顺序动作回路。当换向阀右位工作时，压力油首先进入定位缸下腔，完成定位动作以后，系统压力升高，达到顺序阀的调定压力（为保证工作可靠，顺序阀的调定压力应比定位缸的最高工作压力高 0.5～0.8 MPa）时，顺序阀打开，压力油经顺序阀进入夹紧缸的下腔，使活塞向上运动，实现液压夹紧。当换向阀左位工作时，压力油同时进入定位缸和夹紧缸的上腔，拔出定位销，松开工件，夹紧缸通过单向阀回油。此外，顺序阀还可作为卸荷阀、平衡阀和背压阀。

3. 顺序阀的选用

顺序阀主要依据它们在系统中的作用、额定压力、最大流量、工作性能参数和使用寿命等来选用。通常在选用顺序阀时要注意以下几点。

扫一扫看微课视频：液控单向顺序阀的结构

扫一扫看动画：顺序阀的应用

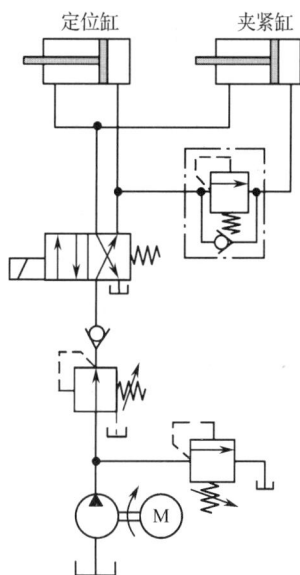

定位缸　　夹紧缸

图 6.12　顺序阀的应用

（1）顺序阀的规格主要根据该阀的最高工作压力和最大流量来选取。

（2）用于控制油路的顺序阀，由于通过的实际流量很小，因此可按该阀的最小额定流量选取，使液压装置结构紧凑。

（3）根据系统性能要求选用顺序阀，如低压系统可选用直动式顺序阀，而中、高压系统可选用先导式顺序阀。根据空间位置、管路布置等情况选用以板式、管式或叠加式连接的顺序阀。

（4）根据液压系统的性能要求，可以按照顺序阀的性能曲线选用。

（5）当顺序阀用在顺序动作回路中时，其调定压力应比先动作的执行元件的工作压力至少高 0.5 MPa，以免压力波动导致无动作。

扫一扫看微课视频：
减压阀、顺序阀、溢流阀的区别

6.1.4　溢流阀、减压阀和顺序阀的区别

溢流阀、减压阀和顺序阀的主要差别在其图形符号上，其性能比较如表 6.1 所示。

表 6.1　溢流阀、减压阀和顺序阀的性能比较

项目		溢流阀	减压阀	顺序阀
控制方式		控制进油路的压力，保证进口压力 P_1 恒定	控制出油口的压力，保证出口压力 P_2 恒定	直控式顺序阀是控制进口压力 P_1 的；而液控式顺序阀是由单独油路控制压力的
出油口情况		出油口与油箱相连	出油口与减压回路相连	出油口与工作回路相连
泄漏形式		内泄式	外泄式	外泄式
进油口状态及压力	常态	常闭（原始状态）	常开（原始状态）	常闭（原始状态）
	工作状态	进、出油口相通，进油口压力为调整压力	进油口压力低于出油口压力，出油口压力稳定在调定值上	进、出油口相通，进油口压力允许继续升高
连接方式		并联	串联	实现顺序动作时串联，作为卸荷阀用时并联
功用		限压、稳压、保压	减压、稳压	利用压力变化控制油路的通断
阀芯运动		进油腔压力 P_1 控制阀芯移动	出油腔压力 P_2 控制阀芯移动	进油腔压力 P_1 控制阀芯移动
结构		结构大体相同，只是泄油路不同		

扫一扫看动画：
压力继电器工作原理

6.1.5　压力继电器的工作原理、性能参数及应用

1. 压力继电器的结构和工作原理

压力继电器是一种将油液压力信号转换成电信号的电液控制元件，当油液压力达到压力继电器的调定压力时，即发出电信号，控制电磁铁、电磁离合器和继电器等元件动作，使油路卸压、换向；使执行元件实现顺序动作，或关闭电动机；使系统停止工作，起安全保护的作用等。

压力继电器的实物图如图 6.13 所示。其按结构特点可分为柱塞式压力继电器、膜片式压力继电器、弹簧管式压力继电器和波纹管式压力继电器 4 种。图 6.14 所示为单触点柱塞式压力继电器。这种继电器由柱塞、调节螺母和电气微动开关等组成，压力油作用在柱塞的下端，油压力直接与柱塞上端的弹簧力比较。当油压力大于或等于弹簧力时，柱塞向上移，可压下电气微动开关触头，接通或断开电气线路。当油压力小于弹簧力时，电气微动开关触头复位。显然，柱塞上移将引起弹簧的压缩量增加，因此压下电气微动开关触头的压力（开启压力）与电气微动开关复位的压力（闭合压力）存在一个差值，此差值对压力继电器的正常工作是必要的，但不易过大。

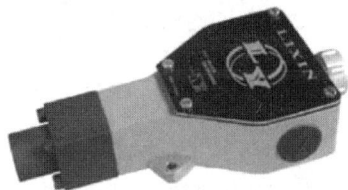

图 6.13 压力继电器的实物图

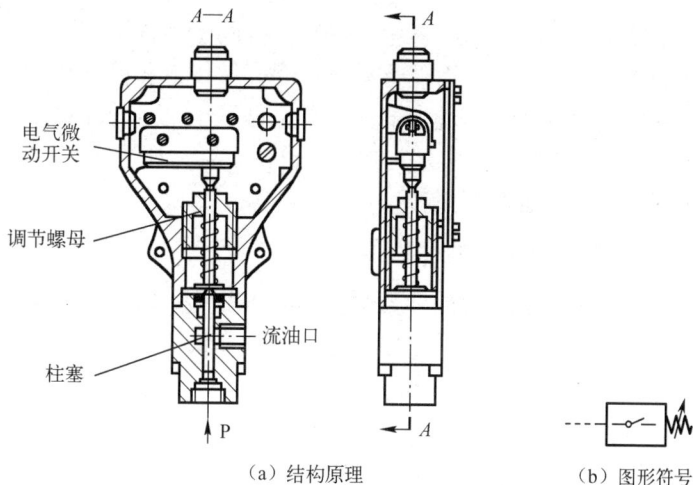

（a）结构原理   （b）图形符号

图 6.14 单触点柱塞式压力继电器

图 6.15 所示为膜片式压力继电器。这种压力继电器的控制油口 K 和液压系统相连。压力油从控制油口 K 进入后，作用于膜片上，当压力达到弹簧 2 的调定压力时，膜片变形，推动柱塞上升，此时，柱塞的锥面推动两侧的钢球 5 和 6 沿水平孔道外移，钢球又推动杠杆绕铰轴逆时针转动，压下电气微动开关触头，发出电信号。调节螺钉可以改变弹簧 2 的预压缩量，从而改变发出电信号的调定压力。

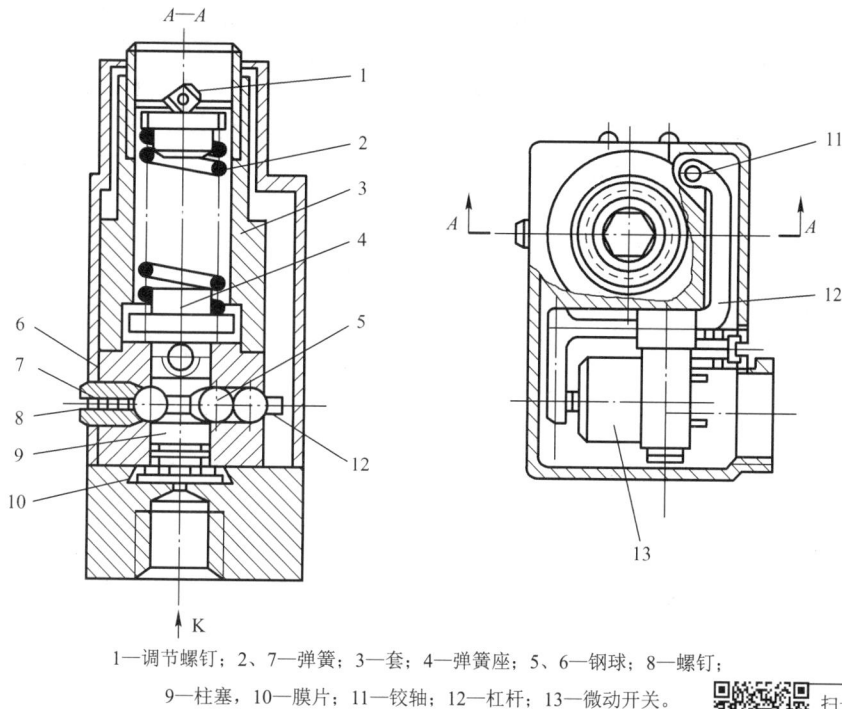

1—调节螺钉；2、7—弹簧；3—套；4—弹簧座；5、6—钢球；8—螺钉；

9—柱塞，10—膜片；11—铰轴；12—杠杆；13—微动开关。

图 6.15 膜片式压力继电器

扫一扫看微课视频：膜片式压力继电器的结构

当压力降低到某一数值后，弹簧 2 和 7 会使柱塞下移，钢球 5 和 6 进入柱塞的锥面槽内，松开电气微动开关，随即断开电路。在钢球 6 和弹簧 7 的作用下，可以对柱塞产生一定的摩擦力。该力在柱塞向上运动时与液压力的方向相反，在柱塞向下运动时与液压力的方向相同。

由于摩擦力的影响，松开电气微动开关的压力比压下电气微动开关的压力低。螺钉用来调节弹簧7的作用力，从而调节电气微动开关压下和松开时的压力差值。

由于膜片式压力继电器的膜片位移很小，压力油容积变化小，所以其反应快、重复精度高，一般误差在原调定压力的0.5%～1.5%。但其易受压力波动的影响，在低压和真空时使用较好，不宜用于高压系统。

2. 压力继电器的性能参数

压力继电器的性能参数主要有以下几项。

（1）调压范围。发出电信号的最低和最高工作压力的范围称为调压范围。打开面盖，拧动调节螺丝，即可调整工作压力。

（2）灵敏度和通断调节区间。压力继电器发出电信号时的压力称为开启压力，切断电信号时的压力称为闭合压力。开启时，柱塞、顶杆移动所受的摩擦力方向与压力方向相反，闭合时则相同，故开启压力比闭合压力大。两者之差称为压力继电器的灵敏度。为避免压力波动时压力继电器时通时断，要求开启压力和闭合压力间有一个可调节的差值范围，称为通断调节区间。

（3）重复精度。在一定的设定压力下，多次升压（或降压）过程中，开启压力和闭合压力本身的差值称为重复精度。

（4）升压或降压的动作时间。当压力由卸荷压力升到设定压力时，电气微动开关触角闭合发出电信号的时间称为升压动作时间，反之称为降压动作时间。

3. 压力继电器的应用

图6.16所示为用压力继电器实现的保压-卸压回路。当YA1通电时，换向阀1左位工作，液压缸向前运动并压紧工件。进油路压力升高至调定值，压力继电器的动作使YA3通电，换向阀2上位工作，使泵卸荷，单向阀自动关闭，液压缸则由蓄能器供油进行保压。当液压缸压力不足时，压力继电器复位使泵重新工作。保压时间的长短取决于蓄能器的容量。这种回路可使夹紧工件持续时间较长，可显著减少功率损耗。

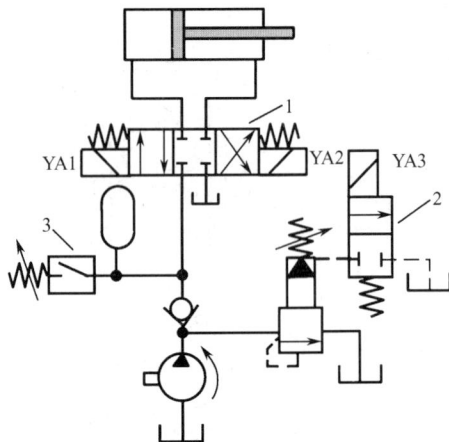

图6.16 用压力继电器实现的保压-卸压回路

任务实施

6.1.6 先导式溢流阀的选型与拆装

扫一扫看操作视频：先导式溢流阀的结构及拆装

1. 溢流阀的拆装步骤

图6.17所示为先导式溢流阀的立体分解图。以该图为例，介绍溢流阀的拆装步骤和方法。

（1）准备好内六角扳手一套、耐油橡胶板一块、油盘一个及钳工工具一套等。

（2）松开先导阀阀体与主阀阀体的连接螺钉，取下先导阀阀体部分。

（3）从先导阀阀体部分松开锁紧螺母及调整手柄。

（4）从先导阀阀体部分取下螺套，调节杆，O形密封圈11、12、13，先导阀调压弹簧及

先导阀阀芯等。

（5）卸下螺堵 2，取下先导阀阀座。

（6）从主阀阀体中取出 O 形密封圈 4、主阀弹簧、主阀阀芯、主阀阀座。如果主阀阀芯发卡，可用铜棒轻轻将其敲击出来，禁止猛力敲打，损坏主阀阀芯台肩。

（7）观察溢流阀主要零件的结构和作用。

① 观察先导阀阀体上开的远控口和安装先导阀阀芯用的中心圆孔。

② 观察先导阀阀芯与主阀阀芯的结构、主阀阀芯阻尼孔的大小，比较主阀阀芯与先导阀阀芯弹簧的刚度。

③ 观察先导阀调压弹簧和主阀弹簧，先导阀调压弹簧的刚度比主阀弹簧的刚度大。

（8）按拆卸的相反顺序装配，即后拆的零件先装配，先拆的零件后装配。

① 装配前应认真清洗各零件，并在配合零件表面涂润滑油。

② 检查各零件的油孔、油路是否畅通、是否有尘屑，若有则重新清洗。

③ 先将调压弹簧装在先导阀阀芯的圆柱面上，然后一起推入先导阀阀体内。

④ 主阀阀芯装入主阀阀体后，应运动自如。

⑤ 先导阀阀体与主阀阀体的止口、平面完全贴合后，才能用螺钉连接，螺钉要分两次拧紧，并按对角线顺序进行连接。

⑥ 装配中注意主阀阀芯的三个圆柱面与先导阀阀体、主阀阀体与主阀阀座孔配合的同心度。

（9）将阀外表面擦拭干净，整理工作台。

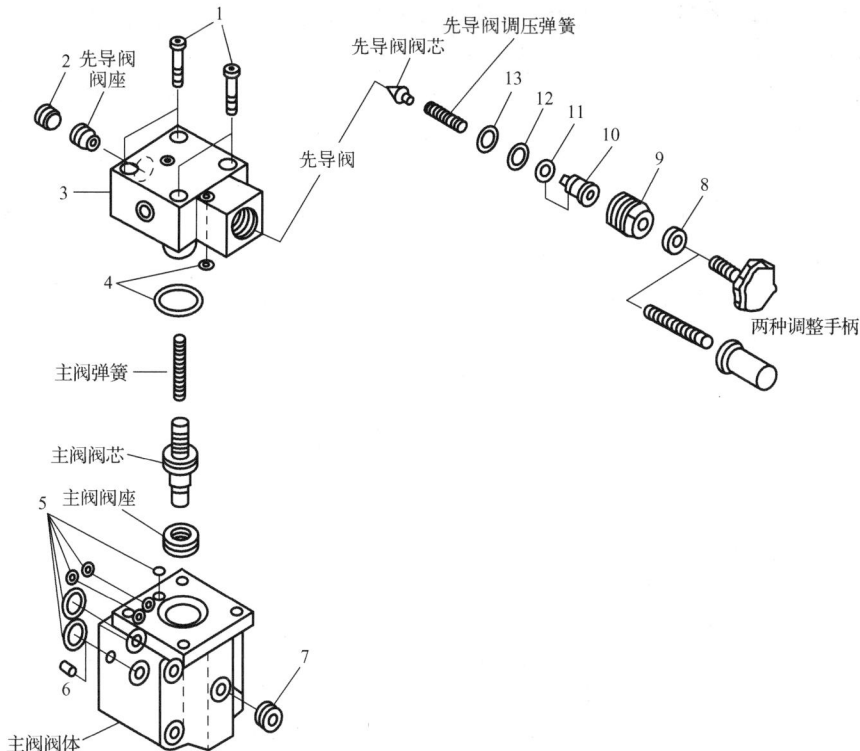

1—连接螺钉；2、7—螺堵；3—先导阀；4、11、12、13—O 形密封圈；5—紧固件；

6—销；8—锁紧螺母；9—螺套；10—调节杆。

图 6.17　先导式溢流阀的立体分解图

2. 工作任务单

工作任务单

姓名		班级		组别		日期	
工作任务	先导式溢流阀的选型与拆装						
任务描述	在教师的指导下，根据工业胶黏机的工作原理，查阅相关资料进行先导式溢流阀的选型，在实训室完成先导式溢流阀的拆卸与组装						
任务要求	（1）根据工业胶黏机的工作要求，进行压力控制阀的选用，形成清单。 （2）正确进行先导式溢流阀的拆装并记录。 （3）在工作台上合理布置各元器件，规范拆卸和安装元器件						
提交成果	（1）先导式溢流阀的选型清单。 （2）先导式溢流阀的拆装流程						
考核评价	序号	考核内容		配分	评分标准		得分
	1	安全意识		10	遵守安全规章、制度		
	2	工具的使用		10	正确使用实验工具		
	3	溢流阀、减压阀的选型		20	合理选用方向阀		
	4	溢流阀、减压阀的拆装		50	拆装前后一致，过程有序		
	5	团队协作		10	与他人合作有效		
指导教师				总分			

任务6.2 液压钻床液压回路的设计与应用

扫一扫看教学课件：液压钻床液压回路的设计与应用

扫一扫看课程思政：大国工匠刘伯鸣

任务引入

图 6.18 所示为液压钻床的工作示意图。钻头的进给和工件的夹紧都是由液压系统来控制的。由于加工的工件不同，加工时所需的夹紧力也不同，因此工作时液压缸 A 的夹紧力必须能够固定在不同的压力值上，同时为了保证安全，液压缸 B 必须在液压缸 A 的夹紧力达到规定值时才推动钻头进给。要达到这一要求，液压系统应采用什么样的液压元件来控制这些动作呢？它们需要组建何种回路才能实现工作呢？

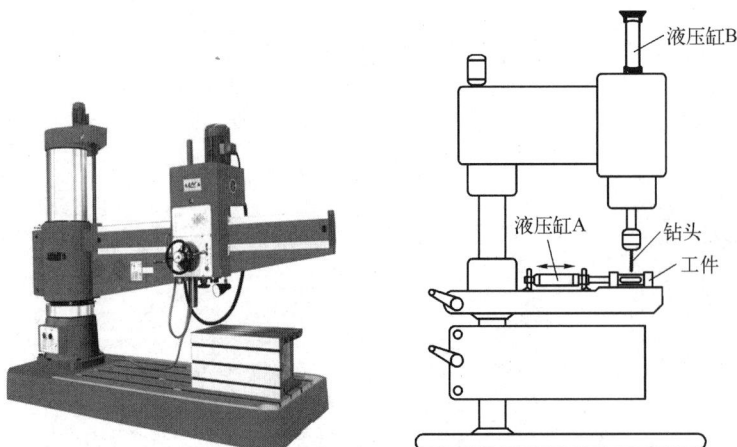

图 6.18 液压钻床的工作示意图

任务分析

通过对上述任务的分析可以知道，要控制液压缸 A 的夹紧力，就要求输入端的液压油压力能够随输出端液压油压力的减小而自动减小，实现这一功能的液压元件就是减压阀。此外，系统还要求液压缸 B 必须在液压缸 A 的夹紧力达到规定值时才能动作，即动作前需要检测液压缸 A 的压力，把液压缸 A 的压力作为控制液压缸 B 动作的信号，这在液压系统中可以使用顺序阀通过压力信号来接通和断开液压回路从而达到控制执行元件动作的目的。为实现这一目的，需要设计压力控制回路。

相关知识

液压系统的工作压力取决于负载的大小。执行元件所受到的总负载，即总阻力包括工作负载、执行元件由于自重和机械摩擦所产生的摩擦阻力，以及油液在管路中流动时所产生的沿程阻力和局部阻力等。为使系统保持一定的工作压力，或在一定的压力范围内工作，又或在几种不同的压力下工作，就需要调整和控制整个液压系统的压力。

压力控制回路是用压力阀来控制和调节液压系统主油路或某一支路的压力，以满足执行元件所需的力或力矩的要求的。利用压力控制回路可实现对系统进行调压（稳压）、减压、增压、卸荷、保压与平衡等的各种控制。

6.2.1 调压回路

为使液压系统的压力与负载相适应并保持稳定，或为了安全而限定液压系统的最高压力，都会用到调压回路，下面介绍三种调压回路。

1. 单级调压回路

单级调压回路如图 6.19 所示。通过液压泵和溢流阀的并联连接，即可组成单级调压回路。通过调节溢流阀的压力，可以改变液压泵的输出压力。当溢流阀的调定压力确定后，液压泵就在溢流阀的调定压力下工作，从而实现对液压系统进行调压和稳压控制。如果将液压泵改为变量泵，这时溢流阀将作为安全阀来使用，液压泵的工作压力低于溢流阀的调定压力，这时溢流阀不工作，当系统出现故障，液压泵的工作压力上升时，一旦压力达到溢流阀的调定压力，溢流阀将开启，并将液压泵的工作压力限制在溢流阀的调定压力下，使液压系统不致因压力过载而受到破坏，从而保护了液压系统。

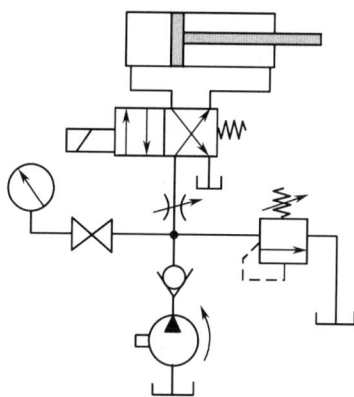

图 6.19 单级调压回路

2. 双向调压回路

当执行元件的正反行程需要不同的供油压力时，可采用双向调压回路，如图 6.20 所示。当换向阀在左位工作时，活塞杆伸出，泵出口压力由溢流阀 1 调定为较高压力，缸右腔的油液通过换向阀回到油箱，溢流阀 2 此时不起作用。当换向阀在右位工作时，缸空行程返回，

泵出口压力由溢流阀 2 调定为较低压力，溢流阀 1 不起作用。缸退到终点后，泵在低压力下回油，功率损耗小。图 6.20（b）所示的回路在图示位置时，溢流阀 2 的出口被高压油封闭，即溢流阀 1 的远控口被堵塞，故泵的压力由溢流阀 1 调定为较高压力。当换向阀在右位工作时，缸左腔通油箱，压力为零，溢流阀 2 相当于溢流阀 1 的远程调压阀，泵的压力由溢流阀 2 调定。

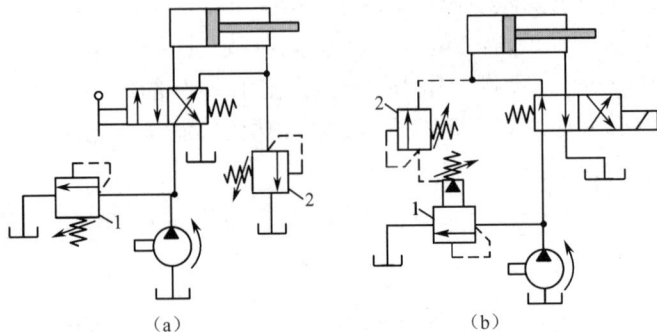

（a）　　　　　　　　　　（b）

图 6.20　双向调压回路

扫一扫看动画：双向调压回路

3. 多级调压回路

有些液压设备的液压系统需要在不同的工作阶段获得不同的压力。

图 6.21（a）所示为二级调压回路。该回路可控制两种不同的系统压力。在图示状态，泵的出口压力由溢流阀 1 调定为较高压力；当二位二通换向阀通电后，泵的出口压力则由远程调压阀 2 调定为较低压力。调压阀 2 的调定压力必须小于溢流阀 1 的调定压力，否则不能实现二级调压。

图 6.21（b）所示为三级调压回路。三级压力分别由溢流阀 1、2、3 调定，当电磁铁 YA1、YA2 失电时，系统压力由主溢流阀 1 调定。当 YA1 得电时，系统压力由溢流阀 2 调定。当 YA2 得电时，系统压力由溢流阀 3 调定。在这种调压回路中，溢流阀 2 和溢流阀 3 的调定压力要低于主溢流阀 1 的调定压力。

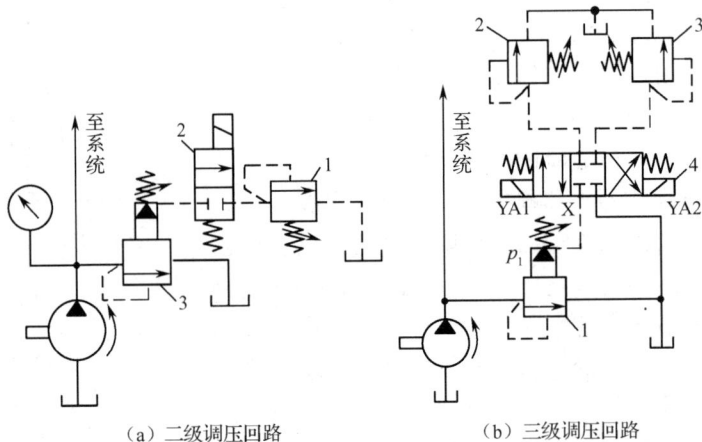

（a）二级调压回路　　　　　　　　（b）三级调压回路

图 6.21　多级调压回路

6.2.2　卸荷回路与保压回路

1. 卸荷回路

在液压系统工作中，有时执行元件会在短时间内停止工作，不需要液压系统传递能量，

或者执行元件在某段工作时间内保持一定的力,而运动速度极慢,甚至停止运动,在这种情况下,不需要液压泵输出油液,或只需要很小流量的液压油,于是液压泵输出的压力油全部或绝大部分从溢流阀流回油箱,造成能量的无谓消耗,引起油液发热,使油液加快变质,而且还影响液压系统的性能及泵的寿命。为此常采用卸荷回路解决上述问题。

卸荷回路的功能为:在液压泵驱动电动机不进行频繁启动和关闭的情况下,使液压泵在功率输出接近于零的情况下运转,以减少功率损耗、降低系统发热、延长液压泵和电动机的寿命。因为液压泵的输出功率为其流量和压力的乘积,当两者中的任一个近似为零时,功率损耗即近似为零。故液压泵卸荷分为流量卸荷和压力卸荷两种,前者主要是使用变量泵,使变量泵仅补偿泄漏而以最小流量运转,此方法比较简单,但液压泵处在高压状态下运行,磨损比较严重;压力卸荷是使液压泵在接近零压力下运转。常见的压力卸荷回路有以下几种。

1)换向阀卸荷回路

(1)用三位阀中位机能的卸荷回路。当 M、H 和 K 型中位机能的三位换向阀处于中位时,液压泵与油箱连通,实现卸荷。图 6.22 所示为用 M 型中位机能的卸荷回路。此卸荷回路比较简单,但当压力较高、流量较大时,容易产生冲击,故其适用于低压、小流量的液压系统。

(2)用二位二通阀的卸荷回路。图 6.23 所示为用二位二通阀的卸荷回路。采用此卸荷回路时必须使二位二通换向阀的流量与泵的额定输出流量匹配。这种回路的卸荷效果较好,易于实现自动控制,一般适用于液压泵流量小于 63 L/min 的场合。

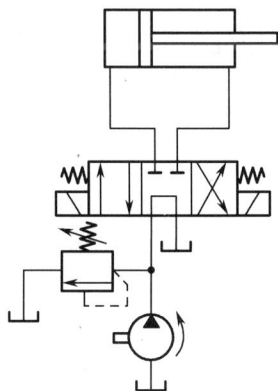

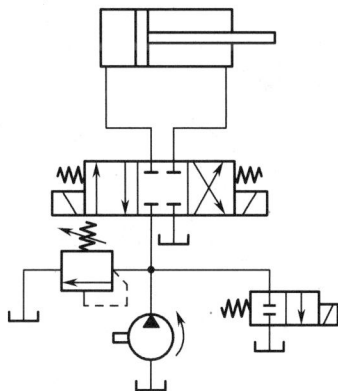

扫一扫看动画:用 M 型中位机能的卸荷回路

扫一扫看动画:用二位二通阀的卸荷回路

图 6.22 用 M 型中位机能的卸荷回路   图 6.23 用二位二通阀的卸荷回路

扫一扫看动画:溢流阀远程控制口卸荷回路

2)用先导式溢流阀的远程控制口卸荷

用先导式溢流阀远程控制口的卸荷回路如图 6.24 所示。图中使用先导式溢流阀的远程控制口直接与二位二通电磁阀相连,构成了一种用先导式溢流阀远程控制口的卸荷回路,这种卸荷回路的卸荷压力小,切换时冲击也小。

2. 保压回路

在液压系统中,液压缸在工作循环的某一阶段,若需要保持一定的工作压力,就要采用保压回路。在保压阶段,液压缸没有运动,较简单的办法是用一个密封性能好的单向阀来保压。但是,阀类元件的泄漏使这种回路的保压时间不能

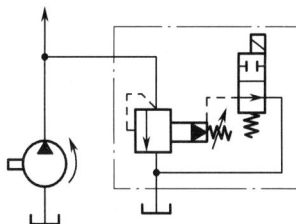

图 6.24 用先导式溢流阀远程控制口的卸荷回路

维持太久。常用的保压回路有以下几种。

1）用液压泵的保压回路

在图 6.25 所示的用液压泵的保压回路中，当系统压力较低时，低压大流量泵和高压小流量泵会同时向系统供油，当系统压力升高到卸荷阀的调定压力时，低压大流量泵卸荷。此时，高压小流量泵使系统压力保持为溢流阀的调定值。高压小流量泵的流量只需要略高于系统的泄漏量，就能减少系统发热；也可采用限压式变量泵来保压，它在保压期间仅输出少量足以补偿系统泄漏的油液，效率较高。

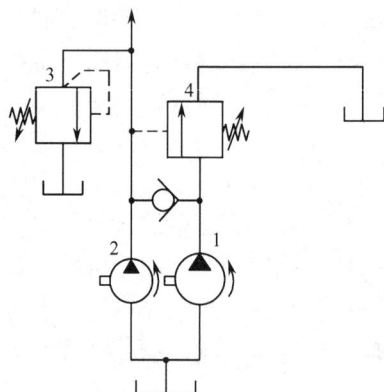

1—低压大流量泵；2—高压小流量泵；
3—溢流阀；4—卸荷阀。

图 6.25　用液压泵的保压回路

2）用蓄能器的保压回路

用蓄能器的保压回路如图 6.26 所示。当电磁铁 YA1 通电时，液压泵向液压缸左腔和蓄能器同时供油，并推动活塞右移。当接触工件后，系统压力升高。当压力升至压力继电器的调定值时，YA3 通电，通过先导式溢流阀使液压泵卸荷，此时液压缸中的油液压力由蓄能器保持。

扫一扫看动画：蓄能器保压回路

3）自动补油保压回路

图 6.27 所示为采用液控单向阀和电接点压力表的自动补油式保压回路。其工作原理为：当 YA1 得电时，三位四通电磁换向阀左位工作，液压缸上腔进油，下腔回油，活塞下行并对工件加压。当液压缸上腔压力达到保压压力，即电接点压力表为上限压力时，电接点压力表发出信号使 YA1 断电，YA3 得电，三位四通电磁换向阀复位，并通过液控单向阀保持液压缸上腔的压力，液压泵通过溢流阀卸荷；当保压压力随泄漏而下降至电接点压力表的下限压力时，电接点压力表发出信号使 YA3 断电，YA1 得电，液压泵通过三位四通电磁换向阀向液压缸上腔充液。当压力达到电接点压力表的上限压力时，其会发出信号使 YA3 得电，YA1 断电，液压缸继续保压；当保压时间到时，YA3 断电，YA2 得电，三位四通电磁换向阀右位工作，液压缸活塞上行；当液压缸活塞上行复位后，YA2 断电，YA3 得电，即完成一个工作循环。因此，这一回路能自动地使液压缸补充压力油，并使其压力能长期保持在一定的范围内。

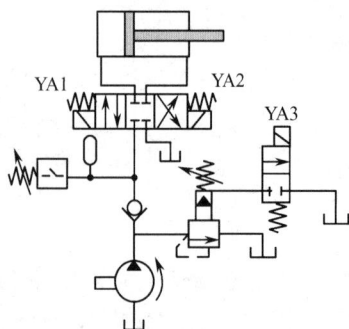

图 6.26　用蓄能器的保压回路

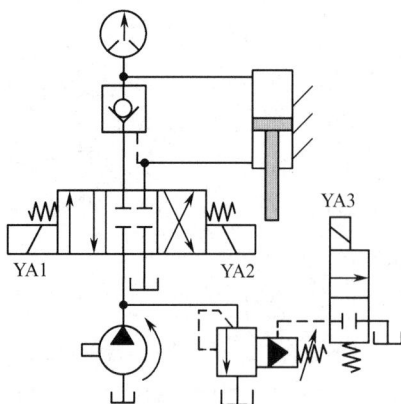

图 6.27　采用液控单向阀和电接点压力表的自动补油式保压回路

6.2.3 增压回路与减压回路

1. 增压回路

增压回路可以提高系统中某一支路的工作压力，以满足局部工作机构的需要。若采用增压回路，系统的整体工作压力较低，则这样可以降低能源消耗。增压回路中增大压力的主要元件是增压缸或增压器。

1）单作用增压缸的增压回路

图 6.28（a）所示为增压缸的单作用增压回路。当系统在图示位置工作时，系统的供油压力 p_1 进入增压缸的大活塞腔，此时在小活塞腔即可得到所需的较高压力 p_2。

当二位四通电磁换向阀右位接入系统时，增压缸返回，辅助油箱中的油液经单向阀补入小活塞腔。因为该回路只能间歇增压，所以称之为单作用增压回路。

2）双作用增压缸的增压回路

图 6.28（b）所示为双作用增压缸的增压回路，其能连续输出高压油。在图示位置工作时，液压泵输出的压力油经换向阀 5 和单向阀 1 进入增压缸左端大、小活塞

扫一扫看动画：双作用增压缸的增压回路

(a) 增压缸的单作用增压回路 (b) 双作用增压缸的增压回路

图 6.28 增压回路

腔，右端大活塞腔的回油通油箱，右端小活塞腔增压后的高压油经单向阀 4 输出，此时单向阀 2、3 被关闭。当增压缸活塞移到右端时，换向阀得电换向，增压缸活塞向左移动。同理，左端小活塞腔输出的高压油经单向阀 3 输出，这样，增压缸的活塞不断往复运动，两端便交替输出高压油，从而实现连续增压。

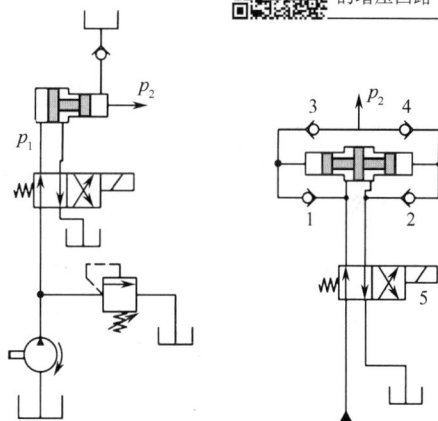

2. 减压回路

当泵的输出压力是高压而局部回路或支路要求低压时，可以采用减压回路，如机床液压系统中的定位、夹紧、分度回路，以及液压元件的控制油路等，它们的压力要求往往比主油路的压力要求低。

图 6.29 所示为用于工件夹紧的减压回路。夹紧工件时为了防止系统压力降低，如进给液压缸空载时快进运动而出现油液倒流，并短时保压，通常在减压阀后串接一个单向阀。在图示状态下，夹紧压力由减压阀 1 调定；当二通阀 2 通电后，夹紧压力则由远程调压阀 3 决定，故此回路为二级减压回路。若系统只需要一级减压，则可取消二通阀 2 与远程调压阀 3，堵塞减压阀 1 的外控口。

图 6.30 所示为无级减压回路。此回路采用比例减压阀减压，根据输入信号的变化，便可获得无级调节的稳定低压。

为了使减压回路工作可靠，减压阀的最低调定压力应不小于 0.5 MPa，最高调定压力至少应比系统压力小 0.5 MPa。当减压回路中的执行元件需要调速时，调速元件应放在减压阀后面，以避免减压阀泄漏（指由减压阀泄油口流回油箱的油液）对执行元件的速度产生影响。

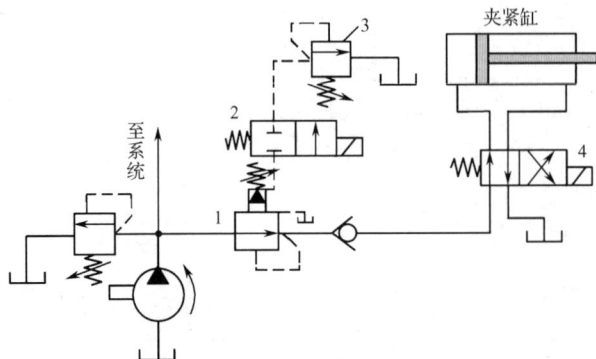

图 6.29　用于工件夹紧的减压回路　　　　　　图 6.30　无级减压回路

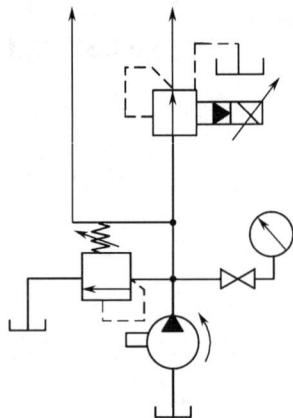

6.2.4　平衡回路

为了防止立式液压缸及其工作部件在悬空停止期间自行下滑，或在下行运动中由于自重而造成失控超速的不稳定运动，可设置平衡回路。

图 6.31（a）所示为采用单向顺序阀的平衡回路。当 YA1 得电后活塞下行时，回油路上会存在一定的背压；只要将这个背压调得能支撑住活塞和与其相连的工作部件的自重，活塞就可以平稳落下。当换向阀处于中位时，活塞会停止运动，不再继续下移。当活塞向下快速运动时这种回路的功率损失较大，锁定时活塞和与其相连的工作部件会因单向顺序阀和换向阀的泄漏而缓慢落下，因此它只适用于工作部件质量不大、活塞锁定时定位要求不高的液压系统。

图 6.31（b）所示为采用液控顺序阀的平衡回路。当活塞下行时，控制压力油会打开液控顺序阀，背压消失，因而回路效率较高；当停止工作时，液控顺序阀会关闭，以防止活塞和与其相连的工作部件因自重而下降。这种平衡回路的优点是当只有上腔进油时活塞才下行，比较安全可靠；缺点是当活塞下行时平稳性较差。这是因为当活塞下行时，液压缸上腔的油压会降低，使液控顺序阀关闭。当液控顺序阀关闭时，因活塞停止下行，使液压缸上腔的油压升高，又打开液控顺序阀。因此液控顺序阀始终工作于开闭的过渡状态，会影响工作的平稳性。这种回路适用于运动部件质量不是很大、停留时间较短的液压系统中。

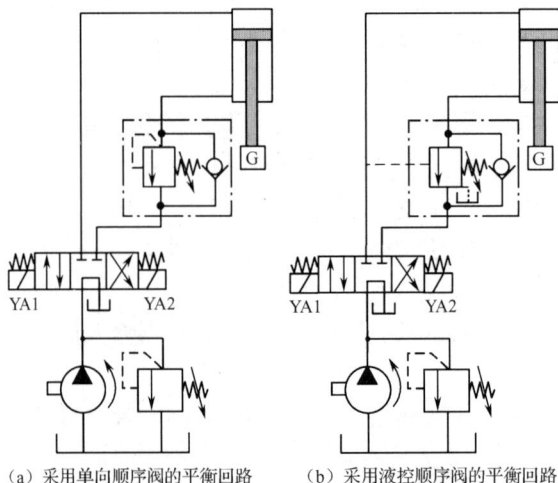

扫一扫看
动画：平衡
回路

（a）采用单向顺序阀的平衡回路　　　（b）采用液控顺序阀的平衡回路

图 6.31　采用顺序阀的平衡回路

任务实施

6.2.5　液压钻床液压回路的设计

在完成该任务之前，我们先分析一下图 6.32 所示的顺序动作回路。

阀 A 和阀 B 是单向顺序阀。夹紧液压缸与钻孔液压缸按照 1→2→3→4 的顺序动作。动作开始时二位四通换向阀的电磁铁得电，使其左位接入系统，压力油只能进入夹紧液压缸的左腔，回油经阀 B 中的单向阀回到油箱，实现动作 1。当活塞右行到达终点后，夹紧工件，系统压力升高，打开阀 A 中的顺序阀，压力油进入钻孔液压缸左腔，回油经换向阀回到油箱，实现动作 2。当钻孔完毕后，电磁铁断电，电磁换向阀换向，使回路处于常态，压力油先进入钻孔液压缸右腔，回油经阀 A 中的单向阀及电磁换向阀回到油箱，实现动作 3，钻头退回。当左行到达终点后，油压升高，打开阀 B 中的顺序阀，压力油进入夹紧液压缸右腔，回油经换向阀回到油箱，实现动作 4，至此完成一个工作循环。该回路的可靠性在很大程度上取决于顺序阀的性能和压力调定值。为了严格保证动作的顺序，应使顺序阀的调定压力大于 0.8 MPa。否则顺序阀可能在压力波动下先行打开，使钻孔液压缸产生先动现象（也就是工件未夹紧就钻孔），影响工作的可靠性。此回路适用于液压缸数目不多且阻力变化不大的液压系统。

针对任务引入中提出的要求，可以利用减压阀来控制夹紧液压缸的夹紧力，用顺序阀来控制夹紧液压缸和钻孔液压缸的动作顺序，那么不难看出，只要在图 6.32（图示位置）的基础上，在夹紧液压缸的回油路上连接减压阀就可以组成液压钻床液压回路系统。

1. 操作步骤

在液压实验台上完成液压钻床液压回路的连接，要求如下。

（1）能看懂液压回路图，并能正确选用元器件。

（2）安装元器件时要规范，各元器件在工作台上要合理布置。

（3）用油管正确连接元器件的各油口。

图 6.32　顺序动作回路

（4）检查各油口的连接情况，启动液压泵，观察压力表显示的系统压力值。

（5）调节减压阀调压手柄，观察压力表显示的系统压力值的变化情况。

（6）调节顺序阀调压手柄，观察执行元件的运动顺序。

（7）完成实验，经老师检查评估后，关闭油泵，拆下管线，将元器件放回原来的位置。

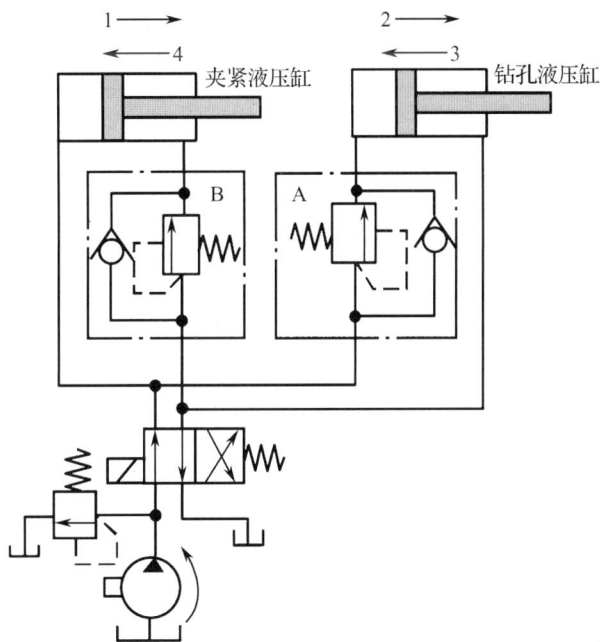

2．工作任务单

工作任务单

姓名		班级		组别		日期	
工作任务	液压钻床液压回路的设计						
任务描述	在液压实训室，根据液压钻床的工作原理，选用合理的压力控制阀，设计液压钻床控制回路，安装并连接好回路，进行调试完成系统功能						
任务要求	（1）正确使用相关工具，分析并设计液压回路。 （2）正确连接元器件，调试并运行液压系统，完成系统功能。 （3）调节减压阀，观察压力变化及其工作状况						
提交成果	（1）液压钻床的液压回路图。 （2）液压钻床控制回路的调试分析报告						
考核评价	序号	考核内容		配分	评分标准		得分
	1	安全文明操作		10	遵守安全规章、制度，正确使用工具		
	2	绘制液压回路图		20	图形绘制正确，符号规范		
	3	回路正确连接		30	元器件连接有序、正确，油液无明显泄漏现象		
	4	系统运行调试		30	系统运行平稳		
	5	团队协作		10	与他人合作有效		
指导教师				总分			

习题 6

扫一扫看习题 6 的参考答案

1．比较溢流阀、减压阀、顺序阀的异同点。

2．在如图 6.33 所示的回路中，溢流阀的调定压力为 5.0 MPa，减压阀的调定压力为 2.5 MPa，试计算下列各压力值并说明减压阀阀口处于什么状态。

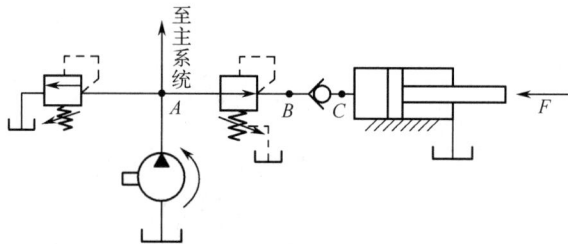

图 6.33　习题 2 的回路

（1）当泵的压力等于溢流阀的调定压力时，夹紧液压缸使工件夹紧后，A、C 点的压力各为多少？

（2）当泵的压力由于工作液压缸使快进压力降到 1.5 MPa 时（工件原先处于夹紧状态），A、B、C 点的压力各为多少？

（3）夹紧液压缸在夹紧工件前做空载运动时，A、B、C 点的压力各为多少？

3．如图 6.34 所示的液压系统，两个液压缸的有效面积 $A_1 = A_2 = 100 \text{ cm}^2$，液压缸 A 的负

载 F=35 000 N，液压缸 B 运动时的负载为零。不计摩擦阻力、惯性力和管路损失，溢流阀、顺序阀和减压阀的调定压力分别为 4 MPa、3 MPa 和 2 MPa。求在下列三种情况下，A、B 和 C 点的压力。

（1）当液压泵启动后，两个换向阀处于中位。

（2）当 YA1 通电，液压缸 A 的活塞移动及活塞运动到终点时。

（3）当 YA1 断电，YA2 通电，液压缸 B 的活塞运动及活塞碰到固定挡块时。

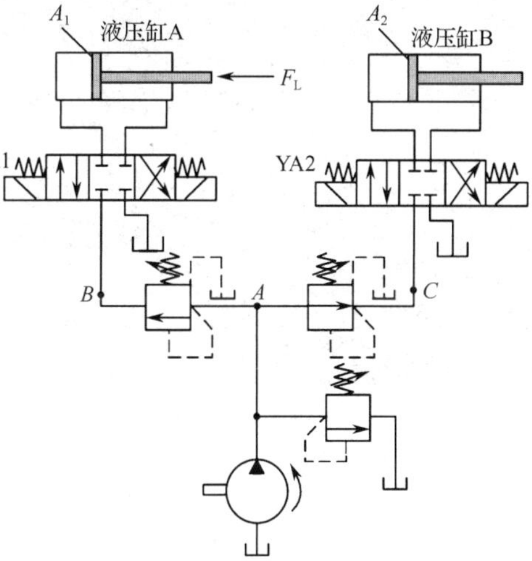

图 6.34　习题 3 的液压系统

4．图 6.35 所示为两个减压阀串联。已知减压阀的调定压力分别为：P_{J1}=35×10^5 Pa，P_{J2}=20×10^5 Pa，溢流阀的调定压力为 P_y=45×10^5 Pa；当活塞运动时，负载力为 F=1 200 N，活塞面积为 A_1 =15 cm^2，减压阀全开时的局部损失及管路损失不计。试确定：活塞在运动时和到达终端位置时，A、B、C 各点的压力为多少？

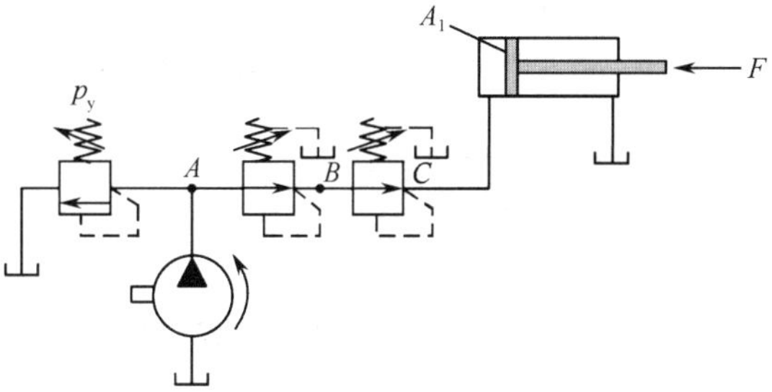

图 6.35　两个减压阀串联

项目 7

液压速度控制回路的设计与应用

项目目标

通过本项目的学习，学生应掌握流量控制阀的功用及分类，熟悉流量控制阀的工作原理和图形符号，具备选用流量控制阀的能力，具有分析和调试速度控制回路的能力。具体目标如下。

（1）掌握流量控制阀的功用及分类。

（2）熟悉节流口的结构形式和流量特性。

（3）掌握节流阀和调速阀的工作原理。

（4）能根据系统功能要求合理选用压力控制阀。

（5）能掌握速度控制回路的功用、工作原理。

（6）能正确连接与安装速度控制回路及对系统的速度进行调节。

任务 7.1　液压吊流量控制阀的应用

扫一扫看教学课件：液压吊流量控制阀的应用

扫一扫看课程思政：中国"液压挖掘机"

任务引入

图 7.1 所示为液压吊示意图。液压吊在工作时，起重吊臂的伸出与返回是由液压缸驱动的。根据工作要求，当液压吊运行时，吊臂的速度必须能够调节。试设计控制吊臂速度的液压回路。那么在液压传动系统中是依靠什么元件来实现速度的调节的？这些元件的结构是怎样的呢？这些元件又是如何工作的呢？

图 7.1　液压吊示意图

任务分析

在该任务中，液压吊的液压传动系统必须能够有效地调节液压臂的速度。前面已经学过液压传动系统中有关压力和流量的知识，也知道了在液压传动系统中，改变系统中的流量才能改变执行元件（液压缸）的速度。

因此，只要改变进入液压缸的流量即可控制吊臂的运行速度。在液压传动系统中用来调节流量的元件是流量控制阀，常用的流量控制阀是节流阀，需要用节流阀来设计控制吊臂速度的液压回路。本任务的要求是按规范拆装节流阀和调速阀，弄清节流阀和调速阀的结构和工作原理，学会节流阀和调速阀的拆装方法。

相关知识

扫一扫看微课视频：流量控制阀

7.1.1 流量控制阀的特性

流量控制阀是通过改变阀口通流面积来调节阀口流量，从而控制执行元件运动速度的液压控制阀。常用的流量控制阀有节流阀和调速阀两种。

液压传动系统对流量控制阀的主要要求如下。

（1）较大的流量调节范围，并具有稳定的最小流量。

（2）当阀前后的压力差和油温发生变化时，通过阀的流量变化要小，以保证负载运动的稳定。

（3）当液流通过全开口阀时，压力损失要小。

（4）流量控制阀的调节方便；阀口关闭时阀的泄漏量要小。

1. 节流口的流量特性公式

当油液流经小孔、狭缝或毛细管时，会产生较大的液阻，通流面积越小，油液受到的液阻越大，通过阀口的流量就越小。所以，只要改变节流口的通流面积，使液阻发生变化，就可以调节流量的大小。大量实验证明，节流口的流量特性可以用式（7.1）表示：

$$q = KA_T\Delta p^m \tag{7.1}$$

式中，q 为通过节流口的流量；A_T 为节流口的通流面积；Δp 为节流口前后的压力差；K 为流量系数，随节流口的形状和油液的黏度而变化；m 为由节流口的形状决定的指数，一般在 0.5～1 之间，节流路程短时如薄壁孔口取小值，节流路程长时如细长孔口取大值。

2. 影响节流孔流量稳定性的因素

在液压系统中，当节流口的通流面积 A_T 调定后，要求通过节流口的流量 q 稳定不变，以使执行元件速度稳定，但实际上有很多因素影响节流口的流量稳定性。

1）负载变化

随着外部负载的变化，节流口前后的压力差 Δp 会发生变化，流量 q 也会随之变化而不稳定。m 越大，Δp 变化对流量的影响越大，薄壁小孔的 m 值较小，因此节流口常采用薄壁小孔。

2）温度变化

压力损失的能量通常会转换为热能，油液的发热会使油液的黏度发生变化，导致流量系

数 K 变化，从而使流量发生变化。显然，若节流孔越长，则影响越大，而薄壁孔的长度短，对温度的变化不敏感。

3）节流口的堵塞

油液中的杂质或油液氧化后析出的胶质、沥青等胶状物质可能堵塞节流口或聚积在节流口上，聚积物有时又会被高速液流冲掉，使节流口面积时常变化而影响流量的稳定性。通流面积越大，节流通道越短和水力直径越大，节流口越不容易堵塞，流量稳定性也就越好。流量控制阀有一个保证正常工作的最小流量限制值，称为最小稳定流量。

3. 节流口的结构形式

图 7.2 所示为常用的几种节流口的结构形式。其中图 7.2（a）所示为针阀式（锥形凸肩）节流口。当针阀芯做轴向移动时，通过改变环形通流截面积的大小，可以调节流量。图 7.2（b）所示为偏心槽式节流口。在阀芯上开有一个截面为三角形（或矩形）的偏心槽，当转动阀芯时，就可以通过调节通流截面积的大小而调节流量，其阀芯受到径向不平衡力的作用。这两种形式的节流口结构简单、制造容易，但节流口容易堵塞，流量不稳定，适用于对性能要求不高的液压系统。图 7.2（c）所示为轴向三角槽式节流口。在阀芯端部开有一个或两个斜的三角沟槽，当轴向移动阀芯时，就可以改变三角槽通流面积的大小，从而调节流量。图 7.2（d）所示为周向缝隙式节流口。在阀芯的圆周开有狭缝，首先油液可以通过狭缝流入阀芯内孔，然后由左侧孔流出，转动阀芯就可以改变缝隙的通流截面积。图 7.2（e）所示为轴向缝隙式节流口。在套筒上开有轴向缝隙，轴向移动阀芯即可改变缝隙的通流截面积大小，以调节流量。后面这三种节流口的性能较好，尤其是轴向缝隙式节流口，其节流通道厚度可薄到 $0.07\sim0.09$ mm，可以得到较小的稳定流量。

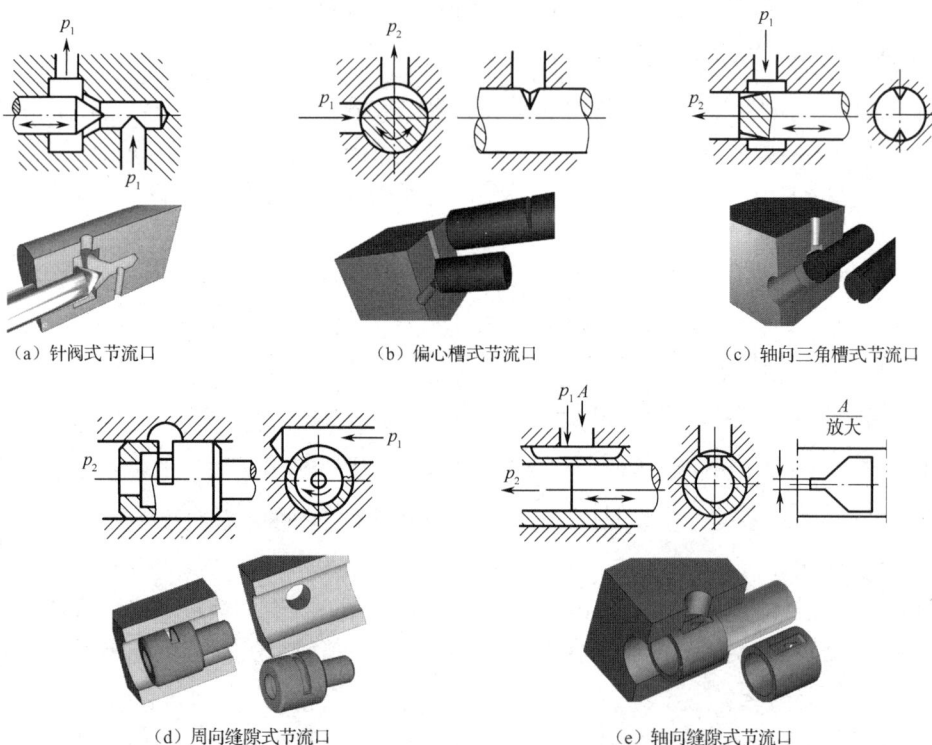

（a）针阀式节流口　　　　　（b）偏心槽式节流口　　　　　（c）轴向三角槽式节流口

（d）周向缝隙式节流口　　　　　　　（e）轴向缝隙式节流口

图 7.2　常用的几种节流口的结构形式

7.1.2　节流阀的结构及特点

节流阀是通过改变通流截面大小或节流长度以控制液流流量的阀。节流阀可以在较大范围内以通过改变液流阻力来调节流量，进而改变进入液压缸的流量，实现对液压缸运动速度的调节。

按照节流阀功用的不同，其可分为普通节流阀、单向节流阀、溢流节流阀、节流截止阀等多种。普通节流阀和单向节流阀较常用。

扫一扫看
VR 视频：
节流阀

1．普通节流阀

图 7.3 所示为节流阀实物图；图 7.4 所示为普通节流阀的结构原理和图形符号。这种阀的节流口为轴向三角槽式节流口。当打开节流阀时，压力油从进油口 P_1 流入，经孔 a、阀芯左端的轴向三角槽、孔 b 和出油口 P_2 流出。阀芯在弹簧力的作用下始终紧贴在推杆的端部。旋转手轮，可使推杆沿轴向移动，改变节流口的通流截面积，从而调节油液通过节流阀的流量。

节流阀的结构简单、体积小、使用方便、成本低，但负载和温度的变化对流量稳定性的影响较大，因此只适用于对负载和温度变化不大或对速度稳定性要求不高的液压系统。

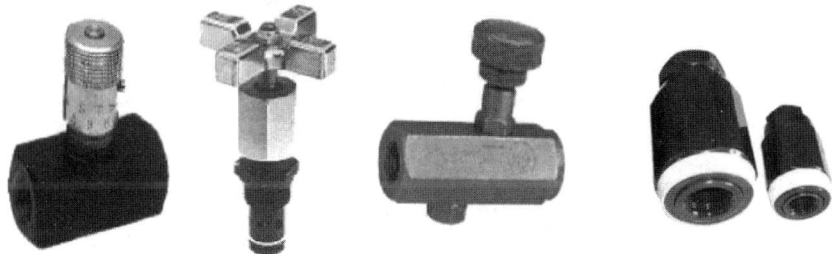

图 7.3　节流阀实物图

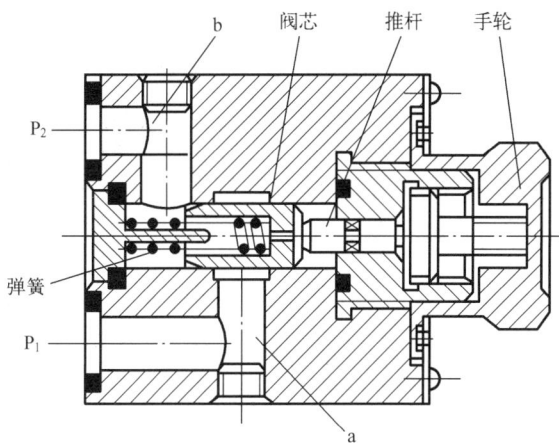

扫一扫看动
画：节流阀
工作原理

（a）结构原理　　　　　　　　　　（b）图形符号

图 7.4　普通节流阀的结构原理和图形符号

2．单向节流阀

图 7.5 所示为单向节流阀实物图；图 7.6 所示为 MK 型单向节流阀的结构原理和图形符号。该阀是管式连接的单向节流阀，其节流口采用轴向三角槽式节流口。旋转调节螺母，可改变节流口通流面积的大小，以调节流量。当正向流动时单向节流阀起节流阀的作用；当反

向流动时单向节流阀起单向阀的作用，这时由于有部分油液可在环形缝隙中流动，因此可以清除节流口上的沉积物。在阀体左端有刻度槽，调节螺母上有刻度，用以标志调节流量的大小。

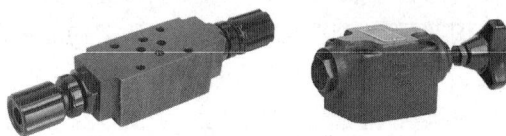

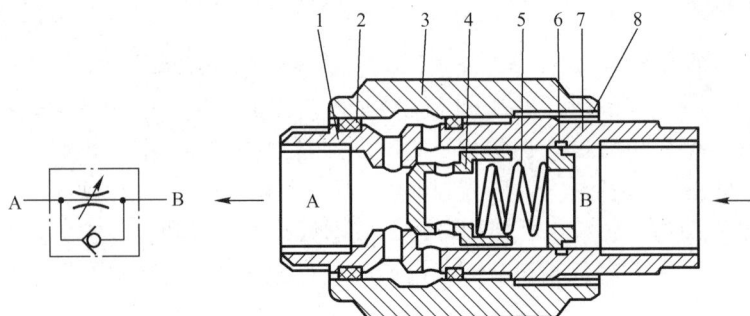

图 7.5　单向节流阀实物图

1—O 形圈；2—阀体；3—调节螺母；4—单向阀；5—弹簧；6，7—卡环；8—弹簧座。

图 7.6　MK 型单向节流阀的结构原理和图形符号

7.1.3　调速阀的工作原理

调速阀是由定差减压阀和节流阀串联组合而成的。用定差减压阀来保证可调节流阀前后的压力差不受负载变化的影响，从而使通过节流阀的流量保持稳定。

1. 调速阀的工作原理

图 7.7 所示为调速阀实物图，其原理图如图 7.8 所示。首先压力油液 p_1 经节流减压后以压力 p_2 进入节流阀，然后以压力 p_3 进入液压缸左腔，推动活塞以速度 v 向右运动。节流阀前后的压力差 $\Delta p = p_2 - p_3$。减压阀阀芯上端油腔 b 经通道 a 与节流阀出油口相通，其油液压力为 p_3；其肩部油腔 c 和下端油腔 d 经通道 f 和 e 与节流阀进油口（减压阀出油口）相通，油液压力为 p_2，当作用于液压缸的负载 F 增大时，压力 p_3 也增大，作用于减压阀阀芯上端的油液压力也随之增大，使减压阀阀芯下移，减压阀进油口处的开口加大，压力降减小，因而使减压阀出口（节流阀进口）处的压力 p_2 增大，结

图 7.7　调速阀实物图

果节流阀前后的压力差 $\Delta p = p_2 - p_3$ 基本保持不变。当负载 F 减小时，压力 p_3 减小，减压阀阀芯上端油腔的压力减小，减压阀阀芯在油腔 c 和 d 中压力油（压力为 p_2）的作用下上移，使减压阀进油口处开口减小，压力降增大，因而使 p_2 随之减小，结果节流阀前后的压力差 $\Delta p = p_2 - p_3$ 仍保持基本不变。

因为减压阀阀芯上端油腔 b 的有效作用面积 A 与下端油腔 c 和 d 的有效作用面积相等，所以在稳定工作时，可不计阀芯自重及摩擦力的影响，减压阀阀芯上力的平衡方程为

$$p_2 A = p_3 A + F_簧$$

或 $$p_2 - p_3 = F_{簧}/A \qquad (7.2)$$

式中，p_2 为节流阀前（减压阀后）的油液压力（Pa）；p_3 为节流阀后的油液压力（Pa）；$F_{簧}$ 为减压阀弹簧的作用力（N）；A 为减压阀阀芯大端的有效作用面积（m^2）。

因为减压阀阀芯的弹簧很软（刚度很低），当阀芯上下移动时其弹簧作用力 $F_{簧}$ 变化不大，所以节流阀前后的压力差 $\Delta p = p_2 - p_3$ 基本不变，为一个常量，也就是说当负载变化时，通过调速阀的油液流量基本不变，液压系统执行元件的运动速度保持稳定。

2. 调速阀的流量特性和最小压力差

图 7.8（d）所示为调速阀与节流阀的特性曲线。它表示两种阀的流量 q 随节流阀前后压力差 Δp 的变化规律。节流阀的流量随压力差变化较大，而调速阀在压力差大于一定值后，流量基本上维持恒定。当调速阀的压力差很小时，减压阀阀芯被弹簧推至最下端，减压阀阀口全开，减压阀不起作用，这时调速阀的特性就与节流阀的特性相同。所以当调速阀正常工作时，应保证有 0.5 MPa 以上的压力差。

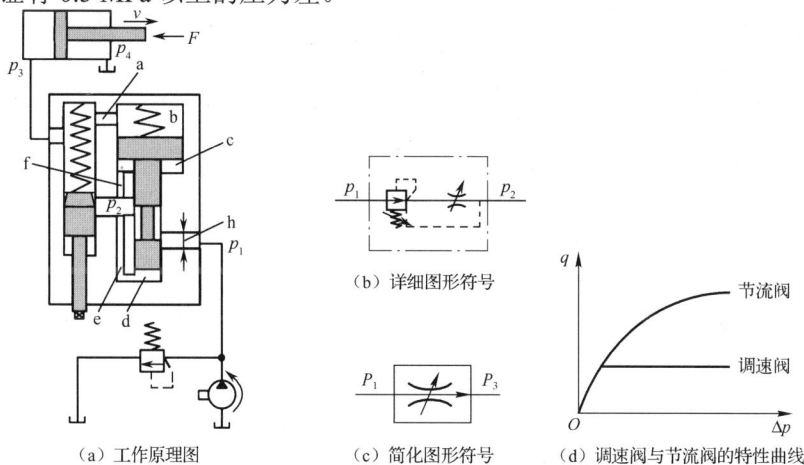

图 7.8 调速阀原理图

7.1.4 流量控制阀的选用

1. 流量控制阀的选用原则

根据液压系统的要求选定流量控制阀的类型后，可按以下方面选择流量控制阀。

（1）额定压力。系统工作压力的变化必须在流量控制阀的额定压力之内。

（2）最大流量。能满足在一个工作循环中所有的流量范围，通过流量控制阀的流量应小于该阀的额定流量。

（3）流量控制形式。是用节流阀还是用调速阀，是否有单向流动控制要求等。

（4）流量调节范围。应满足系统要求的最大流量及最小流量，流量控制阀的流量调节范围应大于系统要求的流量范围。特别注意，在选择节流阀和调速阀时，所选阀的最小稳定流量应满足执行机构的最低稳定速度的要求。

（5）流量控制精度。流量控制阀能否满足被控制的流量精度。特别要注意在小流量时控制精度是否满足要求。

（6）是否需要压力补偿和温度补偿。根据液压系统的工作条件及流量的控制精度要求决定是否选择带压力补偿和温度补偿的流量控制阀。

（7）安装及连接方式，安装空间与尺寸。

2. 流量控制阀的使用注意事项

（1）启动时的冲击。当调速阀的出口堵住时，其节流阀两端的压力相等，减压阀阀芯在弹簧力的作用下移至最下端，减压阀开口最大。因此当调速阀出口迅速打开时，其出油口与油路接通的瞬时，出口压力突然减小。而减压阀阀口来不及关小，不能起控制压力差的作用，导致通过调速阀的瞬时流量增加，出现液压缸前冲现象。

（2）最小稳定压力差。由节流阀与调速阀的特性曲线可知，当调速阀前后的压力差大于最小值 Δp_{min} 时，其流量稳定不变，即特性曲线为一条水平直线。当其压力差小于 Δp_{min} 时，减压阀不起作用，故其特性曲线与节流阀的特性曲线重合，此时调速阀相当于节流阀。因此调速阀在使用中需要使其两端的压力差大于 Δp_{min}，使调速阀工作在水平直线段。调速阀的最小压力差约为 0.5 MPa。

（3）流量稳定性。流量控制阀在接近最小稳定流量下工作时，建议在调速阀的进口侧设置管路过滤器，以免流量控制阀阻塞而影响流量的稳定性。

任务实施

7.1.5 节流阀和调速阀的选型与拆装

液压吊工作时，能把不同质量的物品吊放在指定位置，吊臂需要在上升和下降时都可以控制速度，为此本节用一个双作用液压缸来完成载荷的升降运行。在液压传动系统中用来调节流量的元件是流量控制阀，常用的流量控制阀是节流阀和调速阀。由于液压缸驱动吊臂运动的速度过快，所以可以采用节流阀或调速阀来调速，同时将流量阀安放在回油路中作为背压阀，以提高运动的平稳性。

1. 节流阀的拆装步骤

节流阀的立体分解图如图 7.9 所示。节流阀的拆装步骤如下。

（1）准备好内六角扳手一套、耐油橡胶板一块、油盘一个及钳工工具一套等。

（2）松开刻度手轮 3 上的锁紧螺钉 2、4，取下刻度手轮 3。

（3）卸下刻度盘 8，取下节流阀 5，密封圈 6、7、9。

（4）卸下螺塞 13，取下密封圈 14、弹簧 15、单向阀阀芯 16。

（5）观察节流阀主要零件的结构和作用。

① 观察阀芯的结构和作用。

② 观察阀体的结构和作用。

③ 观察阀芯的结构和阀体上的油口尺寸。

（6）按拆卸的相反顺序装配，即后拆的零件先装配，先拆的零件后装配。装配时，若有零件被弄脏，则应先用煤油清洗干净再装配。装配阀芯时，可在其台肩上涂抹液

扫一扫看操作视频：节流阀的结构及拆装

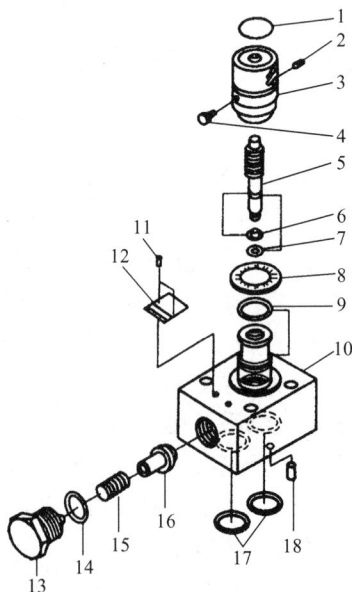

图 7.9 节流阀的立体分解图

压油，以防止阀芯卡住。装配时严禁遗漏零件。

（7）将节流阀外表面擦拭干净，整理工作台。

2. 调速阀的拆装步骤

图 7.10 所示为调速阀的立体分解图。调速阀的拆装步骤如下。

（1）准备好内六角扳手一套、耐油橡胶板一块、油盘一个及钳工工具一套等。

（2）卸下堵头 1、12，依次从右端取下 O 形圈 2、密封挡圈 3、阀套 4；依次从左端取下密封挡圈 11、O 形圈 14、定位块 15、弹簧 16、减压阀阀芯 17。

（3）卸下螺钉 24，取下手柄 23。

（4）卸下螺钉 25，取下铭牌 26。

（5）卸下节流阀阀芯 27。

（6）卸下 O 形圈 6、7、10，垫片 8、9。

（7）卸下螺钉 39，取下单向阀组件 38、37、36、35、34、33、32。

（8）观察调速阀主要零件的结构和作用。

① 观察节流阀阀芯的结构和作用。

② 观察减压阀阀芯的结构和作用。

③ 观察单向阀阀芯的结构和作用。

④ 观察阀体的结构和作用。

（9）按拆卸的相反顺序装配，即后拆的零件先装配，先拆的零件后装配。装配时，若有零件被弄脏，则应该先用煤油清洗干净再装配。装配阀芯时，可在其台肩上涂抹液压油，以防止阀芯卡住。装配时严禁遗漏零件。

（10）将调速阀外表面擦拭干净，整理工作台。

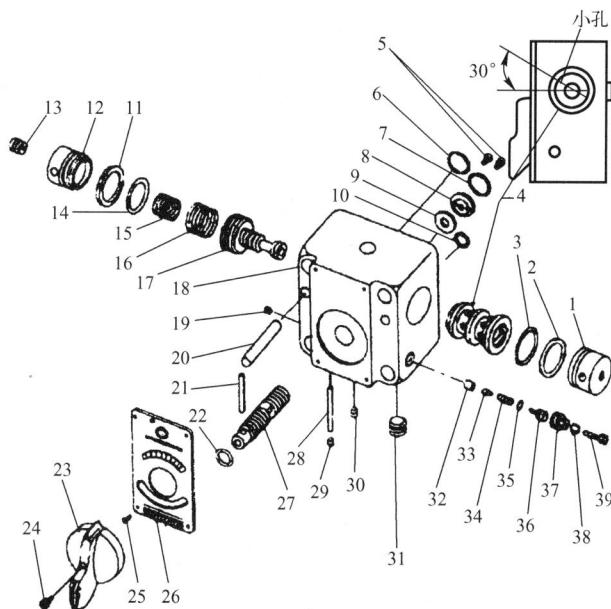

1、12—堵头；2、6、7、10、14—O 形圈；3、11—密封挡圈；4—阀套；5、13、24、25、39—螺钉；
8、9、22—垫片；15—定位块；16—弹簧；17—减压阀阀芯；18—阀体；19、29、30—紧固件；
20、21、28—销；23—手柄；26—铭牌；27—节流阀阀芯；38、37、36、35、34、33、32—单向阀组件。

图 7.10 调速阀的立体分解图

3. 工作任务单

工作任务单

姓名		班级		组别		日期	
工作任务	节流阀和调速阀的选型与拆装						
任务描述	在教师的指导下，根据液压吊的工作原理，查阅相关资料进行节流阀和调速阀的选型，在实训室完成节流阀和调速阀的拆卸与组装						
任务要求	（1）根据液压吊的工作要求，能够进行流量控制阀的选用，形成清单。 （2）正确进行节流阀和调速阀的拆装并记录。 （3）在工作台上合理布置各元器件，规范工具使用与存放						
提交成果	（1）节流阀和调速阀的选型清单。 （2）流量控制阀的拆装流程						
考核评价	序号	考核内容	配分	评分标准		得分	
	1	安全意识	10	遵守安全规章、制度			
	2	工具的使用	10	正确使用实验工具			
	3	节流阀和调速阀的选型	30	合理选用流量控制阀			
	4	节流阀和调速阀的拆装	40	拆装前后一致，过程有序			
	5	团队协作	10	与他人合作有效			
指导教师			总分				

任务7.2 注塑机启闭模速度控制回路的设计与应用

任务引入

扫一扫看教学课件：注塑机启闭模速度控制回路的设计与应用

扫一扫看课程思政：SMPT液压平板车

图7.11所示为注塑机装置。注塑机能将颗粒状的塑料加热熔化为液状，先用注射装置快速、高压注入模腔，再保压冷却成型。其工作过程包括闭模、注射、保压、启模和顶出等。要求快速实现注塑机的启模和合模动作，且具有可调节的合模和开模速度，还要能够实现注射等工作，这就存在快慢速回路换接的问题，如何保证快慢速回路换接平稳呢？该如何选择速度控制元件呢？这些元件又是通过什么方式来控制液压缸速度的呢？

图7.11 注塑机装置

任务分析

扫一扫看微课视频：注塑机

扫一扫看动画：注塑机

前面已经学过用节流阀来调节速度，但节流阀进、出油口的压力会随负载的变化而变化，影响节流阀流量的均匀性，使执行机构的运行速度不稳定。分析该任务不难看出，在注塑机的液压系统中采用节流阀来进行调速是不能满足要求的。那么所采用的调速阀，应使节流阀进、出油口的压力差保持不变，执行机构的运行速度就可以相应地得到稳定。要实现快速运动，可采用双泵供油的快速运动回路，这样功率利用合理、效率高，并且速度换接平稳。

相关知识

速度控制回路的功能是使执行元件获得能满足工作需求的运动速度。它包括调速回路、快速运动回路和速度换接回路等。

7.2.1 调速回路

调速回路的功能是调节执行元件的运动速度。根据执行元件运动速度的表达式可知：液压马达的转速 $n_M=q/V$，液压缸的运动速度 $v=q/A$。对于液压缸（A 一定）和定量马达（V 一定），改变速度的方法只有改变输入或输出的流量。对于变量马达，既可通过改变流量又可通过改变自身排量来调节速度。因此液压系统的调速方法可分为节流调速、容积调速和容积节流调速三种形式。

扫一扫看微课视频：节流调速回路

1. 节流调速回路

节流调速回路是用定量泵供油，通过调节流量阀的通流截面积大小来改变进入执行元件的流量，从而实现对运动速度的调节的。根据流量阀在回路中的位置不同，节流调速回路可分为进油路节流调速回路、回油路节流调速回路和旁油路节流调速回路三种。

1）进油路节流调速回路

在执行机构的进油路上串接一个流量阀即可构成进油路节流调速回路。图 7.12 所示为采用节流阀的进油路节流调速回路。其中，q_1 为流过节流阀的流量；P_p 为液压泵的工作压力；q_p 为液压泵的流量；Δq 为溢流损失。泵的供油压力由溢流阀调定，调节节流阀的开口，可改变进入液压缸的流量，即可调节液压缸的速度。泵多余的流量会经溢流阀回到油箱，故无溢流阀时不能调速。

扫一扫看动画：进油路节流调速回路

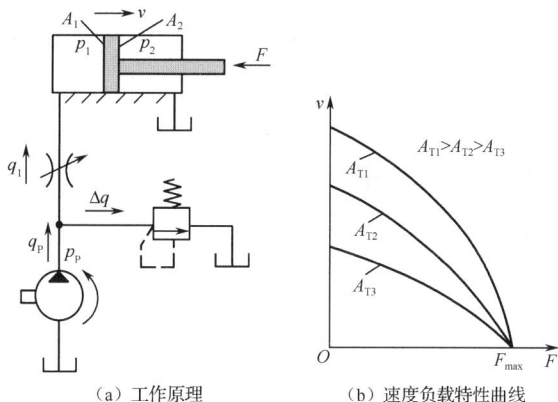

(a) 工作原理　　　(b) 速度负载特性曲线

图 7.12 采用节流阀的进油路节流调速回路

（1）速度负载特性：液压缸在稳定工作时，活塞的受力平衡方程式为

$$p_1 A_1 = F + p_2 A_2$$

式中，p_1、p_2 分别为液压缸的进油腔和回油腔的压力，由于回油腔通油箱，因此 p_2 可视为零；F、A_1、A_2 分别为液压缸的负载、无杆腔的有效面积和有杆腔的有效面积。则

$$p_1 = \frac{F}{A_1}$$

节流阀两端的压力差为

$$\Delta p = p_{\text{p}} - p_1 = p_{\text{p}} - \frac{F}{A_1}$$

经节流阀进入液压缸的流量为

$$q_1 = KA_{\text{T}}\Delta p^m = KA_{\text{T}}\left(p_{\text{p}} - \frac{F}{A_1}\right)^m$$

故液压缸的速度为

$$v = \frac{q_1}{A_1} = \frac{KA_{\text{T}}}{A_1}\left(p_{\text{p}} - \frac{F}{A_1}\right)^m \tag{7.3}$$

式（7.3）为采用节流阀的进油路节流调速回路的速度负载特性方程。可知，液压缸的速度 v 与节流阀的通流面积 A_{T} 成正比，调节 A_{T} 可实现无级调速，这种回路的调速范围较大。当 A_{T} 调定后，速度会随负载的增大而减小，故这种调速回路的速度负载特性较"软"。

若按式（7.3）选用不同的 A_{T} 值画 v-F 坐标曲线图，则可得一组曲线，即本回路的速度负载特性曲线，如图7.12（b）所示。速度负载特性曲线能表明速度随负载变化的规律，曲线越陡，说明负载变化对速度的影响越大，即速度刚性越低。当节流阀的通流面积 A_{T} 不变时，轻载区域比重载区域的速度刚性高；在相同负载下工作时，节流阀的通流面积小时要比其面积大时的速度刚性高，即速度低时比速度高时的速度刚性高。

（2）特点：在工作过程中液压泵的输出流量和供油压力不变。由于选择液压泵的流量必须把执行元件的最高速度和负载情况下所需的压力考虑在内，因此泵的输出功率较大。但液压缸的速度和负载常常是变化的。当液压系统以低速轻载工作时，有效功率很小，相当大的功率损失消耗在节流损失和溢流损失中，功率损失转换为热能，使油温升高。

由于节流阀安装在执行元件的进油路上，回油路无背压，负载消失，工作部件会产生前冲现象，也不能承受负值负载，因此这种回路多用于轻载、低速、负载变化不大和对速度稳定性要求不高的小功率液压系统。例如，车床、镗床、钻床、组合机床等机床的进给运动和辅助运动。

2）回油路节流调速回路

在执行元件的回油路上串接一个流量阀，即可构成回油路节流调速回路。图7.13所示为采用节流阀的回油路节流调速回路。通过节流阀调节液压缸的回油流量，就能控制进入液压缸的流量，实现调速。

重复式（7.3）的推导步骤，采用同样的分析方法可以得到与进油路节流调速回路相似的速度负载特性。只是此时的背压 $p_2 \neq 0$，且节流阀两端的压力差 $\Delta p = p_2$，而液压缸的工作压力 p_1 等于液压泵的压力 p_{p}。

回油路节流调速回路的速度负载特性方程为

$$v = \frac{q_2}{A_2} = \frac{KA_{\text{T}}}{A_2}\left(\frac{p_1A_1 - F}{A_2}\right)^m \tag{7.4}$$

图7.13　采用节流阀的回油路节流调速回路

扫一扫看动画：回油路节流调速回路

虽然进油路节流调速回路与回油路节流调速回路的速度负载特性公式的形式相似，功率

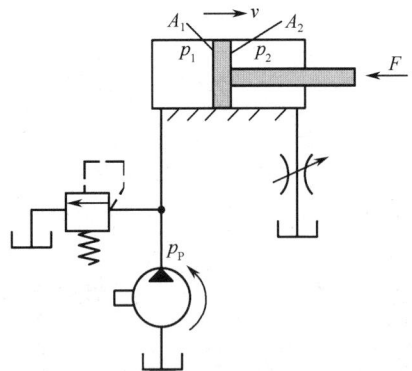

特性相同，但它们在以下几方面的性能有明显差别。

（1）承受负值负载的能力：所谓负值负载就是作用力的方向与执行元件的运动方向相同的负载。回油路节流调速回路的节流阀在液压缸的回油腔能形成一定的背压，并能承受一定的负值负载；对于进油路节流调速回路，要使其能承受负值负载就必须在执行元件的回油路中加上背压阀。这必然会增加功率消耗，增大油液的发热量。

（2）运动平稳性：由于回油路节流调速回路的回油路中存在背压，可以有效地防止空气从回油路吸入，因此低速运动时不易爬行；高速运动时不易发生颤振，即运动平稳性好。进油路节流调速回路在不加背压阀时不具备这种特点。

（3）油液发热对回路的影响：在进油路节流调速回路中，通过节流阀产生的节流功率损失会转变为热量，一部分由元件散发出去，另一部分使油液温度升高，直接进入液压缸，使液压缸的内外泄漏增加，速度稳定性不好，而当回油路节流调速回路的油液经节流阀而温度升高时，油液会先回到油箱，经冷却再流入系统，对系统的泄漏影响较小。

（4）停车后的启动性能：若在回油路节流调速回路中停车的时间较长，则从液压缸回到油箱的油液会泄漏，重新启动时背压不能立即建立，会引起工作机构瞬间的前冲现象，对于进油路节流调速回路，只要在开车时关小节流阀即可避免启动冲击。

综上所述，进油路节流调速回路和回油路节流调速回路的结构都较简单、价格低廉，但效率都较低，只适合用在负载变化不大，低速、小功率的系统，如某些机床的进给系统中。在实际应用中普遍采用进油路节流调速回路，并在回油路中加一个背压阀以提高运动的平稳性。

3）旁油路节流调速回路

将流量阀安放在和执行元件并联的旁油路上，即构成旁油路节流调速回路。图 7.14 所示为采用节流阀的旁油路节流调速回路。节流阀能调节液压泵溢出到油箱的流量，从而控制进入液压缸的流量。调节节流阀的开口，即可实现调速。由于溢流已由节流阀承担，因此溢流阀用作安全阀，常态时关闭，过载时打开，其调定压力为回路最大工作压力的 1.1～1.2 倍。因此液压泵的供油压力 p_p 不再恒定，它与液压缸的工作压力相等，取决于负载。

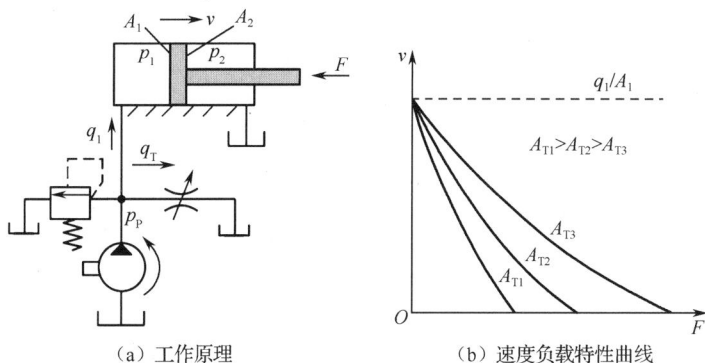

（a）工作原理　　　　（b）速度负载特性曲线

扫一扫看动画：
旁油路节流调速回路

图 7.14　采用节流阀的旁油路节流调速回路

考虑到液压泵的工作压力随负载变化，液压泵的输出流量应计入液压泵的泄漏量，随着压力的变化，采用与前述相同的分析方法可得速度表达式为

$$v = \frac{q_1}{A_1} = \frac{q_{pt} - \Delta q_p - \Delta q}{A_1} = \frac{q_{pt} - k_1\left(\dfrac{F}{A_1}\right) - KA_T\left(\dfrac{F}{A_1}\right)^m}{A_1} \tag{7.5}$$

式中，q_{pt} 为泵的理论流量；k_1 为泵的泄漏系数，其余符号意义同前。

旁油路节流调速回路只有节流损失，而无溢流损失，因而功率损失比前两种调速回路的功率损失小、效率高。这种调速回路一般用于功率较大且对速度稳定性要求不高的液压系统。

4）采用调速阀的节流调速回路

采用节流阀的节流调速回路，速度受负载变化的影响比较大，亦即速度负载特性比较"软"，变载荷下的运动平稳性比较差。为了克服这个缺点，回路中的节流阀可用调速阀来代替。由于调速阀本身能在负载变化的情况下保证节流阀进、出油口间的压力差基本不变，因此使用调速阀后，节流调速回路的速度负载特性会得到改善。

虽然采用调速阀的节流调速回路解决了速度稳定性的问题，但由于调速阀中包含了减压阀和节流阀的损失，并且同样存在溢流损失，因此此回路的功率损失比节流阀调速回路的功率损失还要大些。

2. 容积调速回路

容积调速回路是通过改变回路中液压泵或液压马达的排量来实现调速的。其主要优点是功率损失小（没有溢流损失和节流损失）且其工作压力随负载变化，所以效率高、油的温度低，但低速稳定性较差，因此适用于高速、大功率液压系统。

按油路的循环方式不同，容积调速回路分为开式回路和闭式回路两种。在开式回路中，液压泵从油箱吸油，执行机构的回油直接回到油箱，油箱容积大，油液能得到较充分的冷却，但空气和杂质易进入回路[见图7.15（a）]。在闭式回路中，液压泵出口与执行元件进口相连，执行元件出口接液压泵进口，油液在液压泵和执行元件之间循环，不经过油箱[见图7.15（b）]。闭式回路的结构紧凑，只需要很小的补油箱，但冷却条件差。为了补偿工作中油液的泄漏，一般需增设补油泵，补油泵的流量为主泵流量的10%～15%。

根据液压泵和液压马达（或液压缸）的组合不同，容积调速回路可分为如下三种形式。

（1）变量泵-定量液压马达（或液压缸）容积调速回路，如图7.15（a）、图7.15（b）所示。

（2）定量泵-变量液压马达容积调速回路，如图7.15（c）所示。

（3）变量泵-变量液压马达容积调速回路，如图7.15（d）所示。

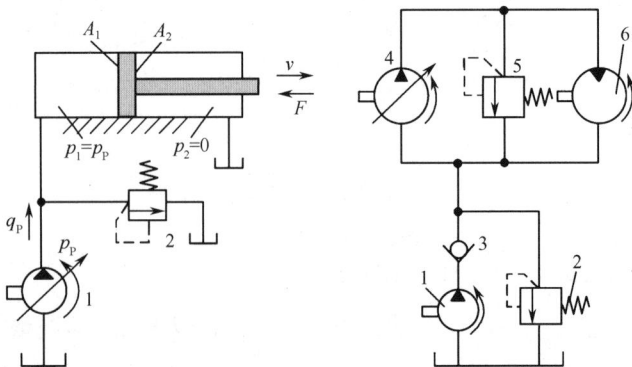

（a）变量泵-定量液压马达容积调速回路　（b）变量泵-定量液压马达容积调速回路

图7.15　容积调速回路

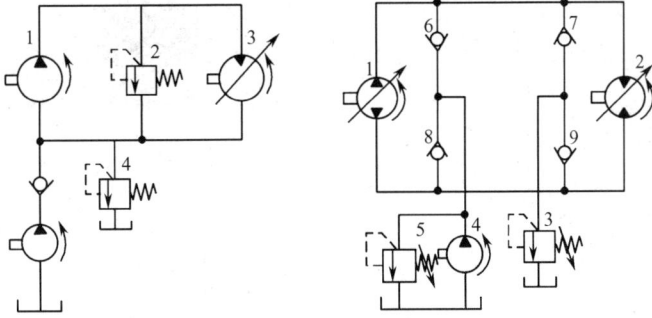

扫一扫看动画：变量泵-变量液压马达容积调速回路

（c）定量泵-变量液压马达容积调速回路　　（d）变量泵-变量液压马达容积调速回路

图 7.15　容积调速回路（续）

表 7.1 所示为三种容积调速回路的主要特点。

表 7.1　三种容积调速回路的主要特点

种类	变量泵-液压缸（或定量液压马达）	定量泵-变量液压马达	变量泵-变量液压马达
主要特点	1. 液压马达转速 n_M（或液压缸速度 v）随变量泵排量 V_p 的增大而加快，且调速范围较大； 2. 液压马达（或液压缸）输出的转矩（推力）一定，属于恒转矩（推力）调速； 3. 液压马达的输出功率 P_M 随液压马达转速的改变呈线性变化； 4. 功率损失小，系统效率高； 5. 油液泄漏对速度刚性的影响大； 6. 价格较贵，适合于大功率的液压系统	1. 液压马达转速 n_M 随排量 V_M 的增大而减慢，且调速范围较小； 2. 液压马达的转矩 T_M 随转速 n_M 的增大而减小； 3. 液压马达的最大输出功率不变，属于恒功率调速； 4. 功率损失小，系统效率高； 5. 油液泄漏对速度刚性的影响大； 6. 价格较贵，适合于大功率的液压系统	1. 第一阶段，保持液压马达的排量 V_M 为最大且不变化，由变量泵排量 V_p 调节 n_M，采用恒转矩调速；第二阶段，保持 V_p 为最大且不变，由 V_M 调节 n_M，采用恒功率调速； 2. 调速范围大； 3. 扩大了 T_M 和 P_M 特性的可选择性，适合于大功率且调速范围大的液压系统

3. 容积节流调速回路

容积节流调速回路采用压力补偿型变量泵供油，用流量控制阀调定进入液压缸或由液压缸流出的流量来调节液压缸的运动速度，并使变量泵的输油量自动地与液压缸所需的流量相适应。

图 7.16 所示为限压式变量泵与调速阀等组成的容积节流调速回路的工作原理和调速特性曲线。在图示位置时，缸 4 的活塞快速向右运动，泵 1 按快速运动要求调节其输出流量 q_{max}，同时调节限压式变量泵的压力调节螺钉，使泵的限定压力 p_c 大于快速运动所需的压力，如图 7.16（b）中所示的 AB 段。当换向阀 3 通电时，泵输出的压力油经调速阀 2 进入缸 4，其回油经背压阀 5 回到油箱。通过调节调速阀 2 的流量 q_1 就可以调节活塞的运动速度 v，由于 $q_1 < q_B$，压力油迫使泵的出口与调速阀进口之间的油压升高，即泵的供油压力升高，因此泵的流量便自动减小到 $q_B \approx q_1$。

这种调速回路的运动稳定性、速度负载特性、承载能力和调速范围，均与采用调速阀的节流调速回路的相同。图 7.16（b）所示为其调速特性曲线，由图可知，此回路只有节流损失而无溢流损失。

从以上分析可知，容积节流调速回路无溢流损失，效率较高、调速范围大、速度刚性好。一般用于空载时需快速、承载时要稳定的中、小功率液压系统中。

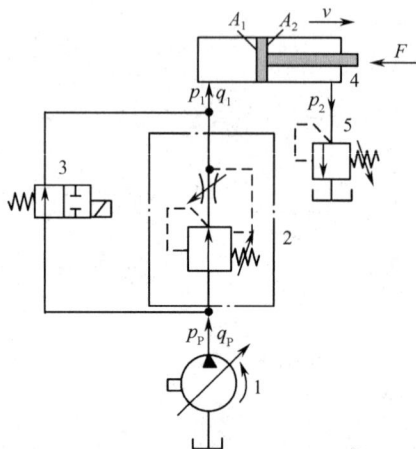

扫一扫看动画：限压式变量泵与调速阀组成的容积节流调速回路

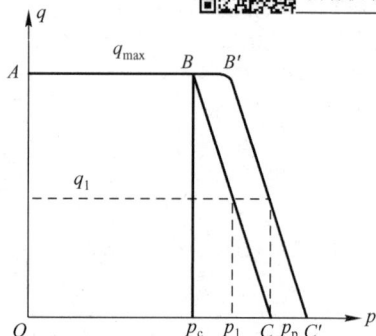

（a）工作原理　　　　　　　（b）调速特性曲线

图 7.16　限压式变量泵与调速阀等组成的容积节流调速回路的工作原理和调速特性曲线

4. 调速回路的比较和选用

（1）调速回路的性能比较如表 7.2 所示。

表 7.2　调速回路的性能比较

主要性能		节流调速回路				容积调速回路	容积节流调速回路	
		用节流阀		用调速阀			限压式	稳流式
		进、回油路	旁路	进、回油路	旁路			
机械特性	速度稳定性	较差	差	好		较好	好	
	承载能力	较好	较差	好		较好	好	
调速范围		较大	小	较大		大	较大	
功率特性	效率	低	较高	低	较高	最高	较高	高
	发热	大	较小	大	较小	最小	较小	小
适用范围		小功率，轻载的中、低压液压系统				大功率、重载、高速的中、高压液压系统	中、小功率中压液压系统	

（2）调速回路的选用主要考虑以下三个方面。

① 执行机构的负载性质、运动速度、速度稳定性等的要求：负载小，且工作过程中负载变化也小的系统可采用节流阀的节流调速回路；在工作过程中负载变化较大且要求低速稳定性的系统，宜采用调速阀的节流调速回路或容积节流调速回路；对负载变化大、运动速度高、油的温升要求小的系统，宜采用容积节流调速回路。

一般来说，功率在 3 kW 以下的液压系统宜采用节流调速回路；功率在 3～5 kW 的液压系统宜采用容积节流调速回路；功率在 5 kW 以上的液压系统宜采用容积调速回路。

② 工作环境要求：要在温度较高的环境下工作，且要求整个液压装置体积小、质量轻，宜采用闭式回路的容积调速回路。

③ 经济性要求：节流调速回路的成本低、功率损失大、效率也低；容积调速回路因变量泵、变量马达的结构较复杂，所以价钱高，但其效率高、功率损失小；而容积节流调速回路则介于两者之间。所以在实际工程中需要综合分析选用哪种回路。

7.2.2 快速运动回路

快速运动回路又称增速回路，其功能在于使执行元件获得必要的高速度，以提高系统的工作效率或充分利用功率。因提高工作部件运动速度的方法不同，快速运动回路有多种构成方案。以下介绍几种机床上常用的快速运动回路。

1. 差动连接快速运动回路

图 7.17 所示为液压缸差动连接快速运动回路。当换向阀 2 处于原位时，液压泵 1 输出的液压油同时与液压缸 3 的左、右两腔相通，两腔压力相等。由于液压缸无杆腔的有效作用面积 A_1 大于液压缸有杆腔的有效作用面积 A_2，使活塞受到的向右的作用力大于向左的作用力，导致活塞向右运动。于是，无杆腔排出的油液与液压泵 1 输出的油液合流进入无杆腔，相当于在不增加泵的流量的前提下增加了供给无杆腔的油液量，使活塞快速向右运动。

这种回路的结构简单、价格低廉、应用普遍，但液压缸的速度加快有限，有时仍不能满足快速运动的要求，常常要和其他方法（如限压式变量泵）联合使用。但必须要注意，此回路的换向阀和油管通道应按差动时的较大流量选择，否则会产生较大的压力损失，使液压泵的部分油从溢流阀流回油箱，速度减慢，甚至不起差动作用。

2. 双泵供油的快速运动回路

图 7.18 所示为双泵供油的快速运动回路。这种回路由低压大流量泵 1 和高压小流量泵 2 组成的双联泵作为动力源，顺序阀 3 和溢流阀 5 分别用来设定双泵供油和高压小流量泵 2 单独供油时系统的最高工作压力。当换向阀 6 处于图示位置的空行程时，由于外负载很小，当系统压力低于顺序阀 3 的调定压力时，两个泵同时向系统供油，液压缸有杆腔的油经换向阀 6 回到油箱，活塞快速向右运动；当换向阀 6 的电磁铁通电处于左位工作时，液压缸有杆腔的油必须经节流阀 7 回到油箱，当系统压力达到或超过顺序阀 3 的调定压力时，低压大流量泵 1 通过顺序阀 3 卸荷，单向阀 4 自动关闭，只有高压小流量泵 2 单独向系统供油，活塞慢速向右运动，高压小流量泵 2 的最高工作压力由溢流阀 5 调定。这里应注意，顺序阀 3 的调定压力至少应比溢流阀 5 的调定压力低 10%~20%。低压大流量泵 1 的卸荷减少了动力消耗，回油路效率较高。

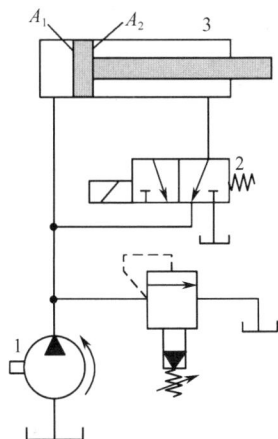

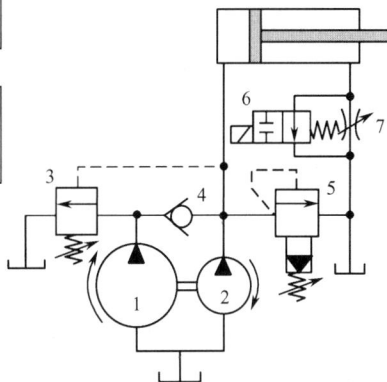

图 7.17　液压缸差动连接快速运动回路　　　　图 7.18　双泵供油的快速运动回路

这种回路的优点是功率利用合理、效率较高；缺点是回路较复杂、成本较高，常用在执行元件快进和工进速度相差较大的组合机床、注塑机等设备的液压系统中。

3. 采用蓄能器的快速运动回路

图 7.19 所示为采用蓄能器的快速运动回路。其工作原理是当换向阀 5 处于中位时，液压缸停止运动，蓄能器 4 充液储能，充好后，顺序阀 2 打开，泵卸荷；当换向阀 5 左位或右位工作时，液压缸快速运动，泵和蓄能器同时供油。增加蓄能器的目的是可以应用流量较小的液压泵。

4. 采用增速缸的快速运动回路

图 7.20 所示为采用增速缸的快速运动回路。这种回路不需要增大泵的流量，就可获得很大的速度，常被用于液压机的液压系统中。

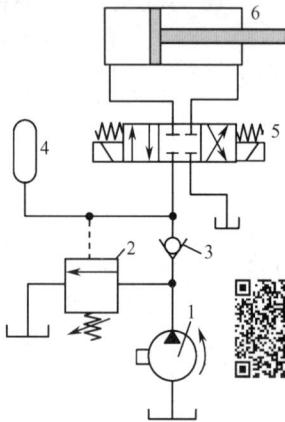

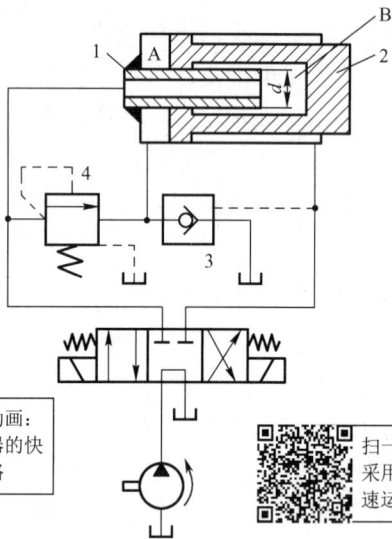

图 7.19　采用蓄能器的快速运动回路　　　　图 7.20　采用增速缸的快速运动回路

7.2.3　速度换接回路

在自动循环工作过程中，设备的工作部件需要进行速度转换。例如，机床的二次进给工作循环为快进→第一次工进→第二次工进→快退，就存在着由快速转换为慢速、由第一慢速转换为第二慢速的速度换接等要求。实现这些功能的回路应该具有较高的速度换接平稳性。常用的速度换接回路有快速与慢速换接回路、慢速与慢速换接回路两种。

1. 快速与慢速换接回路

图 7.21 所示为用行程阀的速度换接回路。在图示状态下，液压缸快速前进，当活塞所连接的挡块压下行程阀 6 时，行程阀关闭，液压缸右腔的油液通过节流阀 5 才能流回油箱，液压缸则由快速转换为慢速；当换向阀 2 左位接入油路时，压力油经单向阀 4 进入液压缸右腔，活塞快速向左运动。

在这种换接回路中，因为行程阀的通油路是由液压缸活塞的行程控制阀芯移动而逐渐关闭的，所以换接时的位置精度高、冲击量小，运动速度的转换也比较平稳。这种回路在机床液压系统中应用较多，它的缺点是行程阀的安装位置会受一定限制（要由挡铁压下），所以有时管路连接稍复杂。行程阀也可以用电磁换向阀来代替，这时电磁换向阀的安装位置不受限制（挡铁只需要压下行程开关便可），但其换接精度及速度转换的平稳性较差。

2. 慢速与慢速换接回路

扫一扫看动画：调速阀串联的速度换接回路

对于某些自动机床、注塑机等，需要在自动工作循环中变换两种以上的工作进给速度，这时需要采用两种（或多种）工作进给速度的换接回路。

图 7.22 所示为两个调速阀串联的速度换接回路。当电磁铁 YA1 通电时，三位四通换向阀 1 左位工作，油液经调速阀 A 和二位二通电磁阀进入液压缸左腔，进给速度由调速阀 A 控制，实现第一次工进；当电磁铁 YA1 和 YA3 同时得电时，油液先经调速阀 A，再经调速阀 B 进入液压缸左腔，速度由调速阀 B 控制，从而实现第二次工进。在这种回路中，调速阀 B 的开口必须小于调速阀 A 的开口。

扫一扫看动画：用行程阀的速度换接回路

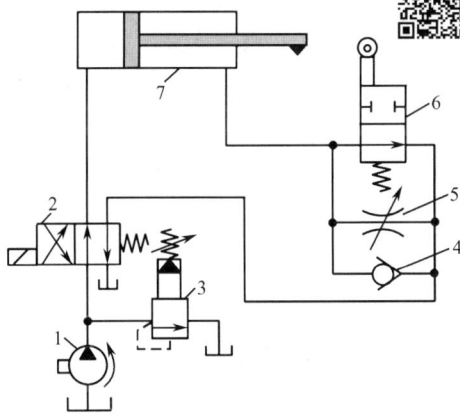

图 7.21　用行程阀的速度换接回路

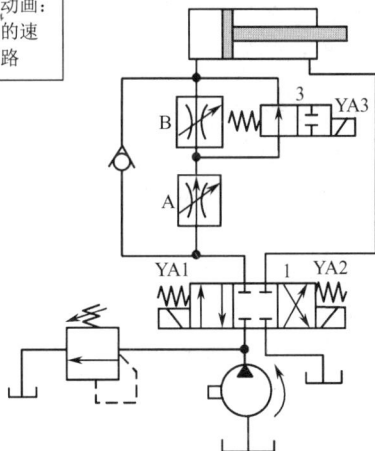

图 7.22　两个调速阀串联的速度换接回路

图 7.23 所示为两个调速阀并联以实现两种工作进给的速度换接回路。当换向阀 1 在左位或右位工作时，液压缸做快进或快退运动。当换向阀 1 在左位工作，并使换向阀 2 通电时，根据两位三通电磁换向阀 3 的不同工作位置，进油需经调速阀 A 或 B 才能进入液压缸内，可实现第一次工进速度和第二次工进速度的换接。两个调速阀的节流口可以单独调节，两个速度互不影响，即第一种工作进给速度和第二种工作进给速度互相没有限制。但当一个调速阀工作，另一个调速阀中没有油液通过时，它的减压阀阀口处于完全打开的位置，在速度换接开始的瞬间不能起减压作用，容易出现部件突然前冲的现象。若将两个调速阀按图 7.23（b）所示的方式并联，则可解决液压缸前冲的问题，使速度换接平稳。

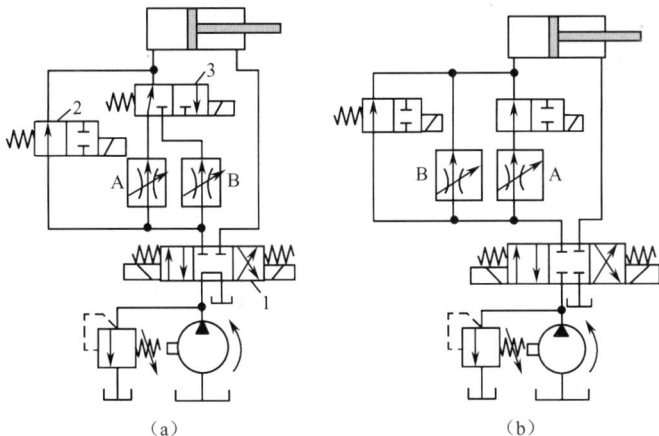

扫一扫看动画：调速阀并联的速度换接回路 a

扫一扫看动画：调速阀并联的速度换接回路 b

（a）　　　　　　　　　　（b）

图 7.23　两个调速阀并联以实现两种工作进给的速度换接回路

7.2.4　注塑机启闭模速度控制回路的设计

注塑机启闭模速度控制可以利用调速阀来实现，具体的回路如图7.24所示。其利用低压大流量泵和高压小流量泵并联的方法为系统供油。在图7.24中，1为低压大流量泵，用以实现快速运动；2为高压小流量泵，用以实现工作进给运动。

1. 操作步骤

在液压实验台上完成注塑机启闭模速度控制回路的连接，要求如下：

（1）根据项目要求，设计注塑机启闭模速度控制回路。

（2）按照液压回路图，选用液压元件并组装回路。

（3）先检查各油口的连接情况，再启动液压泵，观察回路的动作是否符合要求。

（4）调节调速阀的调速手柄，观察执行元件的运动速度变化情况。

（5）先卸压，再关液压泵，拆下管路，整理好所有元件，归位。

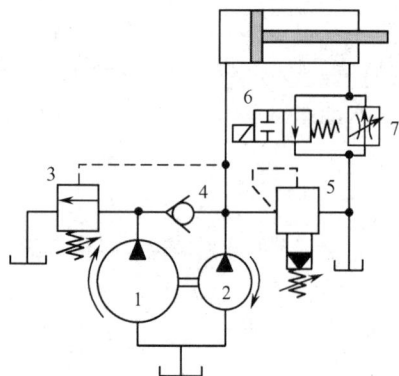

图7.24　注塑机启闭模速度控制回路

2. 工作任务单

工作任务单

姓名		班级		组别		日期	
工作任务	注塑机启闭模速度控制回路的设计						
任务描述	在液压实训室，根据注塑机启闭模速度控制的原理，选用合理的流量控制阀，设计注塑机启闭模速度控制回路，安装、连接好回路并调试完成系统功能						
任务要求	（1）正确使用相关工具，分析并设计液压回路图。 （2）正确连接元器件，调试并运行液压系统，完成系统功能。 （3）调节调速阀，观察速度变化和工作状况						
提交成果	（1）注塑机启闭模速度控制回路图。 （2）注塑机启闭模速度控制回路的调试分析报告						
考核评价	序号	考核内容		配分	评分标准		得分
	1	安全文明操作		10	遵守安全规章、制度，正确使用工具		
	2	绘制液压回路图		20	图形绘制正确，符号规范		
	3	回路正确连接		30	元器件连接有序、正确，无明显泄漏现象		
	4	系统运行调试		30	系统运行平稳		
	5	团队协作		10	与他人合作有效		
指导教师			总分				

习题 7

扫一扫看习题 7 的参考答案

1．图 7.25 所示为回油路节流调速回路。已知液压泵的供油流量 q_p=25 L/min，负载 F=40 000 N，溢流阀的调定压力 p_y=5.4 MPa，液压缸的无杆腔面积 A_1=80×10^{-4} m^2 时，有杆腔面积 A_2=40×10^{-4} m^2，液压缸的工进速度 v=0.18 m/min，不考虑管路损失和液压缸的摩擦损失，试计算：

（1）液压缸工进时液压系统的效率。

（2）当负载 F=0 时，回油腔的压力。

2．在图 7.25 中，将节流阀改为调速阀，已知 q_p=25 L/min，A_1=100×10^{-4} m^2 时，A_2=50×10^{-4} m^2，F 由 0 增至 30 000 N 时活塞向右移动的速度基本无变化，v=0.2 m/min。若调速阀的最小压力差为 Δp_{min}=0.5 MPa，试计算：

（1）不计调压偏差时溢流阀的调定压力 p_y 是多少？泵的工作压力是多少？

（2）液压缸可能达到的最高工作压力是多少？

（3）回路的最高效率是多少？

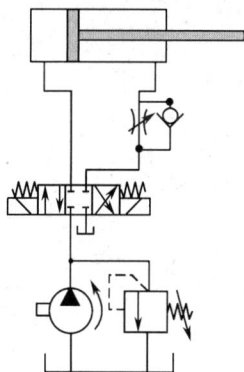

图 7.25　回油路节流调速回路

项目 8

新型液压阀的应用与多缸运动控制回路的设计

项目目标

通过本项目的学习，学生应掌握各种新型阀的结构原理及功用，掌握多缸运动控制回路的类型，具备根据工作条件选用液压控制阀的能力，具有分析和调试多缸运动控制回路的能力。具体目标如下。

（1）熟悉新型液压控制元件的分类，理解其结构原理及应用。

（2）通过职能符号识别插装阀、叠加阀、电液比例阀和电液伺服阀，掌握各种新型阀的结构原理及功用。

（3）掌握多缸运动控制回路的工作原理和控制方式。

（4）能根据系统功能要求合理选用液压控制阀。

（5）能正确连接、安装与调试多缸运动控制回路。

任务 8.1 在机械手伸缩运动中伺服阀的选用

扫一扫看教学课件：在机械手伸缩运动中伺服阀的选用

扫一扫看课程思政：中国陆战之王 99A 坦克

任务引入

在自动化机械或生产线中，机械手常用来夹紧、传输工件（或刀具），转位和装卸，能操纵工具完成加工、装配、测量、切割、喷涂及焊接等作业，能在高温、高压、多粉尘、危险、易燃、易爆和放射性等恶劣环境中代替人进行手工作业。

一般机械手应包括四个伺服系统，它们分别用来控制机械手的伸缩、回转、升降和手腕的动作。在这种系统中，执行元件能以一定的精度自动地按照输入信号的变化规律进行运动。那么机械手手臂的伸缩运动靠什么液压阀来控制？如何选用这种类型的液压阀呢？

任务分析

电液伺服阀是电液联合控制的多级伺服元件,它能将微弱的电气输入信号放大成大功率的液压能量输出。机械手的伸缩运动控制阀选用电液伺服阀,其伸缩电液伺服系统原理图如图 8.1 所示。它主要由电液伺服阀、液压缸、活塞杆带动的机械手手臂、齿轮齿条机构、电位器、步进电机和放大器等元件组成。当电位器触头处在中位时,触头没有电压输出。当它偏离这个位置时,触头就会输出相应的电压。电位器触头产生的微弱电压,需要经放大器放大后才能对电液伺服阀进行控制。电位器触头由步进电机带动旋转,步进电机的角位移和角速度由数控装置发出的脉冲数和脉冲频率控制。因为齿条固定在机械手手臂上,电位器固定在齿轮上,所以当机械手手臂带动齿轮转动时,电位器会同齿轮一起转动,形成负反馈。

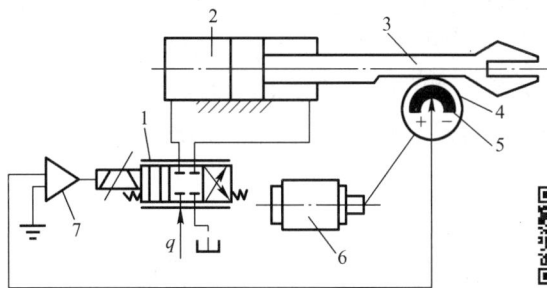

扫一扫看动画:机械手伸缩运动电液伺服系统

1—电液伺服阀;2—液压缸;3—机械手手臂;4—齿轮齿条机构;5—电位器;6—步进电机;7—放大器。

图 8.1 机械手伸缩运动电液伺服系统原理图

机械手手臂的伸缩电液伺服系统的工作原理:当数字控制装置发出一定数量的脉冲,使步进电动机带动电位器触头转过一定角度 θ_i(假定为顺时针转动)时,这时电位器触头偏离电位器中位,产生微弱的电压 u_1,经放大器放大成 u_2 后输入电液伺服阀的控制线圈,使电液伺服阀产生一定的开口量。这时压力油以流量 q 经电液伺服阀进入液压缸的左腔,推动活塞连同机械手手臂一起向右移动,行程为 x_v;液压缸右腔的回油经电液伺服阀流回油箱。由于电位器的齿轮和机械手手臂上的齿条相啮合,当机械手手臂向右移动时,电位器跟着做顺时针方向转动。当电位器中位和电位器触头重合时,电位器触头的输出电压为零,电液伺服阀失去信号,阀口关闭,机械手手臂停止移动。机械手手臂移动的行程决定了脉冲数量,速度决定了脉冲频率。当数控装置发出反向脉冲时,步进电机逆时针方向转动,机械手手臂缩回。

相关知识

扫一扫看微课视频:其他液压阀

液压控制阀按连接方式可分为叠加式连接阀、插装式连接阀、管式连接阀。按控制方式可分为电液比例阀、电液伺服阀和数字控制阀。

8.1.1 插装阀

插装阀又称插装式锥阀,是一种较新型的液压元件,它的特点是通流能力大、密封性能好、动作灵敏、结构简单,因而主要用于流量较大的液压系统或对密封性能要求较高的液压系统。

由于插装式元件已标准化,将几个插装式元件组合起来便可组成复合阀,它和普通液压阀相比,具有下述优点。

（1）通流能力大，特别适用于大流量的液压系统，它的最大通径可达 200～250 mm，通过的流量可达 10 000 L/min。

（2）阀芯动作灵敏、抗堵塞能力强。

（3）密封性好、泄漏小、油液流经阀口的压力损失小。

（4）结构简单，易于实现标准化。

扫一扫看微课视频：插装阀

1. 插装阀的结构和工作原理

图 8.2 所示为插装阀的外形图、结构原理及图形符号。这种阀由控制盖板、阀套、弹簧、阀芯和阀体等组成。由于这种阀的插装单元在回路中主要起通断作用，因此又称其为二通插装阀。二通插装阀相当于一个液控单向阀。图中 A 和 B 为主油路仅有的两个工作油口，C 为控制油口（与先导阀相接）。当 C 油口接回油箱时，如果阀芯受到的向上的液压力大于弹簧力，则阀芯开启，A 油口与 B 油口相通；当 A 油口处的油压力大于 B 油口处的油压力时，压力油从 A 油口流向 B 油口，反之压力油从 B 油口流向 A 油口；当 C 油口有压力油作用，且 C 油口的油压力大于 A 油口和 B 油口的油压力时，阀芯在上、下端压力差和弹簧的作用下会关闭 A 油口和 B 油口，这样，锥阀就起到逻辑元件中"非"门的作用，所以插装阀又被称为逻辑阀。

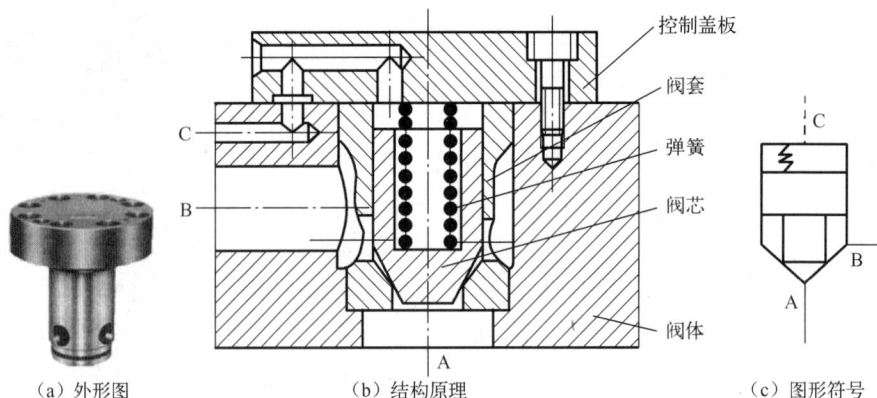

（a）外形图　　　　　（b）结构原理　　　　　（c）图形符号

图 8.2　插装阀的外形图、结构原理及图形符号

插装阀与各种先导阀组合，可组成方向控制阀、压力控制阀和流量控制阀。并且同一阀体内可装入若干个不同机能的锥阀组件，加相应盖板和控制元件组成所需要的液压回路，可使液压阀的结构很紧凑。

2. 插装阀的应用

1）用作方向控制阀

图 8.3 所示为二通插装阀用作单向阀。将 C 腔与 A 腔或 B 腔连通，即该阀成为单向阀，连接方法不同导通方式也不同。设 A、B 两腔的压力分别为 p_A 和 p_B，当 $p_A > p_B$ 时，锥阀关闭，A 腔和 B 腔不通；当 $p_A < p_B$，且 p_B 达到一定数值（开启压力）时，便打开锥阀使油液从 B 腔流向 A 腔 [见图 8.3（a）]。图 8.3（b）所示为构成油液从 A 腔流向 B 腔的单向阀。如果在控制盖板上接一个二位三通液动阀来变换 C 腔的压力，即该阀成为液控单向阀。

图 8.4（a）所示为用作二位二通换向阀。用一个二位三通电磁阀来转换 C 腔的压力，就成为一个二位二通换向阀。当电磁换向阀断电时，油液不能从 B 油口流向 A 油口。当电磁换

向阀通电时，C 腔与油箱连通，A、B 油口连通。当电磁铁断电时，两个方向都要起切断作用，则需要在控制油路中加一个梭阀（相当于两个单向阀）[见图 8.4（b）]。此时，不管 A 油口的压力或 B 油口的压力哪个高，锥阀都能可靠闭合。

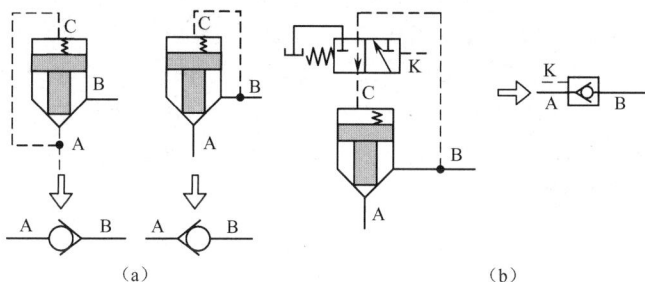

图 8.3　二通插装阀用作单向阀

图 8.4（c）所示为用作二位三通换向阀。其将两个插装阀加上一个电磁先导阀组成了一个二位三通换向阀，用一个二位四通阀来转换两个锥阀的控制腔中的压力，在图示的电磁阀断电状态，将左面的锥阀打开，右面的锥阀关闭，即 A 油口通 T 油口，P 油口与 A 油口不通；当电磁阀通电时，P 油口通 A 油口，A 油口与 T 油口不通。

图 8.4（d）所示为用作二位四通换向阀。在图示的工作状态下，A 油口和 T 油口、P 油口和 B 油口连通；当二位四通换向阀通电时，A 油口和 P 油口、B 油口和 T 油口连通。用多个先导阀和多个主阀相配，可构成复杂位通组合的二通插装换向阀，这是普通换向阀做不到的。

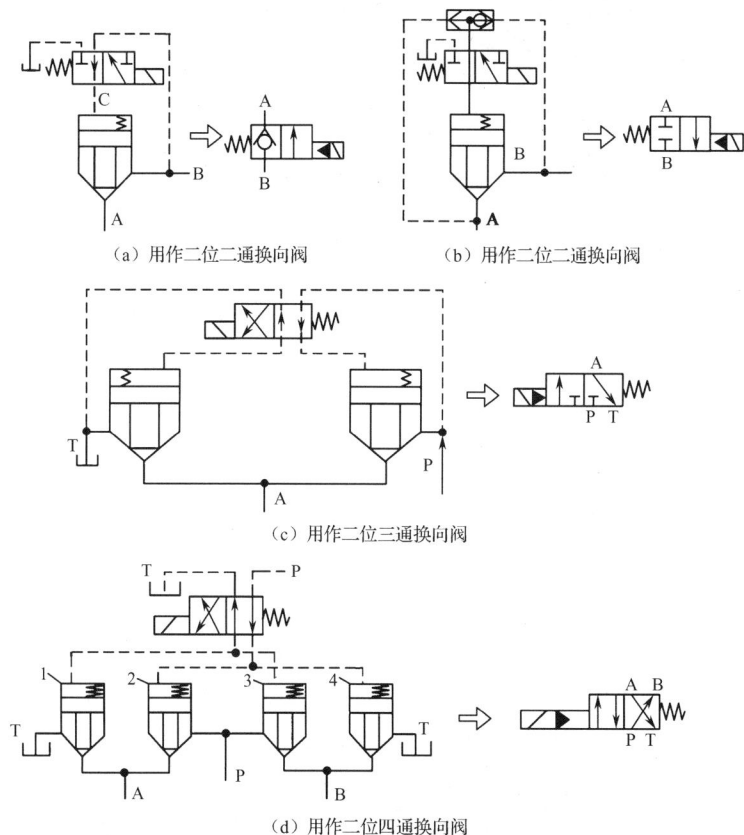

（a）用作二位二通换向阀　　　（b）用作二位二通换向阀

（c）用作二位三通换向阀

（d）用作二位四通换向阀

图 8.4　二通插装阀用作换向阀

2）用作压力控制阀

对 C 腔采用压力控制可构成各种压力控制阀，其结构原理如图 8.5（a）所示。用直动式溢流阀作为先导阀来控制插装主阀，在不同的油路连接下便构成了不同的压力控制阀。例如，在图 8.5（b）中，插装阀的 B 腔与油箱连通，可用作溢流阀。当插装阀的 A 腔压力升高到先导阀的调定压力时，先导阀打开，油液流过主阀阀芯的阻尼孔时造成两端的压力差，使主阀阀芯克服弹簧阻力开启，A 腔的油液便通过打开的阀口经 B 腔流回油箱，以实现溢流稳压。在图 8.5（c）中，插装阀 1 的 B 腔与油箱连通，其控制 C 腔接换向阀 3，即构成插装式卸荷阀。当换向阀 3 的电磁铁通电，使锥阀控制 C 腔接油箱时，锥阀阀芯抬起，A 腔油液便在很低的油压下流回油箱，实现卸荷。在图 8.5（d）中，插装阀 1 的 B 腔接压力油路，其控制 C 腔接先导阀 2，即构成插装式顺序阀。当控制 C 腔的压力达到先导阀的调定压力时，先导阀打开，控制 C 腔的油液经先导阀流回油箱，油液流经阻尼孔，使主阀两端产生压力差，A 腔的压力油便经主阀开口由 B 腔流入阀后的压力油路。此外，若主阀采用油口常开的圆锥阀阀芯，则可构成二通插装减压阀；若将比例溢流阀作为先导阀，代替图中的直动式溢流阀，则可构成二通插装电液比例溢流阀。

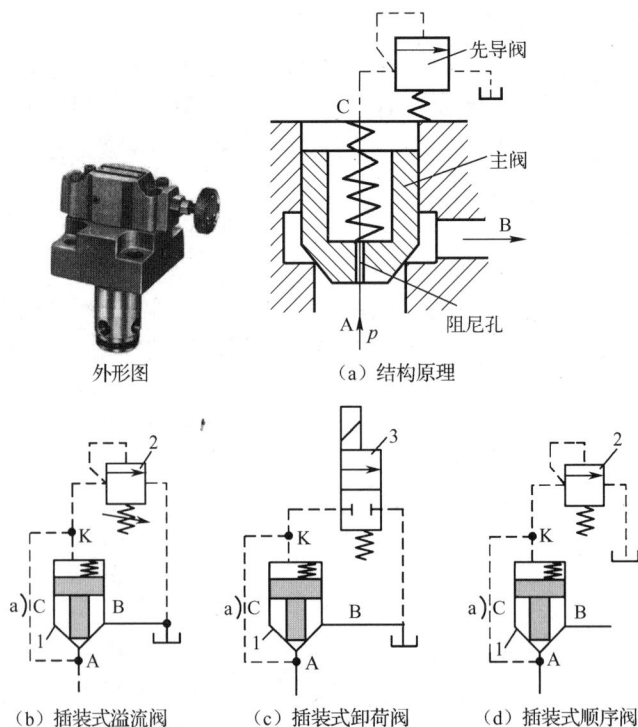

外形图　　　　　　　　（a）结构原理

（b）插装式溢流阀　　　（c）插装式卸荷阀　　　（d）插装式顺序阀

图 8.5　二通插装阀用作压力控制阀

3）用作流量控制阀

若用机械或电气的方式限制锥阀阀芯的行程，以改变阀口通流面积的大小，则锥阀可起流量控制阀的作用。图 8.6（a）所示为二通插装阀用作流量控制的节流阀，图 8.6（b）所示为在节流阀前串接一个减压阀，减压阀阀芯两端分别与节流阀进出油口相通，利用减压阀的压力补偿功能来保证节流阀两端的压力差不随负载的变化而变化，这样该阀就成为一个调速阀。

外形图　　　（a）用作节流阀　　　　　　　　（b）用作调速阀

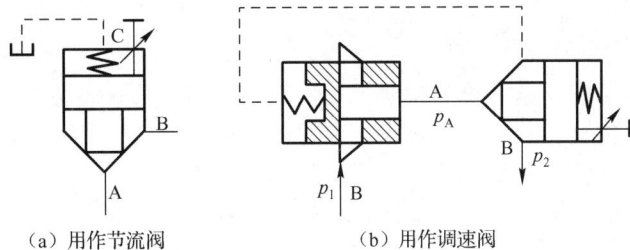

图 8.6　二通插装阀用作流量控制阀

8.1.2　叠加阀

叠加式液压阀简称叠加阀，其阀体本身既是元件又是具有油路通道的连接体，阀体的上、下两面制成连接面。选择同一通径系列的叠加阀，叠合在一起用螺栓紧固，即可组成所需要的液压传动系统。

叠加阀现有五个通径系列：$\phi6$、$\phi10$、$\phi16$、$\phi20$、$\phi32$ mm，额定压力为 20 MPa，额定流量的范围为 10～200 L/min。

叠加阀按功能的不同分为压力控制阀、流量控制阀和方向控制阀三类，其中方向控制阀仅有单向阀类，主换向阀不属于叠加阀。

1.　叠加阀的结构及工作原理

叠加阀的工作原理与一般液压阀的工作原理相同，只是具体结构有所不同。现以溢流阀为例，说明其结构和工作原理。

图 8.7 所示为 Y_1-F10D-P/T 先导型叠加式溢流阀。其型号意义是：Y 表示溢流阀，F 表示压力等级（20 MPa），10 表示 $\phi10$ mm 通径系列，D 表示叠加阀，P/T 表示进油口为 P、回油口为 T；图 8.7（b）所示为其图形符号。根据使用情况的不同，还有 Y1-F10D-P1/T 型叠加式溢流阀，其图形符号如图 8.7（c）所示。它由先导阀和主阀两部分组成，先导阀为锥阀，主阀相当于锥阀式单向阀。

叠加式溢流阀的工作原理是：压力油先由进油口 P 进入主阀阀芯右端的 e 腔，并经阀芯上的阻尼孔 d 流至阀芯左端的 b 腔，再经小孔 a 作用于锥阀阀芯上。当系统压力低于溢流阀的调定压力时，锥阀阀芯打开，b 腔的油液经锥阀阀

（a）结构

（b）图形符号1　　　　（c）图形符号2

1—推杆；2—弹簧；3—锥阀阀芯；4—阀座；
5—弹簧；6—主阀阀芯。

图 8.7　Y1-F10D-P/T 先导型叠加式溢流阀

口及孔 c 由回油口 T 流回油箱，主阀阀芯右腔的油经阻尼孔 d 向左流动，于是使主阀阀芯的两端油液产生了压力差，此压力差使主阀阀芯克服弹簧的作用力而左移，主阀阀口打开，实现回油口 T 的溢流。调节弹簧的预压缩量便可调节溢流阀的调定压力，即溢流压力。

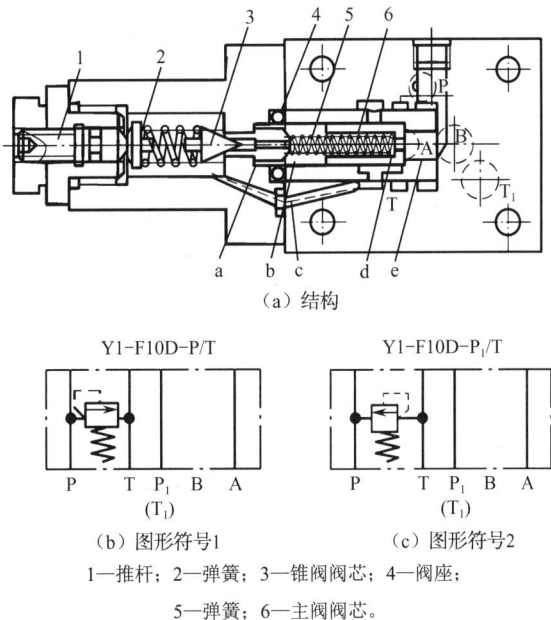

2. 叠加阀系统的组装

叠加阀自成体系，每一种通径系列的叠加阀，其主油路通道和螺钉孔的大小、位置、数量都与相应通径的板式换向阀相同。因此，将同一通径系列的叠加阀互相叠加，可直接组成集成化液压系统。

图 8.8 所示为叠加式液压阀的组装示意图。最下面的是基座板，基座板上有进油孔、回油孔和通向液压执行元件的油孔，基座板上面第一个元件一般是压力表开关，依次向上叠加各个压力控制阀和流量控制阀，最上层为换向阀，可用螺栓将它们紧固成一个叠加阀组，一般一个叠加阀组控制一个执行元件。如果液压系统有几个需要集中控制的液压元件，则用多联底板，并排在上面组成相应的几个叠加阀组。元件之间可实现无管连接，不仅能省掉大量管件，减少压力损失、泄漏和产生振动，而且能使外观整齐，便于维护和保养。

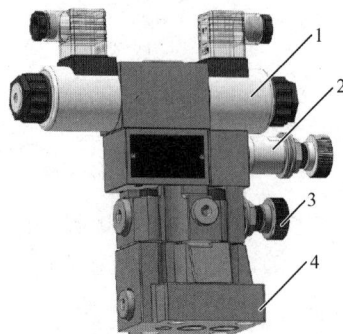

1—换向阀；2、3—叠加阀；4—基座板。

图 8.8　叠加式液压阀的组装示意图

3. 叠加式液压系统的特点

（1）结构紧凑、体积小、质量轻，安装及装配周期短。
（2）便于通过增减叠加阀实现液压系统的变化，使系统重新组装方便、迅速。
（3）元件之间无管连接，消除了因管件、油路、管接头等连接引起的泄漏、振动和噪声。
（4）系统配置灵活、外观整齐、使用安全可靠、维护和保养容易。
（5）标准化、通用化、集约化程度高。

4. 叠加阀的应用

图 8.9 所示为控制两个执行元件（液压缸和液压马达）的叠加阀组及其液压回路图。

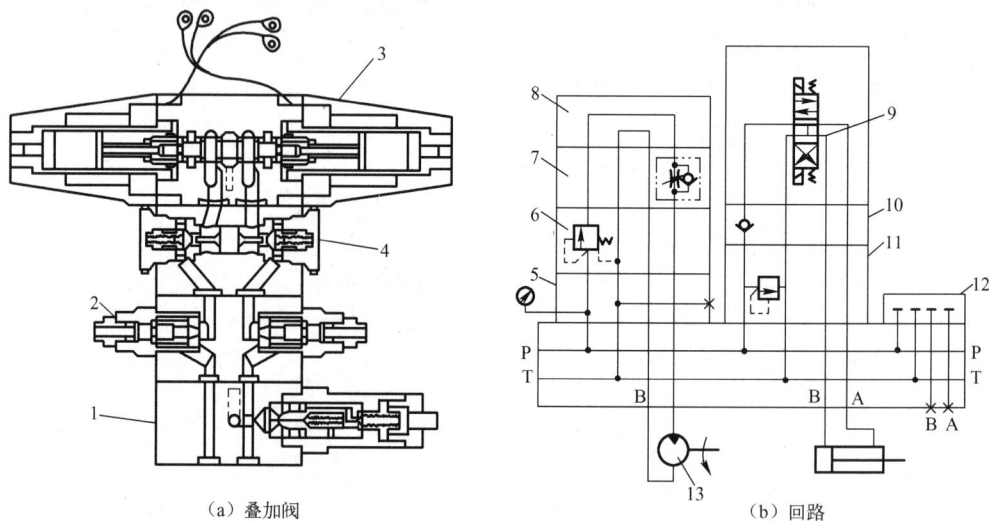

（a）叠加阀　　　　（b）回路

1—叠加式溢流阀；2—叠加式流量阀；3—电磁换向阀；4—叠加式单向阀；5—压力表安装板；

6—顺序阀；7—单向进油节流阀；8—顶板；9—换向阀；10—单向阀；

11—溢流阀；12—备用回路盲板；13—液压马达。

图 8.9　控制两个执行元件的叠加阀组及其液压回路图

8.1.3　电液比例阀

电液比例阀简称比例阀,它是一种按输入的电气信号连续且按比例对油液的压力、流量或方向进行远距离控制的阀。与普通液压阀相比,其阀芯的运动用比例电磁铁控制,使输出的压力、流量等参数与输入的电流成正比,所以可通过改变输入电信号的方法对压力、流量和方向进行连续控制。

电液比例阀由液压阀和直流比例电磁铁两部分组成,其液压阀与一般的液压阀差别不大,而直流比例电磁铁与一般的电磁铁不同,它可得到与给定电流成比例的位移输出和吸力输出。根据用途和工作特点的不同,电液比例阀可分为比例压力阀、比例流量阀和比例方向阀三类,其实物图如图 8.10 所示。

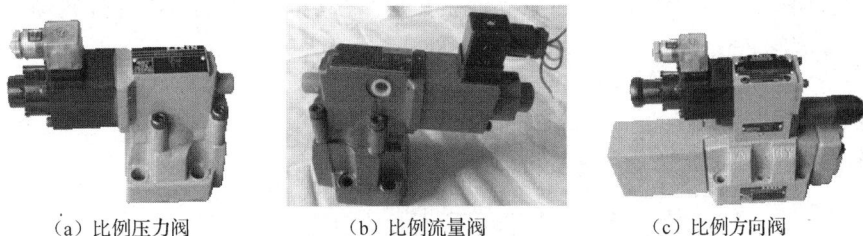

（a）比例压力阀　　　　　（b）比例流量阀　　　　　（c）比例方向阀

图 8.10　电液比例阀实物图

电液比例阀是一种性能介于普通控制阀和电液伺服阀之间的新阀种。它既可以根据输入电信号的大小连续成比例地对油液的压力、流量、方向进行远距离控制和计算机控制,又在制造成本、抗污染等方面优于电液伺服阀。

扫一扫看动画:增量式数字流量阀

1.　比例电磁铁

比例电磁铁是电液比例阀的重要组成部分,其作用是将比例控制放大器输出的电信号转换成与之成比例的力或位移。

比例电磁铁是一种直流电磁铁,它与普通电磁换向阀所用的电磁铁不同。普通电磁换向阀所用的电磁铁只要求有吸合和断开两个位置,并且为了增加吸力,在吸合时磁路中几乎没有气隙。而比例电磁铁则要求吸力(或位移)与输入的电流成比例,并在衔铁的全部工作位置上,磁路中要保持一定的气隙。常用的比例电磁铁是耐高压比例电磁铁,其结构与特性如图 8.11 所示。

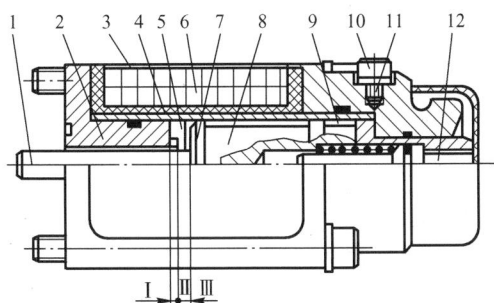

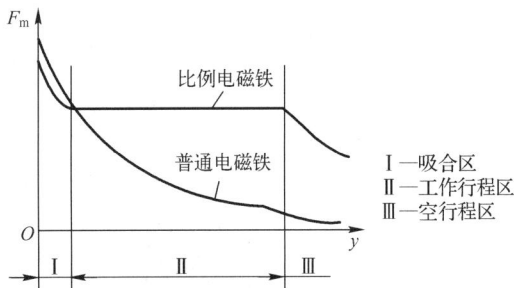

Ⅰ—吸合区
Ⅱ—工作行程区
Ⅲ—空行程区

（a）结构图　　　　　　　　　　　　　　　（b）吸力特性图

1—推杆;2—端盖(下轭铁);3—外壳;4—隔磁环;5—工作气隙;6—线圈;7—支承环;

8—衔铁;9—非工作气隙;10—放气螺钉;11—导套;12—调零螺钉。

图 8.11　耐高压比例电磁铁的结构与特性

2. 比例阀的结构及工作原理

1）比例压力阀

比例压力阀按照用途不同，分为比例溢流阀、比例减压阀和比例顺序阀；按照控制功率的大小不同，分为直动式比例压力阀和先导式比例压力阀。比例压力阀是在普通压力控制阀的基础上，用比例电磁铁代替传统的调压螺钉，主体部分与传统压力阀的工作原理相同，结构基本相似。

图8.12所示为直动式比例溢流阀的结构原理和图形符号。比例电磁铁通电后会产生吸力，经推杆和传力弹簧作用在锥阀阀芯上，当锥阀阀芯左端的液压力大于吸力时，锥阀阀芯被顶开而溢流。比例电磁铁可连续地改变控制电流的大小，即可连续、按比例地控制锥阀的开启压力。这种直动式比例溢流阀可应用于小流量液压系统，它更多的是用先导阀与其他压力阀组成先导式溢流阀、先导式减压阀和先导式顺序阀。

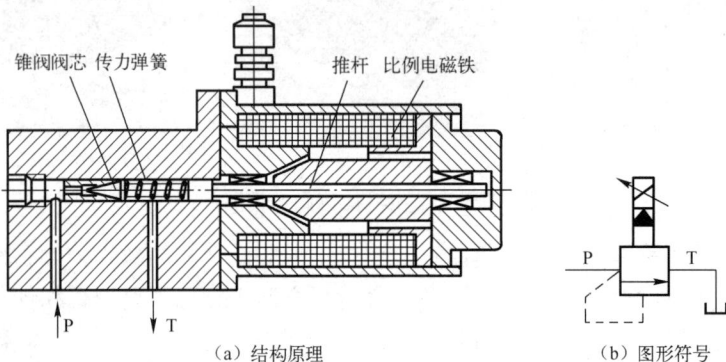

（a）结构原理　　　　　　　　　　　（b）图形符号

图8.12　直动式比例溢流阀的结构原理和图形符号

2）比例流量阀

在普通流量阀的基础上，利用电-机械比例转换器对节流阀阀口进行控制，即成为比例流量阀。比例流量阀分比例节流阀和比例调速阀两大类。

图8.13所示为比例调速阀的结构原理和图形符号。当比例电磁铁通电时，比例电磁铁的输出力会作用在节流阀阀芯上，与弹簧力、液动力、摩擦力平衡。一定的控制电流对应一定的节流开度。通过改变输入电流的大小，即可改变通过比例调速阀的流量。若输入的电流连续或按一定程序变化，则比例调速阀所控制的流量也按比例或按一定程序变化。

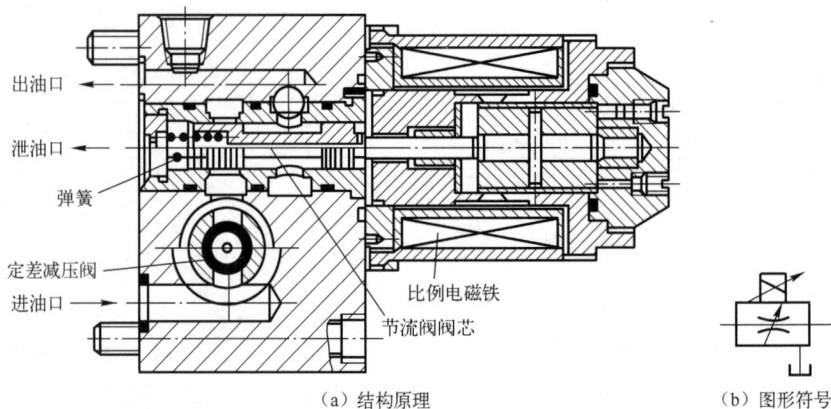

（a）结构原理　　　　　　　　　　　（b）图形符号

图8.13　比例调速阀的结构原理和图形符号

3）比例方向阀

比例方向阀不仅可以用来改变液流方向，而且可以控制流量的大小。这种阀又分为比例方向节流阀和比例方向调速阀两类。下面主要介绍比例方向节流阀。

图 8.14 所示为比例方向节流阀的结构原理图。它用双向比例减压阀作为先导阀，用液动双向比例节流阀作为主阀，并利用双向比例减压阀的出口压力来控制液动双向比例节流阀的正反开口量，进而来控制系统的油液方向和流量。

当比例电磁铁 2 得到电流 I_1，其电磁吸力 F_1 使双向比例减压阀的阀芯右移，从 P 口进入的油液经右边阀口减压后，经流道、反馈孔作用在双向比例减压阀阀芯的右端，与比例电磁铁 2 的电磁力平衡。控制压力 p_c 的大小与供油压力 p_s 无关，仅与比例电磁铁的电磁吸力 F_1 成比例，即与电流 I_1 成比例。减压后的油液经过流道。同理，当比例电磁铁 7 得到电流 I_2 时，双向比例减压阀的阀芯左移，得到与电流 I_2 成比例的控制压力。

当先导阀输出的控制压力 p_c 经阻尼螺钉 9 构成的阻尼孔缓冲，作用在主阀阀芯的右端面时，液压力克服左端弹簧力使主阀阀芯左移（左端弹簧腔通回油），连通主油口 P、B 和 A、T_1。随着弹簧力与液压力的平衡，主阀阀芯停止运动而处于某一位置。此时，各油口的节流开口长度取决于控制压力 p_c，即取决于输入电流 I_1 的大小。如果节流口前后的压力差不变，则比例方向节流阀的输出流量与其输入电流 I_1 成比例。当比例电磁铁 7 输入电流 I_2 时，主阀阀芯右移，油路反向，接通油口 P、A 和 B、T_2。输出的流量与输入电流 I_2 成比例。

改变比例电磁铁 2、7 的输入电流，不仅可以改变比例方向节流阀的液流方向，而且可以控制各油口的输出流量。

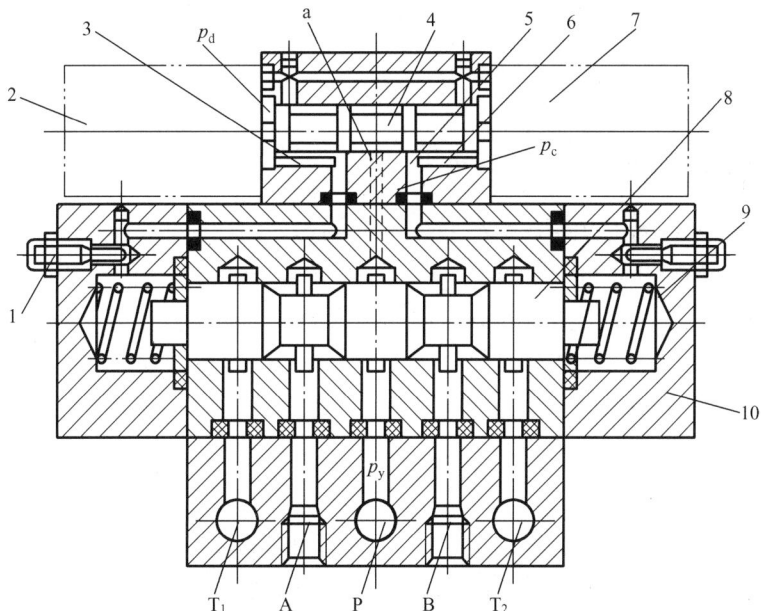

1，9—阻尼螺钉；2，7—比例电磁铁；3，6—反馈孔；
4—双向比例减压阀；5—流道；8—主阀阀芯；10—液动换向阀。

图 8.14　比例方向节流阀的结构原理图

3. 比例阀的应用

图 8.15（a）所示为应用比例溢流阀实现多级调压回路，由比例溢流阀和电子放大器等构

成。改变输入电流 I，即可控制系统获得多级工作压力。它相比应用普通溢流阀的多级调压回路所用的液压元件数量少、回路简单，且能对系统压力进行连续控制。

图 8.15（b）所示为应用比例调速阀的调速回路。改变比例调速阀的输入电流即可使液压缸获得所需要的运动速度。比例调速阀可在多级调速回路中代替多个调速阀，也可用于远距离速度控制。比例调速阀主要用于对多工位加工机床、注塑机、抛砂机等液压系统的多速控制。

总之，应用比例调速阀能使液压系统简化，所用的液压元件数量大为减少，既能提高液压系统的性能参数及控制的适应性，又能明显地提高其控制的自动化程度，它是一种很有发展前途的液压控制元件。

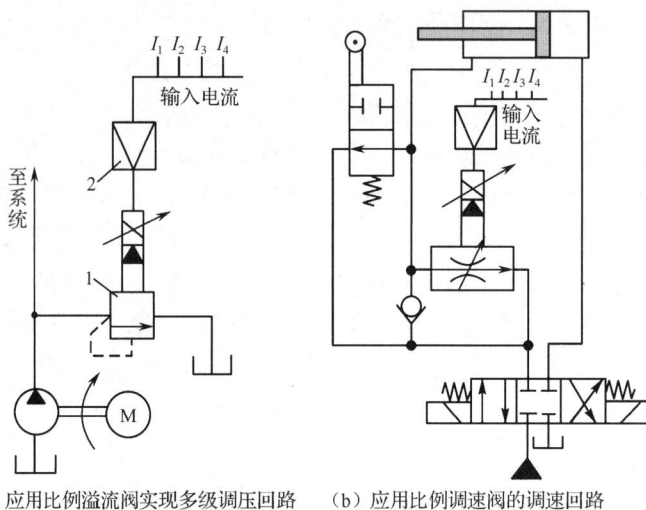

（a）应用比例溢流阀实现多级调压回路　（b）应用比例调速阀的调速回路

图 8.15　比例阀的应用

8.1.4　电液伺服阀

液压伺服阀是一种通过改变输入信号，连续、成比例地控制流量和压力进行液压控制的阀。根据输入信号的方式不同，其可分为机液伺服阀、电液伺服阀和气液伺服阀。液压伺服阀的实物图如图 8.16 所示。机液伺服阀是将小功率的机械动作转变为液压输出量（流量或压力）的机液转换元件。电液伺服阀是将电量转变为液压输出量的电液转换元件，电液伺服阀具有动态响应快、控制精度高、使用寿命长等优点，已被广泛应用于航空、航天、舰船、化工等领域的电液伺服控制系统中。

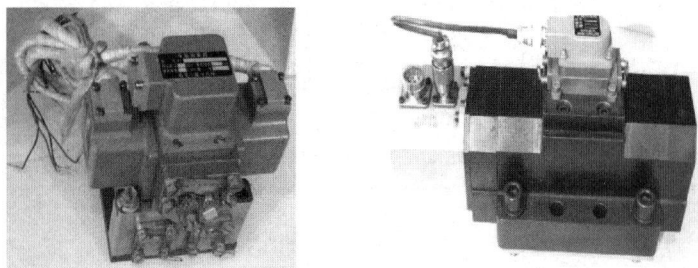

（a）喷嘴挡板伺服阀　　　　　　（b）三级电液伺服阀

图 8.16　液压伺服阀的实物图

1. 电液伺服阀的结构

电液伺服阀是由电液联合控制的多级伺服元件，它能将微弱的电气输入信号放大成大功率的液压能量输出。电液伺服阀具有控制精度高和放大倍数大等优点，在液压控制系统中得到了广泛应用。

电液伺服阀通常由力矩马达或力马达、液压放大器与反馈和平衡机构三部分组成。

1）力矩马达或力马达

力矩马达或力马达用来将输入的电气控制信号转换为转角（力矩马达）或直线位移（力马达）输出，它是一个电气-机械转换装置。

力矩马达主要由一对永久磁铁、导磁体、衔铁、线圈和内部悬置挡板的弹簧管等组成（见图 8.17）。永久磁铁把上下两块导磁体磁化成 N 极和 S 极，形成一个固定磁场。衔铁和挡板连在一起，由固定在阀座上的弹簧管支撑，使之位于上下导磁铁中间。挡板下端为一个球头，嵌放在滑阀的中间凹槽内。

当线圈无电流通过时，力矩马达无力矩输出，挡板处于两个喷嘴的中间位置。当输入信号的电流通过线圈时，衔铁被磁化，如果通入的电流使衔铁左端为 N 极，右端为 S 极，则根据同性相斥、异性相吸原理，衔铁会向逆时针方向偏转。于是弹簧管会弯曲变形，产生相应的反力矩，致使衔铁转过 θ 角便停止下来。电流越大，θ 角就越大，两者成正比。这样力矩马达就把输入的电信号转换为力矩输出。

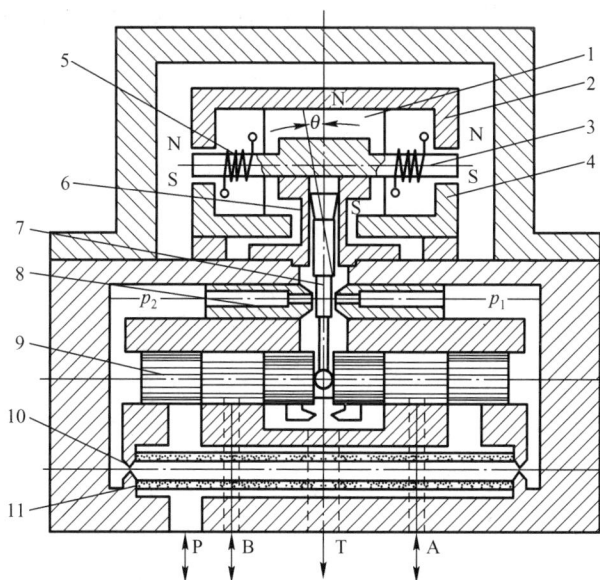

1—永久磁铁；2、4—导磁体；3—衔铁；5—线圈；6—弹簧管；
7—挡板；8—喷嘴；9—滑阀；10—固定节流孔；11—滤油器。

扫一扫看动画：电液伺服阀

图 8.17　喷嘴挡板式电液伺服阀的工作原理

2）液压放大器

由于力矩马达产生的力矩很小，无法操纵滑阀的启闭以产生足够的液压功率，因此要在液压放大器中进行两级放大，即前置放大级和功率放大级。

前置放大级是一个双喷嘴挡板阀，它主要由挡板、喷嘴、固定节流孔和滤油器组成。挡板

下端的小球嵌放在滑阀的中间凹槽内，构成反馈杆。压力油经滤油器和两个固定节流孔流到滑阀左、右两端的油腔及两个喷嘴腔中，由喷嘴喷出，经滑阀的中部油腔流回油箱。当力矩马达无输出信号时，挡板不动，左右两腔的压力相等，滑阀也不动。若力矩马达有信号输出，即挡板偏转，使两个喷嘴与挡板之间的间隙不等，则造成滑阀两端的压力不等，便推动阀芯移动。

3）反馈和平衡机构

反馈和平衡机构也被称为功率放大级，由滑阀和挡板下部的反馈弹簧片组成。当前置放大级有压力差信号输出时，滑阀阀芯移动，传递动力的液压主油路被接通。因为滑阀位移后的开度是正比于力矩马达输入电流的，所以电液伺服阀的输出流量也和输入电流成正比。当输入电流反向时，输出流量也反向。

2. 电液伺服阀的工作原理

图 8.17 所示为喷嘴挡板式电液伺服阀的工作原理。

（1）当无控制电流时，衔铁由弹簧管支承在上、下导磁体的中间位置，挡板也处于两个喷嘴的中间位置，滑阀阀芯在反馈杆小球的约束下处于中位，电液伺服阀无液压输出。

（2）当有差动控制电流输入时，会在衔铁上产生逆时针方向的电磁力矩，使衔铁挡板组件绕弹簧转动中心顺时针方向偏转，弹簧管和反馈杆产生变形，挡板偏离中位。这时，挡板与喷嘴的右侧间隙减小而左侧间隙增大，引起滑阀右腔的控制压力增大，左腔的控制压力减小，推动滑阀阀芯左移。同时带动反馈杆端部的小球左移，使反馈杆进一步变形。

当弹簧管和反馈杆变形产生的反力矩与电磁力矩平衡时，衔铁挡板组件便处于一个平衡位置。在反馈杆端部左移进一步变形时，会使挡板的偏移减小，趋于中位。这使左腔的控制压力降低，右腔的控制压力增高，当阀芯两端的液压力与反馈杆变形对阀芯产生的反作用力，以及滑芯的液动力平衡时，阀芯停止运动，其位移与控制电流成比例。

（3）在负载压力差一定时，电液伺服阀的输出流量也与控制电流成比例。所以这是一种流量控制电液伺服阀。

3. 液压放大器的结构形式

常用的液压放大器有滑阀液压放大器、射流管液压放大器和喷嘴挡板液压放大器三种。本节仅介绍滑阀液压放大器。

根据滑阀控制边数（起控制作用的阀口数）的不同，滑阀分为单边滑阀、双边滑阀和四边滑阀三种。

图 8.18 所示为单边滑阀的工作原理。滑阀控制边的开口量 X_s 控制着液压缸右腔的压力和流量，从而控制液压缸运动的速度和方向。来自泵的压力油先进入单杆液压缸的有杆腔，通过活塞上的小孔 a 进入无杆腔，压力由 p_s 降为 p_1，再通过滑阀唯一的节流边流回油箱。在液压缸不受外负载作用的条件下，$p_1A_1 = p_sA_2$。当阀芯根据输入信号往左移动时，开口量 X_s 增大，无杆腔压力 p_1 减小，于是 $p_1A_1 < p_sA_2$，缸体向左移动。因为缸体和阀体能刚性连接成一个整体，所以阀体左移又使 X_s 减小（负反馈），直至平衡。

图 8.19 所示为双边滑阀的工作原理。压力油一路直接进入液压缸的有杆腔，另一路经滑阀左控制边的开口 X_{s1} 与液压缸的无杆腔相通，并经滑阀右控制边 X_{s2} 流回油箱。当滑阀向左移动时，X_{s1} 减小，X_{s2} 增大，液压缸的无杆腔压力 p_1 减小，两腔受力不平衡，缸体向左移动，反之缸体向右移动。双边滑阀比单边滑阀的调节灵敏度高、工作精度也高。

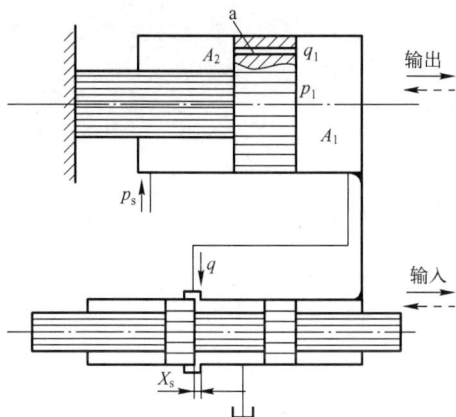

图 8.18　单边滑阀的工作原理　　　　图 8.19　双边滑阀的工作原理

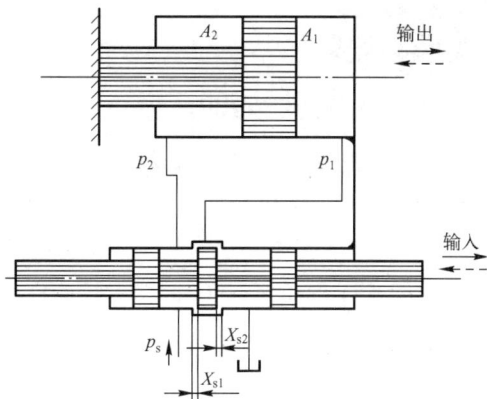

图 8.20 所示为四边滑阀的工作原理。滑阀有四个控制边，开口 X_{s1}、X_{s2} 分别控制进入液压缸两腔的压力油，开口 X_{s3}、X_{s4} 分别控制液压缸两腔的回油。当滑阀向左移动时，液压缸左腔的进油口 X_{s1} 减小，回油口 X_{s3} 增大，使 p_1 迅速减小；与此同时，液压缸右腔的进油口 X_{s2} 增大，回油口 X_{s4} 减小，使 p_2 迅速增大，这样就使活塞迅速左移。与双边滑阀相比，四边滑阀能同时控制液压缸两腔的压力和流量，故其调节灵敏度更高，工作精度也更高。

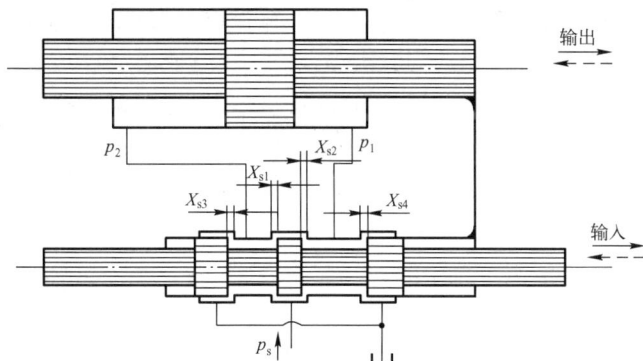

图 8.20　四边滑阀的工作原理

单边滑阀、双边滑阀和四边滑阀的控制作用是相同的，均能起到换向和节流作用。控制边数越多，控制质量越好，但其结构工艺性越差。通常情况下，四边滑阀多用于精度要求较高的液压系统；单边滑阀和双边滑阀用于一般精度的液压系统。

根据滑阀阀芯在中位时阀口的预开口量不同，滑阀的开口形式又分为负开口（$X_s<0$）、零开口（$X_s=0$）和正开口（$X_s>0$）三种形式，如图 8.21 所示。具有零开口的滑阀，其工作精度最高；具有负开口的滑阀有较大的不灵敏区，较少采用；具有正开口的滑阀，其工作精度比具有负开口的滑阀的工作精度高，但功率损耗大，稳定性也较差。

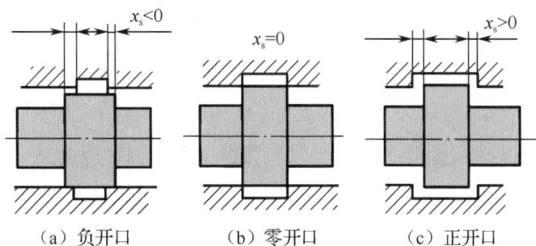

（a）负开口　　　　（b）零开口　　　　（c）正开口

图 8.21　滑阀的三种开口形式

任务实施

8.1.5 电液伺服阀的选用

1. 伺服阀的选用原则与方法

伺服阀是电气-液压伺服系统中关键的精密控制元件，价格昂贵，所以伺服阀的选择、应用要谨慎。在伺服阀选择中常常考虑的因素有：A 阀的工作性能、规格；B 工作可靠、性能稳定、一定的抗污染能力；C 价格合理；D 工作液、油源；E 电气性能和放大器；F 安装结构、外形尺寸等。

1）按控制精度等要求选用伺服阀

当系统控制精度的要求比较低时，还有开环控制系统或动态不高的系统，都可以选用工业伺服阀甚至比例阀。只有要求比较高的控制系统才选用高性能的电液伺服阀，当然它的价格也比较高。

2）按用途选用伺服阀

电液伺服阀有许多种类，许多规格，分类的方法也非常多，而只有按用途分类对选用电液伺服阀是比较方便的。按用途分，电液伺服阀分为专用型电液伺服阀和通用型电液伺服阀。

专用型电液伺服阀使用在特殊的应用场合，如高温阀，防爆阀，高响应阀，特殊增益阀，特殊结构阀，特殊输入、特殊反馈的伺服阀等。

通用型电液伺服阀使用较广泛，生产量也较大，可以用在位置、速度、加速度（力）等各种控制系统中。所以应该优先选用通用型电液伺服阀。

3）伺服阀规格的选择

（1）首先估计所需要作用力的大小，再决定液压缸的作用面积：满足以最大速度推拉的负载力 F_G。如果系统还可能有不确定的力，那么最好将 F_G 放大 20%～40%。那么液压缸的作用面积 A 如下：

$$A = \frac{1.2F_G}{P_s}$$

式中，P_s 为供油压力。

（2）确定负载流量 Q_L，负载运动的最大速度为 V_L：

$$Q_L = AV_L$$

同时可知负载压力 P_L：

$$P_L = \frac{F_G}{A}$$

（3）确定所需伺服阀的流量：

$$Q_N = Q_L \sqrt{\frac{P_N}{P_s - P_L}}$$

式中，P_N 为伺服阀的额定供油压力，在该压力、额定电流条件下的空载流量就是伺服阀的额定流量 Q_N。为补偿一些未知因素，建议额定流量的选择要大 10%。

伺服阀的故障常常在电液伺服系统调试或工作不正常的情况下被发现。有时是系统问题，包括放大器、反馈机构、执行机构等的故障，有时是伺服阀的问题。伺服阀的故障，有的能自己排除，但许多故障不能自己排除，要将伺服阀送到生产厂，放到实验台上进行返修调试，自己不要轻易拆伺服阀，很容易损坏伺服阀的零部件。

2. 工作任务单

工作任务单

姓名		班级		组别		日期	
任务名称	机械手伸缩运动中伺服阀的选用						
工作任务	伺服阀的选用						
任务描述	在液压实训室完成伺服阀的选型和系统组装						
任务要求	(1) 正确进行伺服阀的选型。 (2) 正确使用相关工具。 (3) 正确进行管路清洗、更换或清洗过滤器。 (4) 实训结束后对使用工具进行整理并放回原处						
提交成果	伺服阀的选型与管路维护报告						
考核评价	序号	考核内容		配分	评分标准		得分
	1	安全意识		20	遵守安全规章、制度		
	2	工具的正确使用		10	选择合适的工具，正确使用工具		
	3	伺服阀的选型		40	伺服阀的选用要合理		
	4	液压油路的清洗		20	管路清洗方法要合理		
	5	团队协作		10	与他人合作有效		
指导教师			总分				

任务 8.2　自动装配机控制回路的设计与应用

任务引入

扫一扫看课程思政：与"核"共舞的大国工匠

扫一扫看教学课件：自动装配机控制回路的设计与应用

图 8.22 所示为一种工业自动化装配机。液压缸 A、B 分别将两个工件压入基础工件的孔中，工件压入的速度要可调。首先液压缸 A 将第一个工件压入，当压力达到或超过 2 MPa 时液压缸 B 才会将另一个工件压入。液压缸 B 先缩回，液压缸 A 再缩回。液压缸缩回的条件为：当液压缸 A 的压力达到 3 MPa 时必须缩回。设计一个模拟上述设备的液压回路，要求采用压力顺序阀控制液压缸的工作顺序。

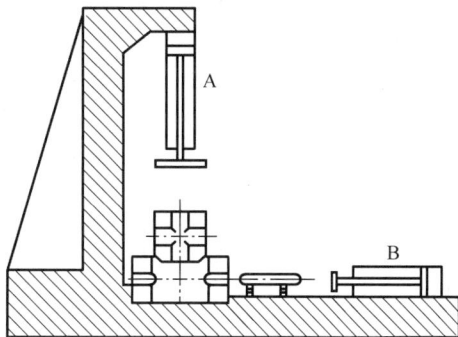

图 8.22　一种工业自动化装配机

任务分析

要使工件压入的速度可以调节，可采用节流阀或调速阀来调节。根据任务分析可知，在工件的装配过程中，要使液压缸 A 先向下运动将第一个工件压入，当压力达到某一个值时，再使液压缸 B 向左运动将另一个工件压入；完成后当压力达到一个定值时，液压缸 B 先缩回，液压缸 A 再缩回。要求采用顺序阀控制两缸的运动顺序，完成上述工作。

扫一扫看微课视频：多缸运动的控制方法

相关知识

在液压系统中，一个油源往往驱动多个液压缸。按照系统要求，这些液压缸或顺序动作，或同步动作，多缸之间要能避免在压力和流量上的相互干扰。

8.2.1 顺序动作回路

顺序动作回路的功能是使多个液压缸按照预定顺序依次动作。例如，组合机床回转工作台的抬起和转位；定位夹紧机构的先定位、后夹紧、再加工等。

顺序动作回路按其控制方式不同，分为行程控制的顺序动作回路、压力控制的顺序动作回路和时间控制的顺序动作回路三类，其中前两类用得较多。

1. 行程控制的顺序动作回路

行程控制的顺序动作回路是利用工作部件到达一定位置时，发出的信号来控制液压缸的先后动作顺序的，它可以利用行程阀或行程开关来控制。

1）用行程阀控制

用行程阀控制的顺序动作回路如图 8.23 所示。在图示状态下，液压缸 A、B 的活塞皆在左位。当手动换向阀 C 在左位工作时，液压缸 A 右行，实现动作①。在挡块压下行程阀 D 后，液压缸 B 右行，实现动作②。当手动换向阀复位后，液压缸 A 先复位，实现动作③，然后挡块后移，行程阀复位，液压缸 B 退回，实现动作④。至此，顺序动作全部完成。

这种回路工作可靠、动作顺序的换接平稳，但行程阀需布置在液压缸附近，要改变动作顺序时较困难，且管路长、压力损失大，不易安装，主要用在专用机械的液压系统中。

2）用行程开关控制

用行程开关控制的顺序动作回路如图 8.24 所示。其是利用电气行程开关发的信号来控制电磁阀先后换向的顺序动作回路。其动作顺序是：按启动按钮，电磁铁 YA1 通电，液压缸 A 右行完成动作①，触动行程开关 ST1 使电磁铁 YA2 通电，液压缸 B 右行，在实现动作②后，触动 ST2 使电磁铁 YA1 断电，液压缸 A 返回，在实现动作③后，又触动 ST3 使电磁铁 YA2 断电，液压缸 B 返回，实现动作④。最后触动 ST4 使液压泵卸荷或引起其他动作，完成一个工作循环。

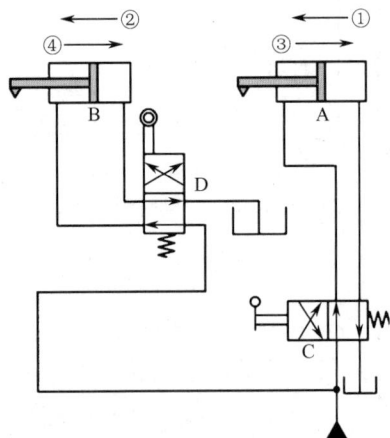

图 8.23 用行程阀控制的顺序动作回路

扫一扫看动画：用行程阀控制的顺序动作回路

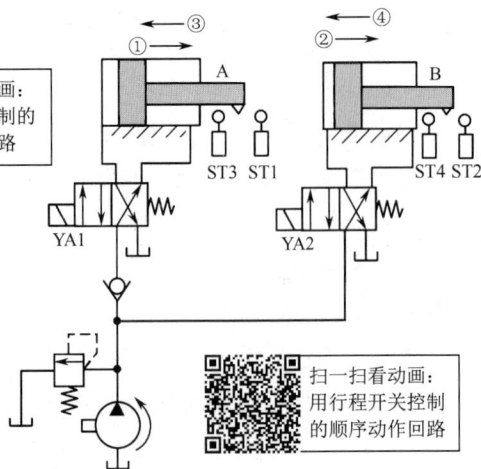

图 8.24 用行程开关控制的顺序动作回路

扫一扫看动画：用行程开关控制的顺序动作回路

这种回路的优点是控制灵活、方便，只需要改变电气线路即可改变动作顺序，调整行程大小和改变动作顺序均比较方便，液压系统简单，易实现自动控制。但顺序转换时有冲击，位置精度与工作部件的速度和质量有关，而可靠性则由电气元件的质量决定，可利用电气互锁使动作顺序可靠执行，故应用较广泛。

2. 压力控制的顺序动作回路

压力控制是利用油路本身的压力变化来控制液压缸的先后动作顺序的，它主要利用压力继电器或顺序阀来控制顺序动作。

1）用压力继电器控制

图 8.25 所示为用压力继电器控制的顺序动作回路。当电磁铁 YA1 通电后，压力油进入液压缸 5 的左腔，推动活塞按①方向右移。碰上止挡块后，系统压力升高，压力继电器 3 发出信号，使电磁铁 YA3 通电，压力油进入液压缸 6 的左腔，推动活塞按②方向右移。当液压缸 6 的活塞运动到预定位置时，电磁铁 YA3 断电、YA4 通电，压力油进入液压缸 6 的右腔，使其活塞向左运动、退回，实现动作③。当它到达终点后，回路的压力会升高。压力继电器 4 发出信号，使电磁铁 YA1 断电、YA2 通电。压力油进入液压缸 5 的右腔，推动活塞向左退回，实现动作④，从而完成了一个①→②→③→④的运动循环。为了防止压力继电器误发信号，压力继电器的调整压力一方面应比先动作液压缸的最高工作压力高 0.3～0.5 MPa，另一方面又要比溢流阀的调定压力低 0.3～0.5 MPa。

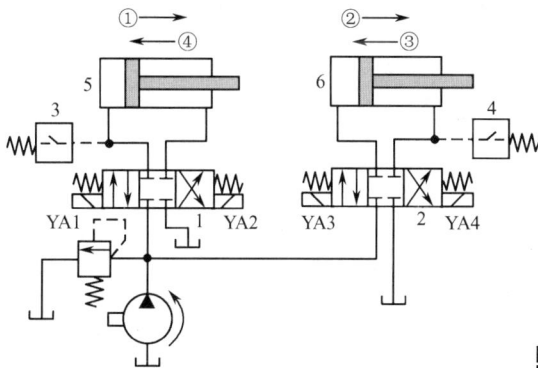

1、2—电磁换向阀；3、4—压力继电器；5、6—液压缸。

图 8.25　用压力继电器控制的顺序动作回路

扫一扫看动画：用压力继电器控制的顺序动作回路

2）用顺序阀控制

图 8.26 所示为用顺序阀控制的顺序动作回路。其中单向顺序阀 D 能控制两个液压缸前进时的先后顺序，单向顺序阀 C 能控制两个液压缸后退时的先后顺序。当电磁铁 YA1 通电时，压力油进入液压缸 A 的左腔，右腔经单向顺序阀 C 中的单向阀回油，此时由于压力较低，单向顺序阀 D 关闭，液压缸 A 的活塞先动。当液压缸 A 的活塞运动到终点时，油压升高，当其达到单向顺序阀 D 的调定压力时，顺序阀开启，压力油进入液压缸 B 的左腔，右腔直接回油，液压缸 B 的活塞向右移动。当液压缸 B 的活塞右移达到终点，电磁铁 YA1 断电后，电磁铁 YA2 通电，此时压力油进入液压缸 B 的右腔，左腔经单向顺序阀 D 中的单向阀回油，使液压缸 B 的活塞向左移动，到达终点时，压力油升高打开单向顺序阀 C 使液压缸 A 的活塞返回。

这种顺序动作回路的可靠性，在很大程度上取决于顺序阀的性能及其压力调定值。顺序阀的调定压力应比先动作的液压缸的工作压力高 0.8～1.0 MPa，以免在系统压力波动时，发

生误动作。由此可见，这种回路适用于液压缸数目不多、负载变化不大的液压系统。其优点是动作灵敏、安装及连接比较方便；缺点是可靠性不高、位置精度低。

8.2.2 同步回路

使两个或两个以上的液压缸，在运动中保持相同位移或相同速度的回路称为同步回路。在一泵多缸的液压系统中，影响同步精度的因素有很多，如液压缸的外负载、泄漏、摩擦阻力、制造精度、结构弹性变形及油液中的含气量，都会使运动不同步。同步回路要尽量克服或减少这些因素的影响。

1. 串联液压缸的同步回路

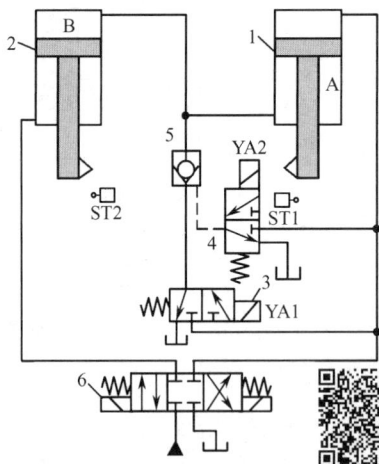

图 8.27 所示为串联液压缸的同步回路。液压缸 1 有杆腔 A 的有效面积应与液压缸 2 无杆腔 B 的有效面积相等。而补偿措施使同步误差在每次下行运动中都可以消除。例如，阀 6 在右位工作时，液压缸下降，若液压缸 1 的活塞先运动到底，它就会触动电气行程开关 ST1 发出信号，使电磁铁 YA1 通电，此时压力油便经过二位三通电磁阀 3、液控单向阀 5，向液压缸 2 的无杆腔 B 补油，推动液压缸 2 的活塞继续运动到底，误差即被消除。如果液压缸 2 的活塞先运动到底，触动行程开关 ST2，使电磁铁 YA2 通电，此时压力油便经二位三通电磁阀 4 进入液控单向阀的控制油口，液控单向阀 5 反向导通，使液压缸 1 的有杆腔 A 能通过液控单向阀 5 和二位三通电磁阀 3 回油，液压缸 1 的活塞继续运动到底，对失调现象进行补偿。这种串联液压缸的同步回路只适用于负载较小的液压系统。

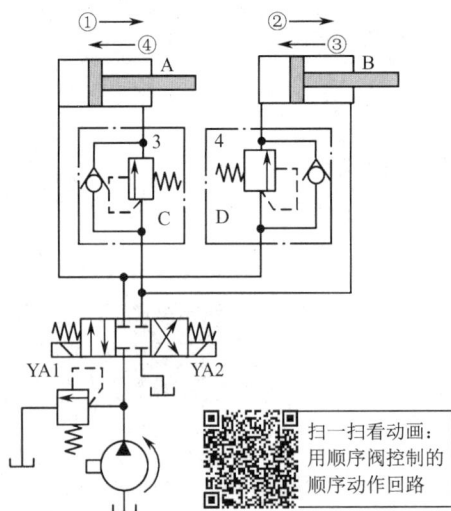

图 8.26 用顺序阀控制的顺序动作回路　　　图 8.27 串联液压缸的同步回路

2. 流量控制式同步回路

1）用调速阀控制

用调速阀控制的同步回路如图 8.28 所示。先用两个调速阀分别串接在两个液压缸的回油路（或进油路）上，再并联起来，用于调节两缸活塞的运动速度。若两缸的有效面积相等，则调节流量的大小相同；若两缸的有效面积不等，则改变调速阀的流量也能达到同步运动。

用调速阀控制的同步回路，结构简单，并且可以调速，但因为两个调速阀的性能不可能完全一致，同时还会受到载荷变化和泄漏的影响，同步精度较低，一般在 5%～7%。

2）用电液比例调速阀控制

用电液比例调速阀控制的同步回路如图 8.29 所示。该回路使用了一个普通调速阀 1 和一个比例调速阀 2，它们各装在由多个单向阀组成的桥式整流油路中，并分别控制液压缸 3 和 4 的运动。当两个活塞出现位置误差时，检测装置就会发出信号，调节电液比例调速阀的开度，修正误差，使液压缸 4 的活塞跟上液压缸 3 的活塞的运动而实现同步。

这种回路的同步精度较高，位置精度可达 0.5 mm，已能满足大多数工作部件所要求的同步精度。比例调速阀的性能虽然比不上伺服阀的性能，但成本费用较低，系统对环境的适应性强，因此用它来实现同步控制被认为是一个新的发展方向。

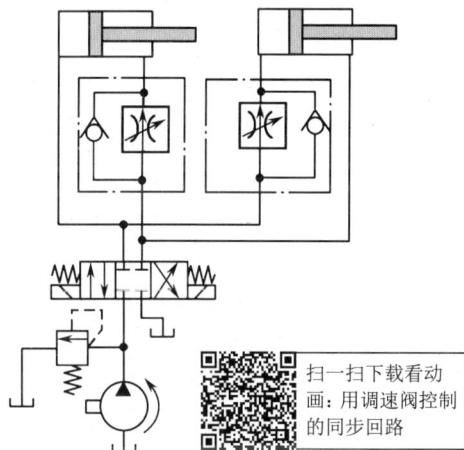

图 8.28　用调速阀控制的同步回路　　　　图 8.29　用电液比例调速阀控制的同步回路

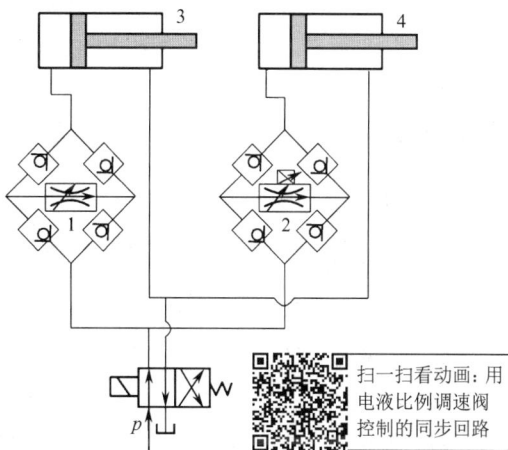

8.2.3　互不干扰回路

在一泵多缸的液压系统中，往往由于其中一个液压缸快速运动时，吞进大量油液，造成整个系统的压力下降，影响其他液压缸工作进给的稳定性。因此，对于工作进给稳定性要求较高的多缸液压系统，必须采用互不干扰回路。

在图 8.30 所示的多缸互不干扰回路中，各液压缸分别要完成快进、工作进给和快速退回的自动循环。回路采用双泵供油系统，泵 1 为高压小流量泵，其能供给各缸工作进给所需的压力油；泵 2 为低压大流量泵，其能为各缸快进或快退时输送低压油，彼此无牵连，也就互不干扰。

在图 8.30 的图示状态下各缸原位停止。当电磁铁 YA3 和电磁铁 YA4 通电时，阀 7、阀 8 左位工作，两缸都由低压大流量泵 2 供油做差动快进，高压小流量泵 1 供油在阀 5、阀 6 处被堵截。设液压缸 A 先完成快进，通过行程开关使电磁铁 YA1 通电，电磁铁 YA3

图 8.30　多缸互不干扰回路

断电，此时低压大流量泵 2 将液压缸 A 的进油路切断，而高压小流量泵 1 的进油路打开，液压缸 A 由调速阀 3 调速做工进，液压缸 B 仍做快进，互不影响。当各缸都转为工进后，它们

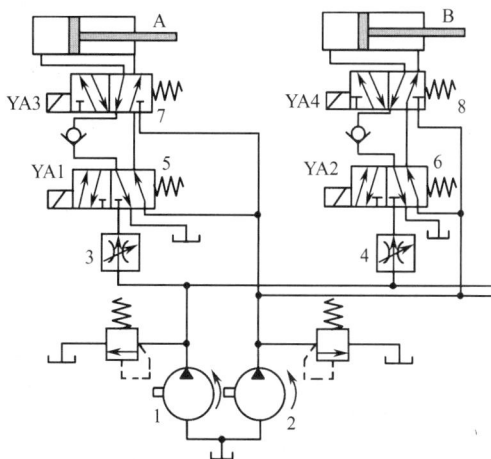

全由高压小流量泵 1 供油。此后若液压缸 A 又率先完成工进，行程开关应使阀 5 和阀 7 的电磁铁都通电，液压缸 A 即由低压大流量泵供油快退。当各电磁铁都断电时，各缸都停止运动，并被锁定于所在位置上。

扫一扫看动画：
多缸快慢速互
不干扰回路

任务实施

8.2.4　自动装配机控制回路的设计

前面已经学习了有关顺序阀和压力控制回路的知识，下面就利用顺序阀来设计自动装配机的液压回路，如图 8.31 所示。采用两个单向顺序阀的压力控制顺序动作回路。其中单向顺序阀 D 控制两个液压缸前进（压入工件）时的先后顺序，单向顺序阀 C 控制两个液压缸缩回时的先后顺序，单向调速阀使工件压入的速度可调。

1. 操作步骤

（1）根据项目要求分析双缸的顺序控制回路。

（2）选择相应的元器件，在实验台上组建回路并检查回路的功能是否正确。

（3）观察运行情况，对使用中遇到的问题进行分析和解决。

（4）先卸压，再关油泵，拆下管路，整理好所有的元器件，归位。

2. 工作任务单

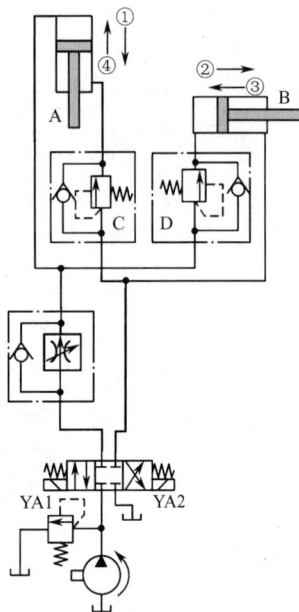

图 8.31　自动装配机的液压回路

工作任务单

姓名		班级		组别		日期	
工作任务		自动装配机控制回路的设计					
任务描述		在液压实训室，根据自动装配机的工作原理，选用合理的控制阀，设计自动装配机控制回路，安装、连接好回路并调试完成系统功能					
任务要求		（1）正确使用相关工具，分析并设计液压回路图。 （2）正确连接元器件，调试并运行液压系统，完成相关功能。 （3）调节调速阀和顺序阀，观察速度变化和工作状况					
提交成果		（1）自动装配机液压回路设计图。 （2）自动装配机控制回路的调试报告					
考核评价	序号	考核内容	配分	评分标准			得分
	1	安全文明操作	10	遵守安全规章、制度，正确使用工具			
	2	绘制液压回路图	20	图形绘制正确，符号规范			
	3	回路正确连接	30	元器件连接有序、正确，无明显泄漏现象			
	4	系统运行调试	30	系统运行平稳			
	5	团队协作	10	与他人合作有效			
指导教师				总分			

习题 8

扫一扫看习题 8 的参考答案

1. 何谓比例阀？比例阀有哪些功能？
2. 何谓插装阀？插装阀有哪些功能？
3. 何谓叠加阀？叠加阀有何特点？
4. 电液伺服阀由哪几部分组成？各部分的作用是什么？
5. 图 8.32 所示为用插装阀组成的两组方向控制阀，试分析其功能相当于什么换向阀，并用标准的职能符号画出。

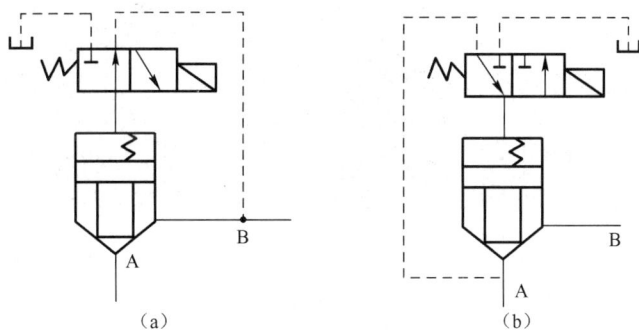

（a）　　　　　　　　　　（b）

图 8.32　用插装阀组成的两组方向控制阀

项目 9
液压系统的分析与组建

扫一扫看教学课件：液压系统的分析与组建

项目目标

通过本项目的学习，学生应掌握各液压元件的功能与作用，具有应用基本回路分析及解决问题的能力和组建简单液压系统的能力，同时能进行液压系统的安装调试与故障的初步诊断。具体目标如下。

（1）认识液压系统的原理图，掌握液压系统的分析步骤和方法。

（2）熟悉液压元件的作用及各种基本回路的构成，能分析与组建简单的液压系统。

（3）了解液压系统的安装、调试和维护。

任务 9.1　数控车床卡盘液压站的组建

任务引入

扫一扫看课程思政："中国天眼"的眼保健操

图 9.1 所示为数控车床卡盘的外形图。数控车床卡盘是利用一个液压工作站提供工作动力，连接回转液压缸完成伸缩动作，从而控制数控车床卡盘的夹紧与松开，对电路进行系统连接的。通常，系统控制和人工控制两种方式并用。元件的精选配合同心度的安装，能保证数控车床卡盘的夹持精度。那么液压工作站由哪几部分组成，又是如何进行工作的呢？

图 9.1　数控车床卡盘的外形图

任务分析

液压站是独立的液压装置，一般由油箱、电动机、油泵及一些液压辅件组成，它能按主机要求提供动力，并控制油流的方向、压力和流量，它适用于主机与液压装置可分离的各种液压机械。分析上述任务，需要选择合适的电机、油泵及相应的液压辅件，如油箱、过滤器等，以达到稳定的工作动力。

相关知识

9.1.1 液压站的分类及主要的技术参数

液压站又称液压泵站，是独立的液压装置，它由泵装置、集成块或阀组合、油箱、电气控制箱组合而成。其按驱动装置要求的流向、压力和流量供油，适用于液压站与驱动装置分离的各种机械，只要将液压站与驱动装置（液压缸或马达）用油管相连，液压系统就可以实现各种规定的动作和工作循环。图 9.2 所示为某液压站的外观图。

图 9.2 某液压站的外观图

1. 液压站的组成及功用

（1）泵装置：装有电动机和油泵，它是液压站的动力源，能将机械能转化为液压油的动力能。

（2）集成块：由液压阀及通道体组合而成。它能对液压油的实行方向、压力、流量进行调节。

（3）阀组合：将板式阀装在立板上，板后管连接，与集成块的功能相同。

（4）油箱：用钢板焊的半封闭容器，其上还装有滤油网、空气滤清器等，它用来储油并对油进行冷却及过滤。

（5）电气控制箱：分两种形式，一种设置了外接引线的端子板，另一种配置了全套控制电器。

2. 液压站的分类

液压站的结构形式主要按泵装置的结构形式、安装位置，站的冷却方式及油箱的材料来分类。

1）按泵装置的结构形式、安装位置分类

液压站上泵组的布置方式分成上置式和非上置式。在泵组置于油箱上的上置式液压站中，当采用立式电动机并将液压泵置于油箱之内时，该液压站称为立式液压站，如图 9.3（a）所示。立式液压站主要用于定量泵系统。当泵装置卧式安装在油箱盖板上时，该液压站称为卧式液压站，如图 9.3（b）所示。卧式液压站主要用于变量泵系统，以便于流量调节。在非上置式液压站中，泵组与油箱并列布置的为旁置式液压站，如图 9.3（c）所示。旁置式液压站可装备用泵，主要用于油箱容量大于 250 L，电机功率为 7.5 kW 以上的系统。泵组置于油箱

下面时为下置式液压站，如图9.3（d）所示。

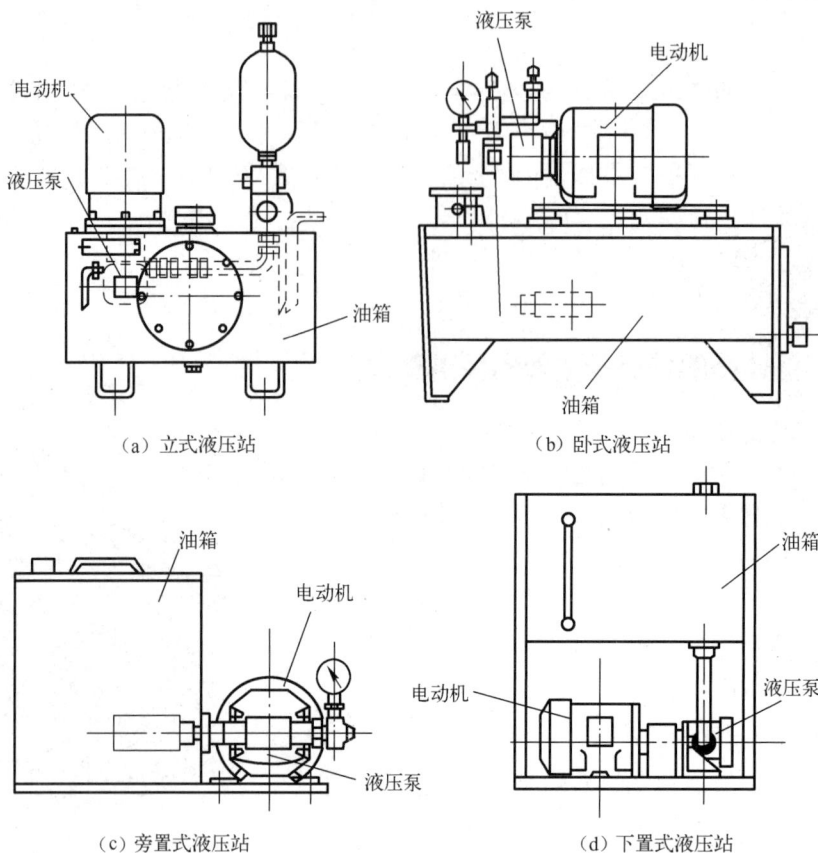

（a）立式液压站　　　　　　　　　（b）卧式液压站

（c）旁置式液压站　　　　　　　　　（d）下置式液压站

图9.3　液压站按泵装置的结构形式、安装位置分类

2）按站的冷却方式分类

（1）自然冷却：靠油箱本身与空气的热交换冷却，一般用于油箱容量小于250 L的系统。

（2）强制冷却：采用冷却器进行强制冷却，一般用于油箱容量大于250 L的系统。

3）按油箱的材料分类

（1）普通钢板：箱体采用厚度为5～6 mm的钢板焊接而成，面板采用厚度为10～12 mm的钢板，若开孔过多则适当加厚或增加加强筋。普通钢板油箱内部的防锈处理较难实现，铁锈进入油循环系统会造成很多故障，但制造成本较低，现在仍被广泛使用。

（2）不锈钢板：箱体采用304不锈钢板，厚度为2～3 mm，面板采用304不锈钢板，厚度为3～5 mm，承重部位要增加加强筋。其特点是油箱内部不用处理，无铁锈，但制造成本较高，因此受到了一定的限制。

3. 液压站的主要参数

液压站以油箱的有效储油量度及电动机的功率为主要技术参数。油箱的容量共有18种规格（单位：L）：25、40、63、100、160、250、400、630、800、1000、1250、1600、2000、2500、3200、4000、5000、6000。

液压站可以根据设备要求及使用条件进行灵活配置。

（1）按设备要求可以配置集成块，也可以不配置集成块。

（2）可以根据系统需要调整液压系统的工作压力和配备相应的电动机。

（3）根据设备要求和液压系统的需要设置冷却器、加热器和蓄能器。

（4）可在液压站上设置电气控制装置，也可不设置电气控制装置。

9.1.2　液压系统辅助元件

液压系统中的辅助装置，如蓄能器、滤油器、油箱、油管、管接头密封装置、压力表和压力表开关等，对系统的动态性能、工作稳定性、工作寿命、噪声和温升等都有直接影响，必须给予重视。其中油箱需要根据系统要求自行设计，其他辅助装置则可做成标准件，供设计时选用。

1. 蓄能器

蓄能器是液压系统中的储能元件，它能储存多余的液压油，并在需要时释放出来供给系统。

1）蓄能器的类型与结构

蓄能器的结构形式主要有重力式、弹簧式和充气式三类，常用的是充气式蓄能器，它又可以分为活塞式蓄能器、气囊式蓄能器和隔膜式蓄能器三种。在此主要介绍活塞式蓄能器及气囊式蓄能器。

（1）活塞式蓄能器。图 9.4（a）所示为活塞式蓄能器。它是利用在缸筒中浮动的活塞把缸中的液压油和气体隔开的。这种蓄能器的活塞上装有密封圈，活塞的凹部面向气体，以增加气体室的容积。这种蓄能器的结构简单、易安装、维修方便；但活塞的密封问题不能完全解决，有压气体容易漏入液压系统中，而且由于活塞的惯性和密封件的摩擦力，使活塞的动作不够灵敏；最高工作压力为 17 MPa，总容量为 1～39 L，温度适用范围为−4～+80 ℃。

（2）气囊式蓄能器。图 9.4（b）所示为气囊式蓄能器。它由壳体、皮囊、充气阀、限位阀等组成，工作压力为 3.5～35 MPa，容量范围为 0.6～200 L，温度适用范围为−10～+65 ℃。工作前，先从充气阀向皮囊内充进一定压力的气体，然后将充气阀关闭，使气体封闭在皮囊内，要储存的油液，从壳体底部的限位阀引入皮囊外腔，使皮囊受压缩而储存液压能。其优点是惯性小、反应灵敏、结构小、质量轻，一次充气后能长时间地保存气体，充气也较方便，故在液压系统中得到了广泛应用。

图 9.4（c）所示为充气式蓄能器的图形符号。

2）蓄能器的功能

（1）作为辅助动力源。当液压系统工作循环中所需的流量变化较大时，可采用一个蓄能器与一个较小流量（整个工作循环的平均流量）的泵，在短期大流量时，由蓄能器与泵同时供油；当所需流量较小时，泵会将多余的油液充入蓄能器，这样可以节省能源、降低温升。在特殊场合，如停电或驱动液压泵的原动力发生故障时，蓄能器可以作为应急能源使用。

（2）保压和补充泄漏。当要求液压系统在较长时间内保压时，可采用蓄能器补充其泄漏，使系统压力维持在一定范围内。

（3）缓和冲击，吸收压力脉动。当阀门突然关闭或换向时，系统中产生的冲击压力可由安装在产生冲击处的蓄能器来吸收，使液压冲击的峰值降低。若将蓄能器安装在液压泵的出

口处，则可降低液压泵压力脉动的峰值。

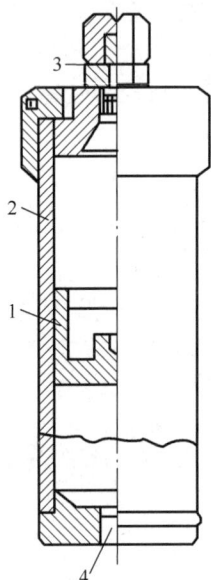

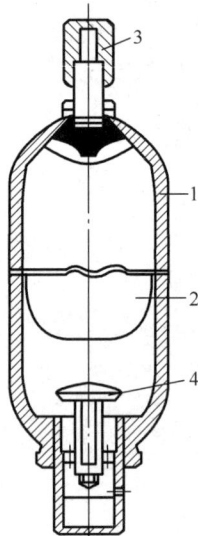

1—活塞；2—缸筒；
3—充气阀；4—液压油入口。

（a）活塞式蓄能器

1—壳体；2—皮囊；
3—充气阀；4—限位阀。

（b）气囊式蓄能器

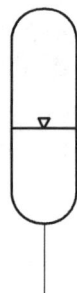

（c）图形符号

图 9.4　充气式蓄能器

3）蓄能器的安装

蓄能器在液压系统中的安装位置随其功能而定，主要应注意以下几点。

（1）气囊式蓄能器应垂直安装，油口向下。

（2）用于吸收液压冲击和压力脉动的蓄能器应尽可能安装在振动源附近。

（3）装在管路上的蓄能器必须用支板或支架固定。

（4）蓄能器与液压泵之间应安装单向阀，以防止当液压泵停止工作时，由于蓄能器储存的液压油倒流而使泵反转；蓄能器与管路之间也应安装截止阀，供充气和检修之用。

2. 滤油器

1）滤油器的功能和类型

滤油器的功能是过滤混在液压油中的杂质，降低进入系统中液压油的污染度，保证系统正常工作。

滤油器按其滤芯材料的过滤机制来分，可分为表面型滤油器、深度型滤油器和吸附型滤油器三种。

（1）表面型滤油器。整个过滤过程是由一个几何面来实现的。滤下的污染杂质被截留在滤芯元件靠油液上游的一面。这里的滤芯材料具有均匀的标定小孔，可以滤除比小孔尺寸大的杂质。由于污染杂质积聚在滤芯表面上，因此滤芯很容易被阻塞。滤油器的滤芯为编网式滤芯、线隙式滤芯的均属于这种类型。

（2）深度型滤油器。这种滤油器的滤芯为多孔可透性材料，内部具有曲折迂回的通道。大于表面孔径的杂质会直接被截留在外表面，较小的污染杂质会进入滤芯内部，撞到通道壁上，由于吸附作用而被滤除。滤芯内部曲折的通道也有利于污染杂质的沉积。纸芯、毛毡、

烧结金属、陶瓷和各种纤维制品等属于这种类型滤油器的滤芯。

（3）吸附型滤油器。这种滤油器的滤芯能把油液中的有关杂质吸附在其表面上。磁芯即属于此类滤油器的滤芯。

常见的滤油器样式及其特点如表 9.1 所示。

扫一扫看动画：纸芯式滤油器

扫一扫看动画：烧结式滤油器

表 9.1　常见的滤油器样式及其特点

类型	名称及结构简图	特点说明
表面型	编网式滤油器 1—上盖；2—塑料圆筒；3—铜丝网；4—下盖	（1）过滤精度与铜丝网层数及网孔大小有关。在压力管路上常用 100 目、150 目和 200 目（每英寸长度上的孔数）的铜丝网，在液压泵吸油管路上常用 20～40 目的铜丝网 （2）压力损失不超过 0.004 MPa （3）结构简单、通流能力大、清洗方便，但过滤精度低
表面型	线隙式滤油器 1—芯架；2—滤芯；3—壳体	（1）滤芯由绕在芯架上的一层金属线组成，依靠线间的微小间隙来挡住油液中杂质的通过 （2）压力损失为 0.03～0.06 MPa （3）结构简单、通流能力大、过滤精度高，但滤芯材料的强度低，不易清洗 （4）用于低压管道中，当用在液压泵吸油管上时，它的流量规格宜选得比泵的流量规格大
深度型	纸芯式滤油器 1—堵塞状态发生装置；2—滤芯外层；3—滤芯中层；4—滤芯里层；5—支承弹簧	（1）结构与线隙式滤油器的结构相同，但滤芯为平纹或波纹的酚醛树脂或木浆微孔滤纸制成的纸芯。为了增大过滤面积，纸芯常制成折叠形 （2）压力损失为 0.01～0.04 MPa （3）过滤精度高，但堵塞后无法清洗，必须更换纸芯 （4）通常用于精过滤

续表

类型	名称及结构简图	特点说明
	烧结金属式滤油器  1—端盖；2—壳体；3—滤芯	（1）滤芯由金属粉末烧结而成，利用金属颗粒间的微孔来挡住油液中杂质的通过。改变金属粉末的颗粒大小，就可以制出不同过滤精度的滤芯 （2）压力损失为 0.03～0.2 MPa （3）过滤精度高，滤芯能承受高压，但金属颗粒易脱落，堵塞后不易清洗 （4）适用于精过滤

2）滤油器的选用

滤油器按其过滤精度（滤去杂质的颗粒大小）的不同，分为粗过滤器、普通过滤器、精密过滤器和特精过滤器四种，它们分别能滤去大于 100 μm、10～100 μm、5～10 μm 和 1～5 μm 大小的杂质。

选用滤油器时，要考虑下列几点：

（1）过滤精度应满足预定要求。

（2）能在较长时间内保持足够的通流能力。

（3）滤芯具有足够的强度，不会因液压的作用而损坏。

（4）滤芯抗腐蚀性能好，能在规定的温度下持久地工作。

（5）滤芯清洗或更换简便。

因此，滤油器应根据液压系统的技术要求，按过滤精度、通流能力、工作压力、油液黏度和工作温度等条件选定。

3）滤油器的安装

滤油器在液压系统中的安装位置通常有以下几种。

（1）安装在泵的吸油口处。在泵的吸油口处一般都安装有表面型滤油器，目的是滤去较大的杂质微粒以保护液压泵，此外滤油器的过滤能力应为泵流量的两倍以上，压力损失小于 0.02 MPa。

（2）安装在泵的出口油路上。此处安装滤油器的目的是滤除可能侵入阀类等元件的污染物。其过滤精度为 10～15 μm，且能承受油路上的工作压力和冲击压力，压力降应小于 0.35 MPa。同时应安装安全阀以防止滤油器堵塞。

（3）安装在系统的回油路上。此处安装滤油器起间接过滤作用。一般与过滤器并联安装一个背压阀，当过滤器堵塞达到一定压力值时，背压阀才打开。

（4）安装在系统分支油路上。根据液压系统的工作特性和要求，可将滤油器安装在系统的某些分支油路上。

（5）单独过滤系统。大型液压系统可专设一台液压泵和滤油器组成独立过滤回路。

在液压系统中，除整个系统所需的滤油器外，还常在一些重要元件（如伺服阀、精密节流阀等）的前面单独安装一个专用的精滤油器来确保它们正常工作。

3. 油箱

1）油箱的功能

油箱的功能主要是储存油液，此外还起着散发油液中的热量（在周围环境温度较低的情况下则是保持油液中的热量）、释放混在油液中的气体、沉淀油液中的污物等作用。

2）油箱的结构

液压系统中的油箱有整体式油箱和分离式油箱两种。整体式油箱利用主机的内腔作为油箱，这种油箱结构紧凑，各处漏油易于回收，但增加了设计和制造的复杂性，维修不便，散热条件不好，且会使主机产生热变形。分离式油箱可单独设置，与主机分开，减少了油箱发热和液压振动源对主机工作精度的影响，因此得到了普遍应用，特别适合应用在精密机械上。

油箱的典型结构如图 9.5 所示。由图可知，油箱内部用隔板 7、9 将吸油管与回油管隔开。顶部、侧部和底部分别装有滤油网、液位计和排放污油的放油阀。可将液压泵及其驱动电机的安装板（上盖）固定在油箱顶面上。

此外，近年来又出现了充气式的闭式油箱，它不同于开式油箱，它的整个油箱是封闭的，顶部有一个充气管，可送入 0.05～0.07 MPa 过滤纯净的压缩空气。空气或者直接与油液接触，或者被输入蓄能器式的皮囊内不与油液接触。这种油箱的优点是能改善液压泵的吸油条件，但它要求系统中的回油管、泄油管要能承受背压。油箱本身还必须配置安全阀、电接点压力表等元件以稳定充气压力，因此它只在特殊场合才使用。

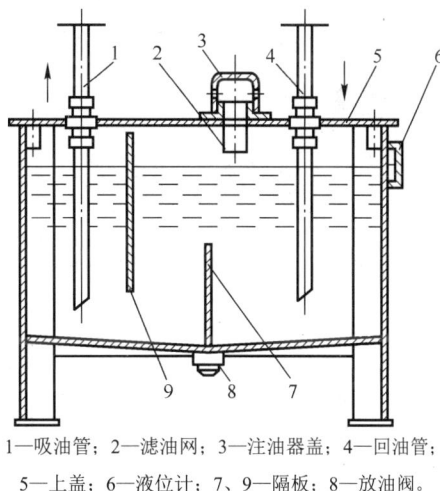

1—吸油管；2—滤油网；3—注油器盖；4—回油管；
5—上盖；6—液位计；7、9—隔板；8—放油阀。

图 9.5　油箱的典型结构

3）设计油箱的注意事项

（1）油箱的有效容积（油面高度为油箱高度 80% 时的容积）应根据液压系统发热、散热平衡的原则来计算，这项计算在系统负载较大、长期连续工作时是必不可少的。但对于一般情况来说，油箱的有效容积可以根据液压泵的额定流量 q（L/min）估计出来。

（2）吸油管和回油管应尽量相距远些，两管之间要用隔板隔开，以增加油液的循环距离，使油液有足够的时间分离气泡、沉淀杂质、消散热量。隔板高度最好为箱内油面高度的 3/4。吸油管入口处要装粗滤油器。精滤油器与回油管管端在油面最低时仍应没入油中，以防止吸油时卷吸空气或回油冲入油箱时搅动油面而混入气泡。回油管管端宜斜切 45°，以增大出油口的截面积，减小出口处的油流速度，此外，应使回油管斜切口面对箱壁，以利于油液散热。当回油管排回的油量很大时，宜使它的出口高出油面，向一个带孔或不带孔的斜槽（倾角为 5°～15°）排油，使油流散开，一方面减小流速，另一方面排走油液中的空气。要减小回油流速、减少它的冲击搅拌作用，也可以通过扩散室的办法来达到。泄油管管端亦可斜切并面对箱壁，但不可没入油中。

管端与箱底、箱壁间的距离均应大于管径的 3 倍。粗滤油器距箱底的距离应大于 20 mm。

（3）为了防止油液污染，油箱上各盖板、管口处都要妥善密封，注油器上要加滤油网，

以防止油箱出现负压，而设置的通气孔上必须装空气滤清器。空气滤清器的容量至少应为液压泵额定流量的两倍。油箱内的回油集中部分及清污口附近宜装设一些磁性块，以去除油液中的铁屑和带磁性颗粒。

（4）为了易于散热和便于对油箱进行搬移及维护保养，按 GB/T 6031—2018 的规定，箱底离地应在 150 mm 以上。箱底应适当倾斜，在最低部位处设置堵塞或放油阀，以便排放污油。按照 GB/T 6031—2018 的规定，箱体上注油口的近旁必须设置液位计。滤油器的安装位置应便于装拆，箱内各处应便于清洗。

（5）若要在油箱中安装热交换器，则必须考虑好它的安装位置，以及测温、控制等措施。

（6）分离式油箱一般用 2.5～4 mm 的钢板焊成。箱壁越薄，散热越快。有资料建议 100 L 以下容量油箱的壁厚取 1.5 mm，100 L 以上、400 L 以下油箱的壁厚取 3 mm，400 L 以上油箱的壁厚取 6 mm，箱底厚度大于箱壁，箱盖厚度应为箱壁的 4 倍。大尺寸油箱要加焊角板、筋条，以增加刚性。当液压泵及其驱动电机和其他液压件都要安装在油箱上时，油箱上盖要相应地加厚。

（7）油箱内壁应涂上耐油防锈的涂料。若外壁涂上一层极薄的黑漆（厚度不超过 0.025 mm），则会有很好的辐射冷却效果。铸造的油箱内壁一般只进行喷砂处理，不涂漆。

4. 油管

在液压传动系统中，常用的油管有钢管、紫铜管、尼龙管、橡胶软管和耐油塑料管等。

1）钢管

能承受高压，油液不易氧化，价格低廉，但装配时弯曲较困难。常用的有 10 号、16 号冷拔无缝钢管，主要用于中、高压系统中。

2）紫铜管

装配时弯曲方便，且内壁光滑、摩擦阻力小，但易使油液氧化，耐压力较低，抗振动能力差，一般适用于中、低压系统。

3）尼龙管

弯曲方便、价格低廉，但寿命较短，可在中、低压系统中替代部分紫铜管。

4）橡胶软管

由耐油橡胶夹以 1～3 层钢丝编织网或钢丝绕层做成。其特点是装配方便，能减轻液压系统的冲击，吸收振动，但制造困难、价格较贵、寿命短，一般用于相对运动部件间的连接。

5）耐油塑料管

价格便宜、装配方便，但耐压力低，一般用于泄漏油管中。

5. 管接头

管接头用于油管与油管、油管与液压元件间的连接。管接头的种类很多，图 9.6 所示为几种常用的管接头结构。

图 9.6（a）所示为扩口式薄壁管接头，一般用来连接铜管或薄壁钢管，也可用来连接尼龙管和塑料管，在压力不高的机床液压系统中，应用较为普遍。

图 9.6（b）所示为焊接式钢管接头，用来连接管壁较厚的钢管，用在压力较高的液压系统中。

图 9.6（c）所示为夹套式管接头，当旋紧管接头的螺母时，利用夹套两端的锥面使夹套产生弹性变形来夹紧油管。这种管接头装拆方便，适用于高压系统的钢管连接，但对制造工艺要求高，对油管要求严格。

图 9.6（d）所示为高压软管接头，多用于中、低压系统中橡胶软管的连接。

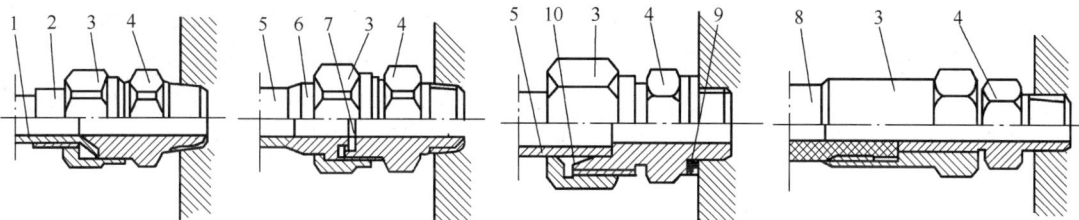

（a）扩口式薄壁管接头　　（b）焊接式钢管接头　　（c）夹套式管接头　　（d）高压软管接头

1—扩口薄管；2—管套；3—螺母；4—接头体；5—钢管；6—接管；7—密封垫；8—橡胶软管；9—组合密封垫；10—夹套。

图 9.6　几种常用的管接头结构

6. 密封装置

密封是解决液压系统泄漏问题最重要、最有效的手段之一。如果液压系统密封不良，可能会出现不允许的外漏，外漏的油液会污染环境，还可能会使空气进入吸油腔，影响液压泵的工作性能和液压执行元件运动的平稳性（爬行）。当泄漏严重时，系统的容积效率会降低，甚至工作压力达不到要求值。若密封过度，虽可防止泄漏，但会造成密封部分的剧烈磨损、缩短密封件的使用寿命、增大液压元件内的运动摩擦阻力、降低系统的机械效率。因此合理地选用和设计密封装置在液压系统的设计中十分重要。

1）对密封装置的要求

（1）在工作压力和一定的温度范围内，其应具有良好的密封性能，并随着压力的增加能自动提高密封性能。

（2）密封装置和运动部件之间的摩擦力要小，摩擦系数要稳定。

（3）抗腐蚀能力强、不易老化、工作寿命长、耐磨性好，磨损后在一定程度上能自动补偿。

（4）结构简单，使用和维护方便，价格低廉。

2）密封装置的类型和特点

密封按其工作原理来分可分为非接触式密封和接触式密封。前者主要指间隙密封，后者指密封件密封。

（1）间隙密封。间隙密封是依靠相对运动部件配合面之间的微小间隙来进行密封的，常用于柱塞、活塞或阀的圆柱配合副中。一般在阀芯的外表面开有几条等距离的均压槽，它的主要作用是使径向压力分布均匀，减小液压卡紧力，同时使阀芯在孔中的对中性好，以减小间隙的方法来减少泄漏。槽所形成的阻力，对减少泄漏也有一定的作用。均压槽一般宽为 0.3～0.5 mm，深为 0.5～1.0 mm。圆柱面配合间隙与直径的大小有关，阀芯与阀孔一般取 0.005～0.017 mm。

这种密封的优点是摩擦力小，缺点是磨损后不能自动补偿，主要用于直径较小的圆柱面之间，如液压泵内的柱塞与缸体之间、滑阀的阀芯与阀孔之间。

（2）O 形密封圈。O 形密封圈一般用耐油橡胶制成，其横截面呈圆形，具有良好的密封性能，内外侧和端面都能起密封作用，结构紧凑、运动部件的摩擦阻力小、制造容易、装拆

方便、成本低，且高低压均可以用，所以在液压系统中得到了广泛应用。

图 9.7 所示为 O 形密封圈的结构和工作情况。图 9.7（a）所示为其外形圈；图 9.7（b）所示为装入密封沟槽的情况，δ_1、δ_2 为 O 形密封圈装配后的预压缩量，通常用压缩率 w 表示，即 $w=[(d_0-h)/d_0]\times100\%$，对于固定密封、往复运动密封和回转运动密封，$w$ 应分别达到 15%～20%、10%～20% 和 5%～10%，才能取得满意的密封效果。当油液的工作压力超过 10 MPa 时，O 形密封圈在往复运动中容易被油液压力挤入间隙而提早损坏，如图 9.7（c）所示。因此要在它的侧面安放 1.2～1.5 mm 厚的聚四氟乙烯挡圈，当单向受力时在受力侧的对面安放一个挡圈，如图 9.7（d）所示。当双向受力时则在两侧各放一个挡圈，如图 9.7（e）所示。

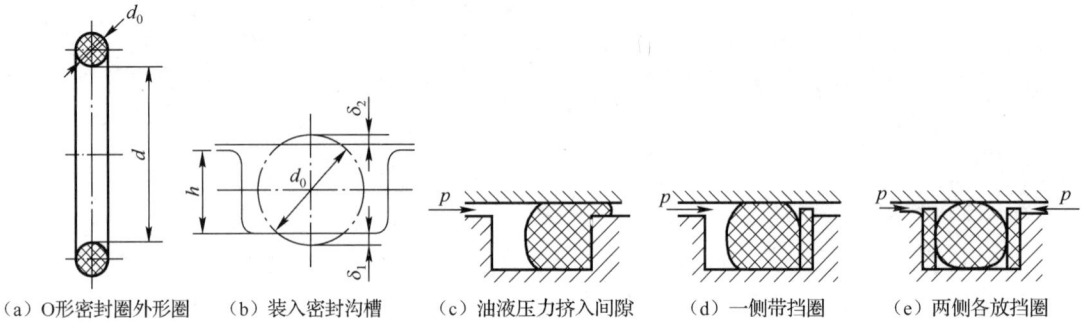

（a）O形密封圈外形圈　（b）装入密封沟槽　（c）油液压力挤入间隙　（d）一侧带挡圈　（e）两侧各放挡圈

图 9.7　O 形密封圈的结构和工作情况

O 形密封圈安装沟槽的形状，除矩形外，还有 V 形、燕尾形、半圆形和三角形等，在实际应用中可查阅有关手册及国家标准。

（3）唇形密封圈。唇形密封圈根据截面的形状可分为 Y 形密封圈、V 形密封圈、U 形密封圈和 L 形密封圈等，其工作原理如图 9.8 所示。液压力将唇形密封圈的两唇边 h_1 压向形成间隙的两个零件的表面。这种密封圈的特点是能随着工作压力的变化自动调整密封性能，压力越高则唇边被压得越紧，密封性越好；当压力降低时唇边的压紧程度也随之降低，从而减小摩擦阻力和功率消耗，除此之外，还能自动补偿唇边的磨损，保持密封性能不降低。

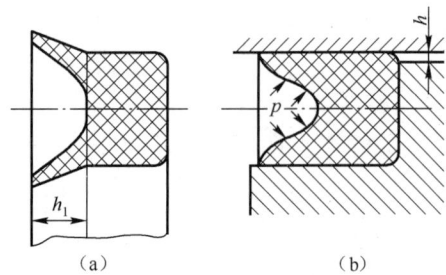

图 9.8　唇形密封圈的工作原理

目前，液压缸中普遍使用图 9.9 所示的小 Y 形密封圈，进行活塞和活塞杆的密封。其中，图 9.9（a）所示为轴用密封圈，图 9.9（b）所示为孔用密封圈。这种小 Y 形密封圈的特点是断面宽度和高度的比值大，增加了底部的支撑宽度，可以避免因摩擦力造成密封圈的翻转和扭曲。

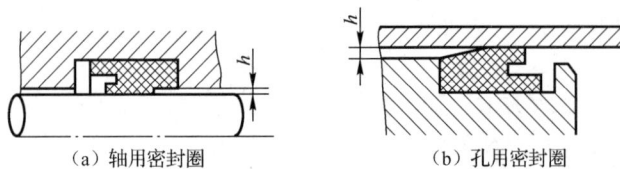

（a）轴用密封圈　　　　　　（b）孔用密封圈

图 9.9　小 Y 形密封圈

在高压和超高压情况下（压力大于 25 MPa），V 形密封圈也有应用。V 形密封圈如图 9.10 所示。它由多层涂胶织物压制而成，通常将压环、密封环和支撑环三个圈叠在一起使用，此时已能保证良好的密封性，当压力更大时，可以增加中间密封环的数量。因为这种密封圈在安装时要预压紧，所以摩擦阻力较大。

唇形密封圈安装时应使其唇边开口面对压力油，使两唇张开，分别贴紧在零件的表面上。

（4）组合式密封装置。随着液压技术应用的日益广泛，系统对密封的要求越来越高，普通的密封圈单独使用已不能很好地满足密封性能的要求，特别是使用寿命和可靠性方面的要求，因此，在液压系统中经常采用组合式密封装置。

图 9.11（a）所示为 O 形密封圈与截面为矩形的聚四氟乙烯塑料滑环组成的矩形滑环组合密封装置。其中滑环紧贴密封面，O 形密封圈能为滑环提供弹性预压力，在介质压力等于零时形成密封。由于密封间隙靠近滑环，而不是 O 形密封圈，因此摩擦阻力小而且稳定，可以用于 40 MPa 的高压；当往复运动进行密封时，速度可达 15 m/s；当往复摆动与螺旋运动进行密封时，速度可达 5 m/s。矩形滑环组合密封的缺点是抗侧倾能力稍差，在高低压交变的场合下工作容易漏油。图 9.11（b）所示为由支撑环和 O 形密封圈组成的轴用组合密封装置。由于支撑环与被密封件之间为线密封，其工作原理与唇边密封的工作原理类似。支撑环采用一种经特别处理的化合物，具有极佳的耐磨性、低摩擦和保形性，不存在橡胶密封低速时易产生的"爬行"现象，工作压力可达 80 MPa。

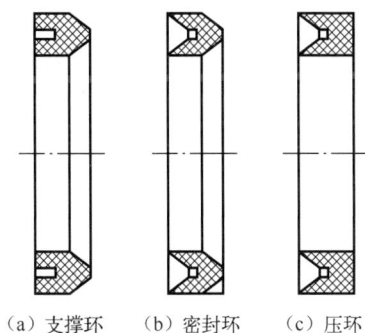

（a）支撑环　（b）密封环　（c）压环

图 9.10　V 形密封圈

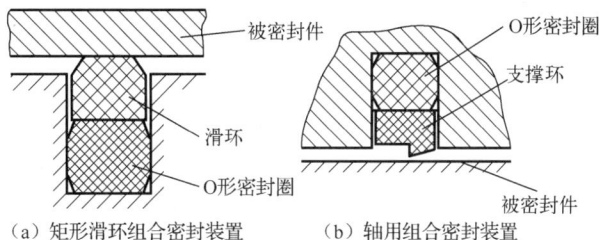

（a）矩形滑环组合密封装置　（b）轴用组合密封装置

图 9.11　组合式密封装置

组合式密封装置由于充分发挥了橡胶密封圈和滑环（支撑环）的长处，因此不仅工作可靠、摩擦力低而稳定，而且使用寿命比普通橡胶密封装置的使用寿命提高了近百倍，在工程上的应用日益广泛。

（5）回转轴的密封装置。回转轴的密封装置类型很多，图 9.12 所示为一种用耐油橡胶制成的回转轴用密封圈。它的内部有直角形圆环铁骨架支撑，密封圈的内边围着一条螺旋弹簧，把内边收紧在轴上来进行密封。这种密封圈主要用来密封液压泵、液压马达和回转式液压缸的伸出轴，以防止油液漏到壳体外部，它的工作压力一般不超过 0.1 MPa，最大允许线速度为 4～8 m/s，必须在有润滑的情况下才工作。

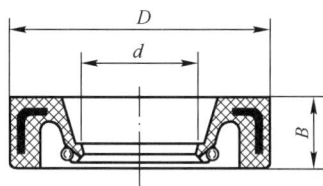

图 9.12　一种用耐油橡胶制成的回转轴用密封圈

扫一扫看 VR
视频：压力表
开关

7. 压力表和压力表开关

1）压力表的功用

压力表用于观察液压系统中各工作点（如液压泵出口、减压阀之后等）的压力，以便工作人员把系统的压力调整到要求的工作压力。压力表按照是否防振分为普通压力表和防振压力表两种。普通压力表的价格便宜，但使用寿命较短，一般用在低压系统中；防振压力表的使用寿命较长、压力波动的影响较小、读数较精确，但价格较贵，应用于各种液压系统中。

2）压力表开关

压力表开关用于接通或断开压力表与测量点油路的通道，开关中的过油通道很小，对压力的波动和冲击起阻尼作用，以防止压力表指针因剧烈摆动而损坏。在设备正常工作时，应利用压力表开关将压力表与液压系统切除，防止其精度和寿命由于在使用中的压力波动而被影响。

任务实施

9.1.3 数控车床卡盘液压站液压元件的选用

工作任务单

姓名		班级		组别		日期	
工作任务	数控车床卡盘液压站液压元件的选用						
任务描述	根据数控车床卡盘对液压系统的要求和液压原理图，确定使用的液压元件的规格型号						
任务要求	（1）分析数控车床卡盘对液压系统的要求。 （2）依据液压原理图，查阅相关设计手册，确定使用的液压泵、液压阀、油箱、过滤器、液压管道等的规格型号。 （3）制作液压元件选用清单						
提交成果	液压元件选用清单						
考核评价	序号		考核内容	配分		评分标准	得分
	1		安全意识	20		遵守安全规章、制度	
	2		液压元件选用清单	50		液压元件选用清单符合液压系统的要求	
	3		设计手册的正确使用	20		能正确使用相关液压设计手册	
	4		团队协作	10		与他人合作有效	
指导教师				总分			

任务 9.2　组合机床动力滑台液压系统分析

任务引入

扫一扫看课程思政：液压系统-中国机床案例

组合机床被广泛应用于大数量的生产中，组合机床上的主要通用部件动力滑台是用来实现进给运动的。它要求液压系统完成的进给动作是：快进→第一次工作进给→第二次工作进给→止挡块停留→快退→原位停止，同时还要求液压系统工作稳定、效率高。那么动力滑台液压系统是如何工作的呢？

任务分析

要达到组合机床动力滑台工作时的性能要求，就必须将各液压元件有机地组合，形成完整、有效的液压控制回路。在组合机床动力滑台中，进给运动其实是由液压缸带动主轴头完成的。因此，液压控制回路的核心问题是如何控制液压缸的动作。

相关知识

9.2.1　液压系统的分析方法

由若干个液压元件（如能源装置、控制元件、执行元件等）组成并与管路组合起来，能完成一定动作的整体或能完成一定动作的各个液压基本回路的组合，简称为液压系统。

液压系统图表示系统内的所有液压元件及其连接、控制情况，它能表示执行元件所实现动作的工作原理。图中各液压元件及它们之间的连接或控制方式，均要按规定的职能符号或结构式符号画出。

1）分析步骤

一般对液压回路的解读和系统分析有如下五个步骤。

（1）解读液压设备对液压系统的动作要求。

（2）逐步浏览整个系统，了解系统（回路）由哪些元件组成，以各个执行元件为中心，将系统分成若干个子系统。

（3）首先对每个执行元件及其有关联的阀件等组成的子系统进行分析，并了解此子系统包含哪些基本回路；然后根据此执行元件的动作要求，参照电磁线圈的动作顺序表读懂此子系统。

（4）根据液压设备中各执行元件间的互锁、同步、防干扰等要求，分析各子系统之间的关系，并进一步读懂系统是如何实现这些要求的。

（5）全面读懂整个系统后，最后归纳及总结整个系统有哪些特点。

2）其他因素

对液压系统图进行分析，还要考虑以下几方面的问题。

（1）液压基本回路的确定是否符合主机的动作要求。

（2）各主油路之间、主油路与控制油路之间有无矛盾和干涉现象。

（3）液压元件的替代、更换和合并是否合理、可行。

（4）液压系统性能的改进方法。

扫一扫看微课视频：
动力滑台液压系统
的分析与组建

9.2.2　组合机床动力滑台液压系统的工作原理

组合机床是由一些通用和专用零部件组合而成的专用机床，广泛应用于大量的生产中。组合机床上的主要通用部件——动力滑台是用来实现进给运动的，只要配以不同用途的主轴头，即可实现钻、扩、铰、镗、铣、刮端面，倒角及攻螺纹等加工和工件的转位、定位、加紧、输送等工作。

动力滑台是利用液压缸将泵站所提供的液压能转变成滑台运动所需的机械能的。它对液

压系统性能的主要要求是速度换接平稳、进给速度稳定、功率利用合理、效率高、发热少。现以 YT4543 型动力滑台为例分析组合机床动力滑台液压系统的工作原理和特点。

1. YT 4543 型动力滑台液压系统的工作原理

动力滑台液压系统的工作原理如图 9.13 所示。动力滑台的工作循环为快进→第一次工作进给→第二次工作进给→止挡块停留→快退→原位停止。该动力滑台的性能参数为：进给速度 6.6～600 mm/min，最大进给力 45 kN。本系统采用限压式变量泵供油、电液换向阀换向、液压缸差动连接来实现快进。用行程阀实现快进与工进的转换，用二位二通电磁换向阀进行两个工进速度之间的转换，为了保证进给的尺寸精度，用止挡块停留来限位。

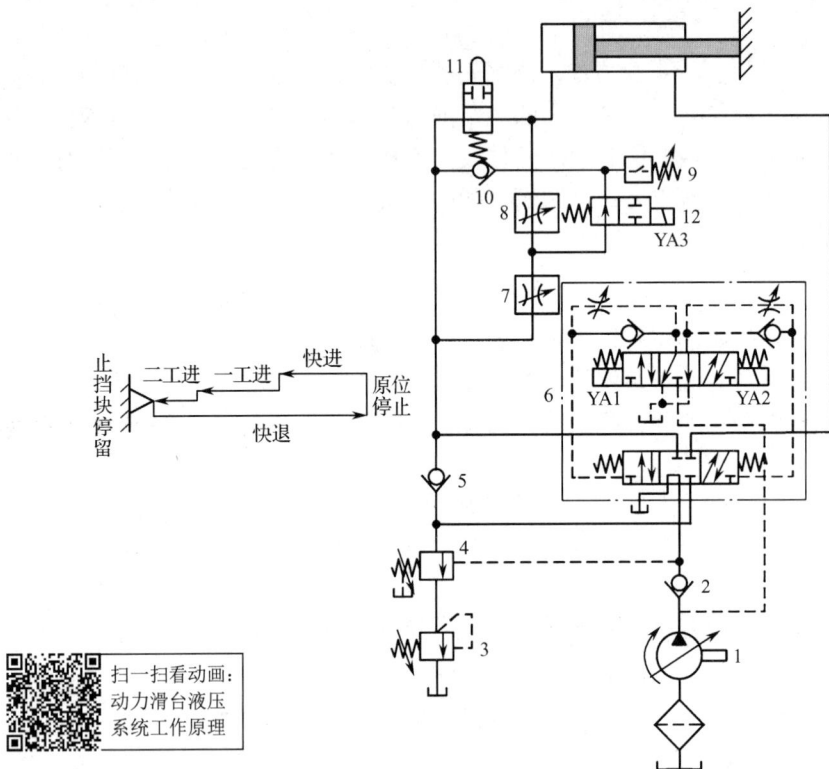

1—限压式变量泵；2、5、10—单向阀；3—背压阀；4—液控顺序阀；6—电液换向阀；

7、8—调速阀；9—压力继电器；11—行程阀；12—电磁换向阀。

图 9.13　动力滑台液压系统的工作原理

1）快进

按下启动按钮，电磁铁 YA1 得电，电液换向阀的先导阀阀芯向右移从而引起主阀阀芯向右移，使其左位接入系统，形成差动连接，其主油路如下：

进油路：限压式变量泵→单向阀 2→电液换向阀左位→行程阀下位→液压缸左腔。

回油路：液压缸右腔→电液换向阀左位→单向阀 5→行程阀下位→液压缸左腔。

2）第一次工作进给

当滑台快速运动到预定位置时，滑台上的行程挡块压下了行程阀阀芯，切断了该通道，压力油必须经调速阀 7 进入液压缸的左腔。由于油液流经调速阀，因此系统压力上升，打开液控顺序阀，此时单向阀 5 的上部压力大于下部压力，所以单向阀 5 关闭，切断了液压缸的

差动回路，回油经液控顺序阀和背压阀流回油箱，从而使滑台转换为第一次工作进给。

进油路：限压式变量泵→单向阀 2→电液换向阀左位→调速阀 7→电磁换向阀右位→液压缸左腔。

回油路：液压缸右腔→电液换向阀左位→液控顺序阀→背压阀→油箱。因为工作进给时，系统压力升高，所以限压式变量泵的输油量便自动减小，以适应工作进给的需要。其中，进给量的大小由调速阀 7 调节。

3）第二次工作进给

第一次工作进给结束后，行程挡块会压下行程开关（图中未画出），行程开关发出电信号，使 YA3 通电，二位二通换向阀将通路切断，进油必须经调速阀 7 和调速阀 8 才能进入液压缸，此时，由于调速阀 8 的开口量小于调速阀 7 的开口量，所以进给速度再次降低，其他油路的情况同第一次工作进给的情况。

4）止挡块停留

当滑台工作进给完毕之后，碰上止挡块的滑台不再前进，停留在止挡块处，同时系统压力升高，当压力升高到压力继电器的调整值时，压力继电器动作，先经过时间继电器的延时，再发出信号使滑台返回，滑台的停留时间可由时间继电器在一定范围内调整。

5）快退

时间继电器经延时发出信号，YA2 通电，YA1、YA3 断电，其主油路如下：

进油路：限压式变量泵→单向阀 2→电液换向阀右位→液压缸右腔。

回油路：液压缸左腔→单向阀 10→电液换向阀右位→油箱。

6）原位停止

当滑台退回到原位时，行程挡块会压下行程开关，发出信号，使 YA2 断电，电液换向阀处于中位，液压缸失去液压动力源，滑台停止运动。液压泵输出的油液经电液换向阀直接回到油箱，泵卸荷。

表 9.2 所示为组合机床动力滑台液压系统电磁铁和行程阀的动作顺序表。

表 9.2 组合机床动力滑台液压系统电磁铁和行程阀的动作顺序表

动作	电磁铁			行程阀	动作/转换信号
	YA1	YA2	YA3		
快进	+	−	−	−	启动按钮
第一次工作进给	+	−	−	+	行程阀发信号
第二次工作进给	+	−	+	+	行程开关 1
止挡块停留	+	−	+	+	时间继电器延时
快退	−	+	−	+	压力继电器
原位停止	−	−	−	−	行程开关 2

2. YT4543 型动力滑台液压系统的特点

通过以上分析可以看出，该液压系统具有以下几个特点。

（1）系统采用限压式变量泵-调速阀（背压阀式）的调速回路，能保证稳定的低速运动（进给速度最小可达 6.6 mm/min）、较好的速度刚性和较大的调速范围（容积节流调速，回油路

加背压可承受负性载荷）。

（2）系统采用限压式变量泵和差动连接式液压缸来实现快进，能源利用比较合理。当滑台停止运动时，电液换向阀使液压泵在低压下卸荷，减少了能量损耗。

（3）系统采用行程阀和液控顺序阀实现快进与工进的换接，简化了电气回路，动作更可靠，换接精度高。至于两个工进之间的换接，由于两者速度都比较低，因此采用电磁换向阀完全能保证换接精度。

（4）采用三位五通电液换向阀来提高换向的平稳性，进给时有背压，后退时无背压，M型中位机能卸荷，功率消耗最小。

任务实施

9.2.3 动力滑台液压系统分析

1. 液压系统的组建步骤

（1）按照实验回路图的要求，取出所要用的液压元件，检查型号是否正确。

（2）将性能完好的液压元件安装在实验台面板的合理位置，通过快换接头和液压软管按回路要求连接。

（3）进行电气线路连接，并把选择开关拨至所要求的位置。

（4）安装完毕，放松溢流阀，启动液压泵，调节溢流阀的压力，按下"启动"按钮，按照动作顺序表中的顺序要求操作阀即可实现动作。

（5）对系统压力、速度等进行调节。

（6）观察运行情况，对使用中遇到的问题进行分析和解决。

（7）先卸压，再关油泵，拆下管路，整理好所有元件，归位。

2. 工作任务单

工作任务单

姓名		班级		组别		日期	
工作任务	动力滑台液压系统分析						
任务描述	根据动力滑台液压系统的要求和液压原理图，进行系统分析与组建液压系统，展示并进行讨论，提出完善方案						
任务要求	（1）分析动力滑台液压系统，明确组建液压系统的要求。 （2）分组组建动力滑台液压系统，展示并展开讨论。 （3）完善并组建动力滑台液压系统						
提交成果	动力滑台液压系统的原理图和电磁铁动作顺序表						
考核评价	序号	考核内容		配分	评分标准		得分
	1	安全意识		20	遵守安全规章、制度		
	2	组建动力滑台液压系统		50	正确的动力滑台液压系统工作回路		
	3	操作正确		20	操作台操作正确，电磁铁动作顺序正确		
	4	团队协作		10	与他人合作有效		
指导教师				总分			

任务 9.3 数控车床液压系统的常见故障及排除方法

任务引入

随着工作时间的增加及环境的影响，CK6140 数控车床（见图 9.14）的液压传动系统会出现一些工作上的异常现象，如产生噪声和振动、油温过高等。出现这些异常现象以后，要如何去检查和修理液压传动系统呢？

任务分析

正确维护和保养液压传动系统是延长液压传动系统

图 9.14 CK6140 数控车床

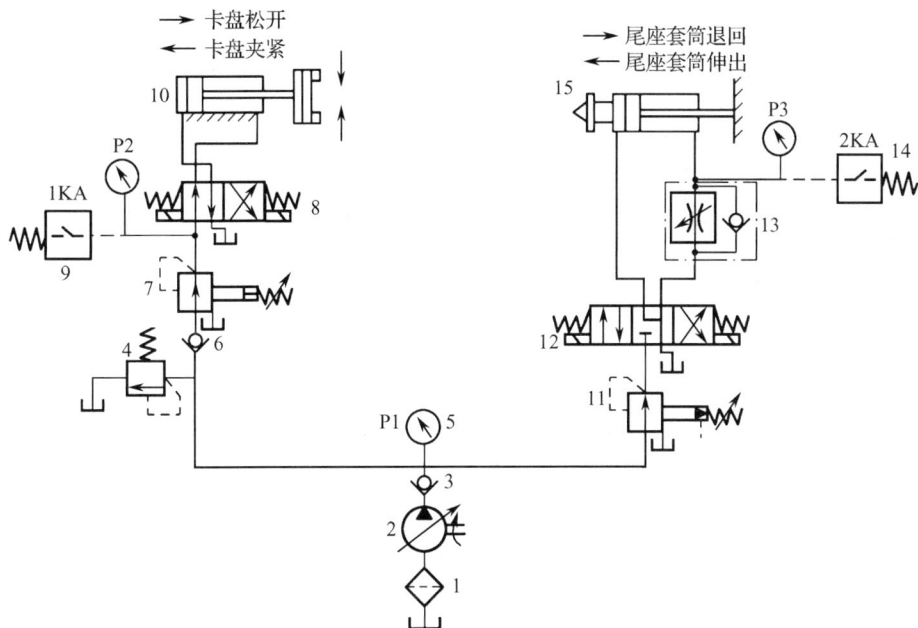

正常使用寿命的重要措施。当 CK6140 数控车床的液压传动系统出现异常现象时，需要检查和修理液压传动系统。该任务通过学习数控车床液压传动系统的检修和故障分析方法，使学生能够检修普通液压系统工作中常见的几种故障。

图 9.15 所示为数控车床的液压系统。数控车床的液压系统能够完成卡盘松开与卡盘夹紧，尾座套筒伸出与尾座套筒退回。当卡盘处于夹紧状态时，夹紧力的大小由减压阀 7 来调整，当尾座套筒处于伸出状态时，伸出的预紧力的大小由减压阀 11 来调整，伸缩速度的大小由单向节流阀 13 来控制，可以适应不同工件的需要且操作方便。

1—过滤器；2—变量泵；3、6—单向阀；4—溢流阀；5—压力表；7、11—减压阀；8—二位四通电磁换向阀；
9、14—压力继电器；10—卡盘侧液压缸；12—三位四通电磁换向阀；13—单项调速阀；15—尾座侧液压缸。

图 9.15 数控车床的液压系统

相关知识

9.3.1 液压系统故障产生的原因

液压系统在工作中不可避免地会出现一些故障，这就需要对故障进行分析，找出故障出现的原因和部位，并将故障排除。

液压系统的故障是多种多样的，虽然控制油液免受污染和及时维护检查可以减少故障的发生，但并不能完全杜绝其发生。

液压设备故障的概率曲线如图9.16所示。它表示故障率 $\lambda(t)$ 与工作时间 t 的变化关系，大致可分为三个阶段。A段为早期故障期，其故障可称为早发性液压故障。这一时期的故障率较高，但持续时间不长，多由设计、加工过程中存在的问题及安装、调整不当所致。随着液压系统运行时间的延长和对出现故障的不断排除、改造和维修，故障率会逐渐降低。B段为有效寿命故障期，其故障称为随机性液压故障。这一时期的故障偶有发生，故障率很低且大致趋于稳定，是液压系统工作的最佳时期。若能够坚持严格的维护制度及控

图9.16　液压设备故障的概率曲线

制油液的污染程度，可使这一时期进一步延长。C段为磨损故障期，其故障称为渐发性故障。这一时期的故障是由于元件的磨损、腐蚀、疲劳及老化等原因而引起的，其故障率随时间的延伸而升高。这期间需要不断地对液压系统和元件进行检修和维护，并及时更换严重磨损的元件。

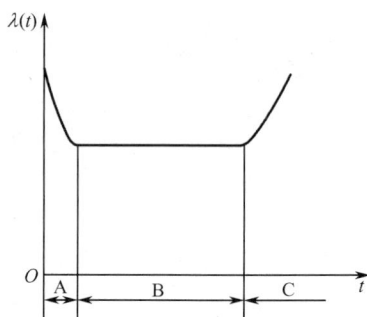

由此可见，如果提高液压元件的质量和加强液压设备整机的调试工作，就可以缩短A段所需要的时间；通过及时维护和保养，可延长B段的时间，并可将故障率降到最低；定期检查和及时更换已磨损的液压元件或组件，可以推迟C段的到来，延长使用期限。

一般来说，液压系统的故障往往是多种因素综合作用的结果，但造成故障的原因主要有以下几种：

（1）因液压油和液压元件使用或维护不当，使液压元件变坏、损坏、失灵而引起的故障。
（2）因装配、调整不当而引起的故障。
（3）因设备年久失修、零件磨损、精度超差或元件制造误差而引起的故障。
（4）因元件选用和回路设计不当而引起的故障。

9.3.2 液压系统常见故障的分析与排除

液压传动是在封闭情况下进行的，无法从外部直接观察到系统内部，因此当系统出现故障时，要寻找故障产生的原因往往有一定的难度。能否分析出故障产生的原因并排除故障，一方面取决于对液压传动知识的理解和掌握程度，另一方面依赖于实践经验的不断积累。液压系统常见的故障、产生原因及排除方法如表9.3所示。

表 9.3　液压系统常见的故障、产生原因及排除方法

故障现象	故障原因	维修方法
无压力或压力不足	（1）电动机的转向不对 （2）液压系统不供油（轴断或联轴器损坏） （3）溢流阀主阀阀芯或锥阀阀芯被卡死在开口位置 （4）溢流阀弹簧折断或永久变形 （5）溢流阀阻尼孔堵塞或阀芯与阀座接触不良 （6）泄漏量大	（1）检查电动机的转向 （2）更换泵或配键 （3）清洗并检修溢流阀 （4）更换弹簧 （5）清洗、修复或更换 （6）检查泵、缸、阀内易损件的情况和系统各连接处的密封
流量不足	（1）液压泵反转或转速过低 （2）油液黏度不适合 （3）油箱油位太低 （4）溢流阀弹簧折断或永久变形 （5）液压系统吸油不良 （6）液压元件磨损，内泄漏增加 （7）控制阀动作不灵 （8）回油管在油面之上，空气进入	（1）检查电动机的转向，调整泵的转速，使其符合要求 （2）更换适合黏度的油液 （3）补充油液至游标处 （4）更换弹簧 （5）加大吸油管的直径，增加吸油过滤器的通油能力，清洗滤网，检查是否有空气进入 （6）拆修或更换有关元件 （7）调整或更换有关元件 （8）检查管路连接是否正确，油封是否可靠
系统有振动和噪声	（1）液压泵本身或其进油管路密封不良，密封圈损坏、漏气 （2）泵内零件卡死或损坏 （3）泵与电动机联轴器不同心或松动 （4）电动机振动，轴承磨损严重 （5）油箱油量不足或泵吸油管过滤器堵塞，使泵吸空引起噪声 （6）溢流阀的阻尼小孔被堵塞、阀座损坏或调压弹簧永久变形、损坏 （7）电液换向阀动作失灵 （8）液压缸缓冲装置失灵或造成液压冲击	（1）拧紧泵的连接螺栓及管路各管的螺母或更换密封元件 （2）修复或更换 （3）重新安装紧固 （4）更换轴承 （5）将油量加至游标处，或清洗过滤器 （6）清洗、疏通阻尼小孔，修复阀座或更换弹簧 （7）修复换向阀 （8）进行检修和调整
系统发热油温升高	（1）油箱容量设计太小或散热性能差 （2）油液黏度过低或过高 （3）液压系统背压过高，使其在非工作循环中有大量压力油损失，致使油温升高 （4）压力调节不当，选用的阀类零件规格小，造成的压力损失增大，导致系统发热 （5）液压元件内部磨损严重，内泄漏大 （6）系统管路太细太长，使压力损失增大 （7）电控调温系统失灵	（1）适当增大油箱的容量，更换或增设冷却装置 （2）选择黏度适合的油液 （3）改进系统设计，重新选择回路或液压泵 （4）将溢流阀压力调至规定值，重新选用符合系统要求的阀类 （5）拆洗、修复或更换已磨损零件 （6）尽量缩短管路，适当加大管径，减少弯曲 （7）检修相关部件
运动部件换向有冲击	（1）活塞杆与运动部件连接不牢固 （2）电液换向阀中的节流螺钉松动 （3）电液换向阀中的单向阀卡住或密封不良 （4）节流阀阀口有污物，运动部件速度不均 （5）导轨润滑油的量过多 （6）油温高，黏度下降 （7）泄漏增加，进入空气	（1）检查并紧固连接螺栓 （2）检查、调整节流螺钉 （3）检查并修复 （4）清洗节流阀的节流口 （5）调节润滑油的压力或流量 （6）检查原因并排除 （7）防止泄漏，排除空气

任务实施

9.3.3 数控车床液压系统常见的故障及排除

1. 常见故障及排除方法

1）系统无压力或压力不足

（1）出现故障的原因如下。

① 油液是否不足。

② 溢流阀阀芯被卡死。

③ 液压泵出故障。

④ 其他阀类、部件及油管严重漏油。

（2）排除方法如下。

① 添加油液至油窗所显示的正常量。

② 拆卸溢流阀查看主阀阀芯和先导阀阀芯是否完好无损，阻尼小孔是否堵塞。

③ 拆开液压泵，看是否密封不好、有漏油现象。

④ 检查各阀类和各管道有无大泄漏现象。

2）系统流量不足（动作过慢）

（1）出现故障的原因如下。

① 油箱的油液过少。

② 油液黏度过大，过滤器堵塞。

③ 液压元件、液压缸及密封件损坏造成泄漏。

④ 变量泵出现故障。

（2）排除方法如下。

① 添加油液，量要达到要求。

② 加入低号机油或高级煤油。

③ 液压元件漏油，及时更换密封圈。

④ 修理变量泵，使其压力和流量正常变化。

3）数控车床因液压问题报警

（1）出现故障的原因如下。

① 卡盘没有卡紧，它的直接原因是压力继电器出现故障。

② 换向阀出现故障（阀芯卡住）。

（2）排除方法如下。

① 拆卸压力继电器，使其恢复正常，并调出合适夹紧力的正常压力。

② 拆卸换向阀，修理电磁头和阀芯，使其换向自如。

2. 工作任务单

工作任务单

姓名		班级		组别		日期	
工作任务		根据数控车床液压系统的原理图，对数控车床液压系统进行安装与调试，并分析其故障					
任务描述		在数控车床中找到液压系统部分，对该部分进行调试维护及相关故障分析					

续表

任务要求	（1）教师讲解数控车床的结构及液压系统的工作原理、调试步骤及注意事项。 （2）学生分组完成液压系统的组装并做好记录。 （3）分组完成液压系统调试工作并做好记录。 （4）结束后整理所使用工具并放回原处				
提交成果	液压系统调试记录表与故障分析报告				
考核评价	序号	考核内容	配分	评分标准	得分
	1	安全意识	20	遵守安全规章、制度	
	2	拆装工具的使用	50	能正确使用拆装工具	
	3	液压系统调试、维护及故障分析的详细记录	20	调试步骤正确、方法得当	
	4	团队协作	10	与他人合作有效	
指导教师			总分		

习题 9

扫一扫看习题 9 的参考答案

1. 填表题

（1）自动钻床液压系统如图 9.17 所示。要求能实现"A 进（送料）→A 退回→B 进（夹紧）→C 快进→C 工进（钻削）→C 快退→B 退（松开）→停止"。试将此工作循环时电磁铁的状态列于表 9.4 中。

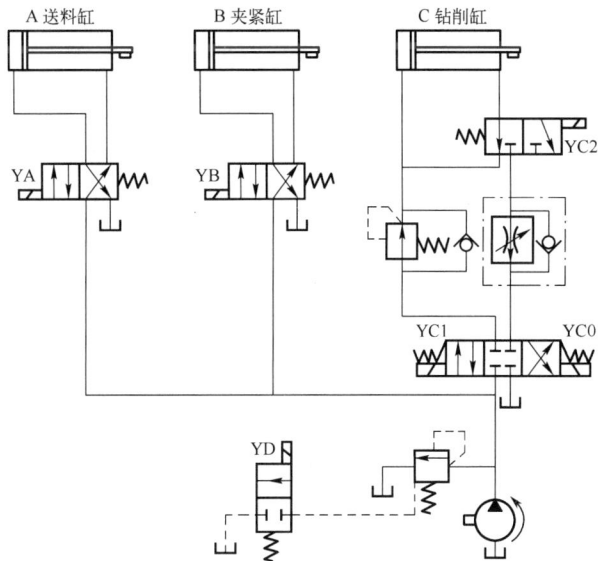

图 9.17　自动钻床液压系统

表 9.4　电磁铁的状态

工作过程	电磁铁的状态					
	YA	YB	YC0	YC1	YC2	YD
A 进（送料）						
A 退回						
B 进（夹紧）						
C 快进						

续表

工作过程	电磁铁的状态					
	YA	YB	YC0	YC1	YC2	YD
C 工进（钻削）						
C 快退						
B 退（松开）						
停止						

注：电磁铁通电时填 1 或+，断电时填 0 或-。

（2）如图 9.18 所示的液压传动系统，要使液压缸实现图中所示的动作循环，试填写表 9.5 中所列控制元件的动作顺序。

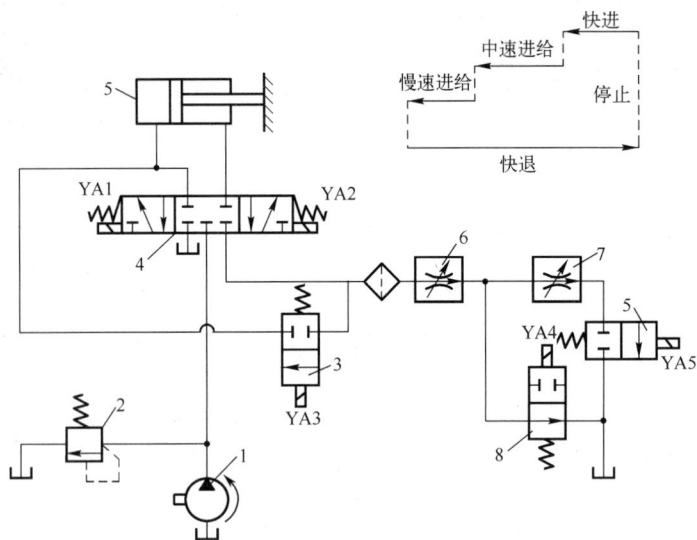

1—液压泵；2—溢流阀；3、8、9—二位二通电磁换向阀；4—三维四通电磁换向阀；5—液压缸；6、7—调速阀。

图 9.18　液压传动系统

表 9.5　动作顺序

动作循环	动作顺序				
	YA1	YA2	YA3	YA4	YA5
快进					
中速进给					
慢速进给					
快退					
停止					

2. 问答题

（1）滤油器有哪些功能？一般应安装在什么位置？

（2）简述油箱及油箱内隔板的功能。

（3）在选择滤油器时应注意哪些问题？

（4）密封装置有哪些类型？

项目 10
气源装置与执行元件的应用

项目目标

通过本项目的学习，学生应掌握气源装置的工作原理、气动辅助元件的作用、气动执行元件的选用等知识点。具体目标如下。

（1）掌握气压传动系统的组成。

（2）掌握空气压缩机的工作原理。

（3）掌握各气源净化装置的作用。

（4）掌握各气动辅助元件的作用。

（5）熟悉气缸和气动马达的结构与工作原理。

气压传动是以压缩空气作为工作介质，进行能量传递或信号传递的工程技术，是实现生产自动化的重要手段之一。气源装置是气压传动系统的动力部分，这部分元件性能的好坏直接关系到气压传动系统能否正常工作；气动辅助元件是气压传动系统必不可少的组成部分；气缸和气动马达作为气压传动系统的执行元件，它们的工作原理与液压缸和液压马达的工作原理类似。

任务 10.1 认识气压系统

任务引入

近年来随着气动技术的飞速发展，其在工业中得到了越来越广泛的应用，已成为当今工业科技的重要组成部分。图 10.1 所示为气动技术在各方面的应用。本任务以气动剪切机为例，使读者对气压传动系统有一个基础认知。

（a）气动枪　　　　（b）气动剪刀　　　　（c）气动机械手　　　　（d）气动门

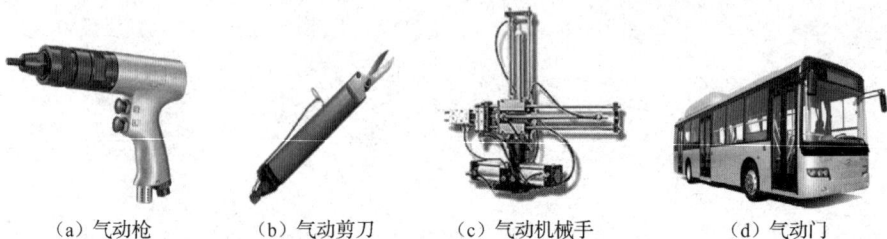

图 10.1　气动技术在各方面的应用

任务分析

　　图 10.2 所示为气动剪切机的工作原理图。图示位置为剪切前的状态。空气压缩机产生的压缩空气经后冷却器、油水分离器、储气罐、空气过滤器、减压阀、油雾器到达气控换向阀。部分气体经节流通路进入气控换向阀的下腔，使上腔弹簧压缩，气控换向阀的阀芯位于上端。大部分压缩空气会经气控换向阀进入气缸的上腔，而气缸的下腔经气控换向阀与大气相通，故气缸的活塞处于最下端位置。

　　当上料装置把工料送入气动剪切机并到达规定位置时，工料压下行程阀。此时气控换向阀的阀芯下腔的压缩空气经行程阀排入大气，在弹簧的推动下，气控换向阀的阀芯向下运动至下端。压缩空气则经气控换向阀进入气缸的下腔，上腔通过气控换向阀与大气相通，气缸的活塞向上运动，带动剪刀上行剪断工料。工料被剪下后，即与行程阀脱开。行程阀的阀芯在弹簧作用下复位，出路堵死。气控换向阀的阀芯上移，气缸的活塞向下运动，又恢复到剪断前的状态。

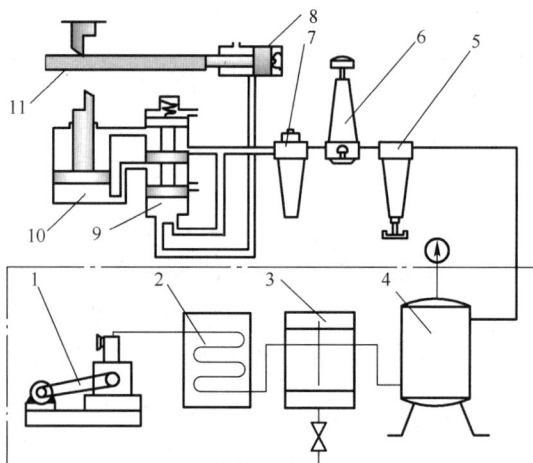

扫一扫看动画：
气动剪切机工
作原理

1—空气压缩机；2—后冷却器；3—油水分离器；4—储气罐；5—空气过滤器；
6—减压阀；7—油雾器；8—行程阀；9—气控换向阀；10—气缸；11—工料。

图 10.2　气动剪切机的工作原理图

相关知识

扫一扫看微课
视频：气压传
动的应用

10.1.1　气压传动的发展及应用

　　随着工业的发展，气压传动技术的应用已从汽车、采矿、钢铁、机械工业等行业迅速扩

展到化工、轻工、食品加工、军工等行业。气压传动技术已发展成包含传动、控制与检测在内的自动化技术。

随着智能制造技术的发展，气压传动技术在精益生产、智能生产线、无人化车间等制造领域的应用也日益广泛，伴随着中国制造业向更加智能化、现代化方向发展，气压传动技术必将发挥越来越重要的作用。

10.1.2 气压传动系统的组成

一个完整的气压传动系统主要由以下几个部分组成。

（1）气源装置：气压传动系统的动力元件。其主体部分是空气压缩机，它能将原动机输入的机械能转换为空气的压力能，为各类气压设备提供洁净的压缩空气。

（2）执行元件：气压传动系统的能量输出装置，它能将压缩空气的压力能转换为机械能，驱动工作机构做直线运动或旋转运动，主要为气缸和气动马达。

（3）控制元件：控制和调节压缩空气的压力、流量和流动方向，以保证系统的各执行机构具有一定的输出动力和速度。主要包括各类压力阀、流量阀、方向阀和逻辑阀。

（4）辅助元件：除以上三部分外的其他元件，主要包括油雾器、消声器和转换器等。它们对保持系统正常、可靠、稳定、持久地工作起着十分重要的作用。

（5）传动介质：气压传动系统中传递能量的气体。常用的传动介质是压缩空气。

10.1.3 气压传动的优缺点

1. 气压传动的主要优点

气压传动与其他的传动方式相比，主要优点如下。

（1）气动装置简单、轻便，安装维护简单，压力等级低，使用安全。

（2）以空气作为工作介质，排气处理简单，不会污染环境，成本低。

（3）调节速度快，一般为 50～500 mm/s，比液压和电气传动方式的动作速度快。

（4）可靠性高、使用寿命长，电气元件的有效动作次数约为数百万次，而新型电磁阀的寿命大于 3 000 万次，小型阀的寿命超过 2 亿次。

（5）适于标准化、系列化、通用化。

（6）利用空气的可压缩性，可储存能量，实现集中供气；可短时间释放能量，以获得间歇运动中的高速响应；可实现缓冲；对冲击负载和过负载有较强的适应能力；在一定条件下，可使气动装置有自保持能力。

（7）具有防火、防爆、耐潮湿的能力。与液压传动方式相比，气压传动方式可在恶劣的环境下进行正常工作。

（8）由于空气的黏性很小，气压传动流动的能量损失远小于液压传动流动的能量损失，因此宜于远距离输送和控制，压缩空气可集中供应。

2. 气压传动的主要缺点

气压传动与其他的传动方式相比，主要缺点如下。

（1）空气具有压缩性，气缸的动作速度易受负载的影响，平稳性不好。

（2）目前气压传动系统的压力级一般小于 0.8 MPa，系统的输出力较小，传动效率低。

（3）由于气压传动装置的信号传递速度限制在声速（约 340 m/s）范围内，因此它的工作

频率和响应速度远不如电子装置，并且信号会产生较大的失真和延滞，也不便于构成较复杂的回路。

（4）工作介质没有润滑性，在系统中必须采取给油润滑的措施。

（5）噪声大，尤其在超声速排气时需要加装消声器。

任务实施

10.1.4　认识机电设备气压系统的组成部分

工作任务单

姓名		班级		组别		日期	
工作任务		认识机电设备气压系统的组成部分					
任务描述		在教师的指导下，在实训室或生产车间对机电设备的气压系统进行观察，找出所用气压系统的各个组成部分					
任务要求		（1）了解实训室或生产车间的安全知识。 （2）掌握危险化学物品的安全使用与存放。 （3）认识气压元件实物并记录其型号。 （4）对气压元件进行归类					
提交成果		（1）气压动力元件、执行元件、控制元件和辅助元件的型号清单。 （2）气压工作介质清单					
考核评价	序号	考核内容	配分	评分标准		得分	
	1	安全意识	20	遵守规章、制度			
	2	工具的使用	10	正确使用实验工具			
	3	危险因素清单	10	危险因素查找全面、准确			
	4	气压元件清单	50	气压元件无遗漏、归类准确			
	5	团队协作	10	与他人合作有效			
指导教师				总分			

任务 10.2　气源装置的组建

任务引入

扫一扫看课程
思政：C919 大
型客机首飞

气源装置和气动辅助元件是气压传动系统的两个不可缺少的重要组成部分。气源装置能给系统提供清洁、干燥且具有一定压力和流量的压缩空气，其主体部分是空气压缩机。但经空气压缩机输出的空气常含有灰尘、蒸汽及油分等各种杂质，不能直接为设备所用，所以气源装置中还应包括净化装置。常用的净化装置有后冷却器、油水分离器、储气罐、干燥器、空气过滤器等。气动辅助元件具有提高系统元件连接的可靠性、使用寿命及改善工作环境等功能，对保持系统正常工作起重要作用，常用的气动辅助元件有油雾器、消声器、转换器等。

本任务主要讲解气源装置各组成部分的作用和原理，通过相关知识点的学习，使读者具备组建一个气源装置的能力。气源装置一般由气压发生装置，净化及储存压缩空气的装置，设备、气动三联件和传输压缩空气的管道系统四部分组成。图 10.3 所示为气源装置的组成和布置。

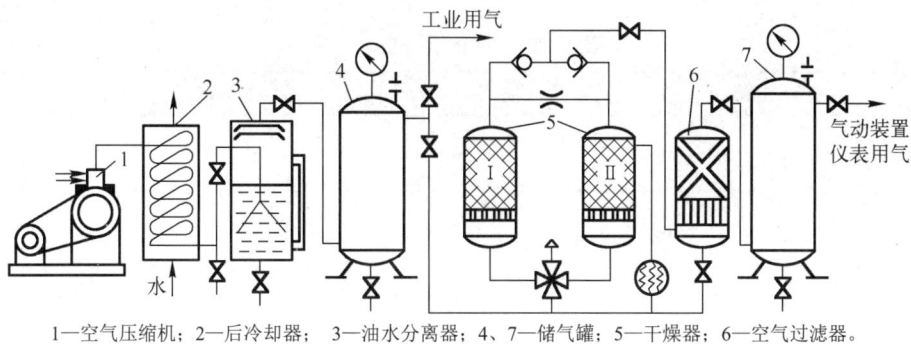

1—空气压缩机；　2—后冷却器；　3—油水分离器；　4、7—储气罐；　5—干燥器；　6—空气过滤器。

图 10.3　气源装置的组成和布置

任务分析

在图 10.3 中，1 为空气压缩机，用以产生压缩空气，一般由电动机带动。其吸气口装有空气过滤器，以减少进入空气压缩机内气体的杂质量。2 为后冷却器，用以降温、冷却压缩空气，使汽化的水、油凝结起来。3 为油水分离器，用以分离并排出因降温、冷却凝结的水滴、油滴、杂质等。4 为储气罐，用以储存压缩空气，稳定压缩空气的压力，并除去部分油分和水分。5 为干燥器，用以进一步吸收或排除压缩空气中的水分及油分，使之变成干燥空气。6 为空气过滤器，用以进一步过滤压缩空气中的灰尘、杂质颗粒。7 为储气罐。储气罐 4 输出的压缩空气可用于一般要求的气压传动系统，储气罐 7 输出的压缩空气可用于要求较高的气压传动系统。

相关知识

扫一扫看 VR
视频：空气压
缩机

10.2.1　空气压缩机的工作原理与选用

1. 空气压缩机的分类

空气压缩机简称空压机，是气源装置的核心，用于将原动机输出的机械能转换为气体的压力能。空气压缩机的种类很多，按工作原理可分为容积式空气压缩机和速度式（叶片式）空气压缩机两类。

在容积式空气压缩机中，气体压力的增大是由于空气压缩机内部的工作容积被缩小，使单位体积内气体的分子密度增加而形成的；而在速度式空气压缩机中，气体压力的增大是由于气体分子在高速流动时突然受阻而停滞下来，使动能转化为压力能而达到的。容积式空气压缩机按结构不同又可分为活塞式空气压缩机、膜片式空气压缩机和螺杆式空气压缩机等；速度式空气压缩机按结构不同可分为离心式空气压缩机和轴流式空气压缩机等。

空气压缩机的分类如表 10.1 所示。通过缩小气体的体积来增大气体压力的空气压缩机称为容积式空气压缩机。通过提高气体的速度，让动能转化成压力能，以此来增大气体压力的空气压缩机称为速度式空气压缩机。现在常用容积式空气压缩机。

2. 空气压缩机的工作原理

目前，使用较广泛的是活塞式空气压缩机，活塞式空气压缩机是通过曲柄连杆机构使活塞做往复运动而实现吸、压气，并达到增大气体压力的目的的。

表 10.1　空气压缩机的分类

按压力高低分		按工作原理分		
低压型	02～1.0 MPa	容积式	往复式	活塞式 膜片式
中压型	1.0～10 MPa	容积式	旋转式	滑片式 螺杆式
高压型	>10 MPa	速度式		离心式 轴流式

图 10.4 所示为活塞式空气压缩机的工作原理。当活塞向右运动时，由于左腔的容积增加，压力会下降，而当压力低于大气压力时，吸气阀被打开，气体进入缸体内，此为吸气过程。当活塞向左运动时，吸气阀关闭，缸内气体被压缩，压力升高，此过程即为压缩过程。当缸内的气体压力高于排气管道内的压力时，会顶开排气阀，压缩空气被排入排气管内，此过程为排气过程。至此完成了一个工作循环，电动机带动曲柄做回转运动，通过连杆、滑块、活塞杆，推动活塞做往复运动，活塞式空气压缩机就会连续输出高压气体。

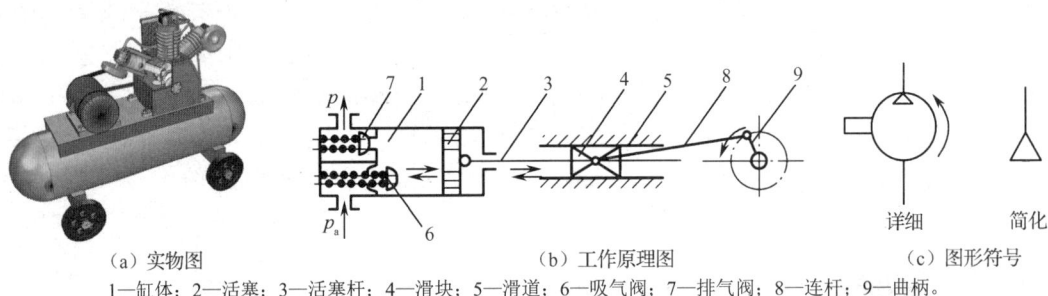

(a) 实物图　　　　　　(b) 工作原理图　　　　　　(c) 图形符号
1—缸体；2—活塞；3—活塞杆；4—滑块；5—滑道；6—吸气阀；7—排气阀；8—连杆；9—曲柄

图 10.4　活塞式空气压缩机的工作原理

扫一扫看动画：活塞式空气压缩机

3. 空气压缩机的选择和使用

空气压缩机是根据气压传动系统所需要的工作压力和流量两个主要参数来选择的。

一般的空气压缩机为中压空气压缩机，额定排气压力为 1 MPa。另外，还有低压空气压缩机，额定排气压力为 0.2 MPa；高压空气压缩机，额定排气压力为 10 MPa；超高压空气压缩机，额定排气压力为 100 MPa。

一般要先根据整个气压传动系统对压缩空气的需要量再加一定的备用余量，作为选择空气压缩机（或机组）流量的依据。空气压缩机铭牌上的流量表示自由空气流量。

空气压缩机在使用中要注意以下几个方面。

（1）往复式空气压缩机所用的润滑油一定要定期更换，必须使用不易氧化和不易变质的空气压缩机油，以防出现"油泥"。

（2）空气压缩机的周围环境必须清洁，以确保粉尘少、湿度低、通风好，保证吸入空气的质量。

（3）空气压缩机在启动前后应将小气罐中的冷凝水放掉，并定期检查过滤器的阻塞情况。

10.2.2　气源净化装置的工作原理

直接由空气压缩机排出的压缩空气，如果不进行净化处理，不除去混在压缩空气中的水

分、油分等杂质是不能为气动装置所使用的。因此必须设置一些除油、除水、除尘、使压缩空气干燥的辅助设备，来提高压缩空气的质量，对气源进行净化处理。

1. 后冷却器

后冷却器安装在空气压缩机的出口管道上，若空气压缩机排出具有 14～17 MPa 的压缩空气，经过后冷却器后，温度会降至 40～50 ℃。这样就可以使压缩空气中的油雾和水汽达到饱和，使其大部分凝结成滴而析出。后冷却器的结构形式有蛇形管式、列管式、散热片式和套管式等，冷却方式有水冷和风冷两种。蛇形管式后冷却器和列管式后冷却器的结构如图 10.5（a）、（b）所示。

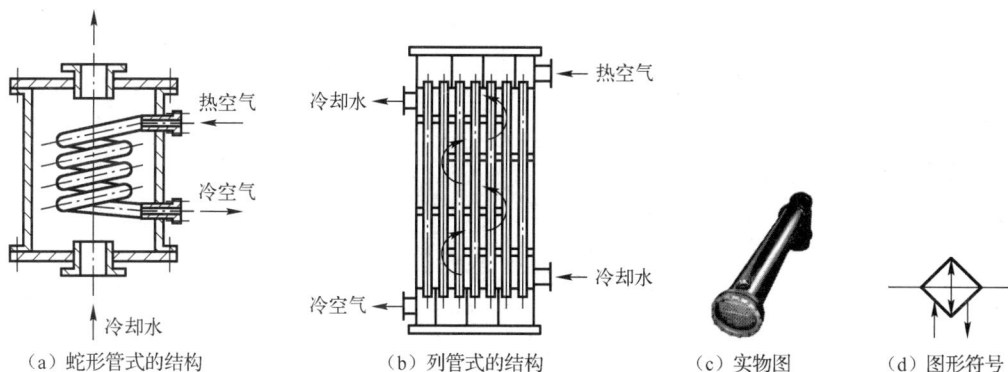

（a）蛇形管式的结构　　　　（b）列管式的结构　　　　（c）实物图　　　（d）图形符号

图 10.5　后冷却器

2. 油水分离器

油水分离器安装在后冷却器后面的管道上，作用是分离压缩空气中所含的水分、油分等杂质，使压缩空气得到初步净化。油水分离器的结构形式有环形回转式、撞击折回式、离心旋转式、水浴式及以上形式的组合等。油水分离器主要利用回转离心、撞击、水浴等方法使水滴、油滴及其他杂质颗粒从压缩空气中分离出来。撞击折回式油水分离器的结构形式如图 10.6 所示。

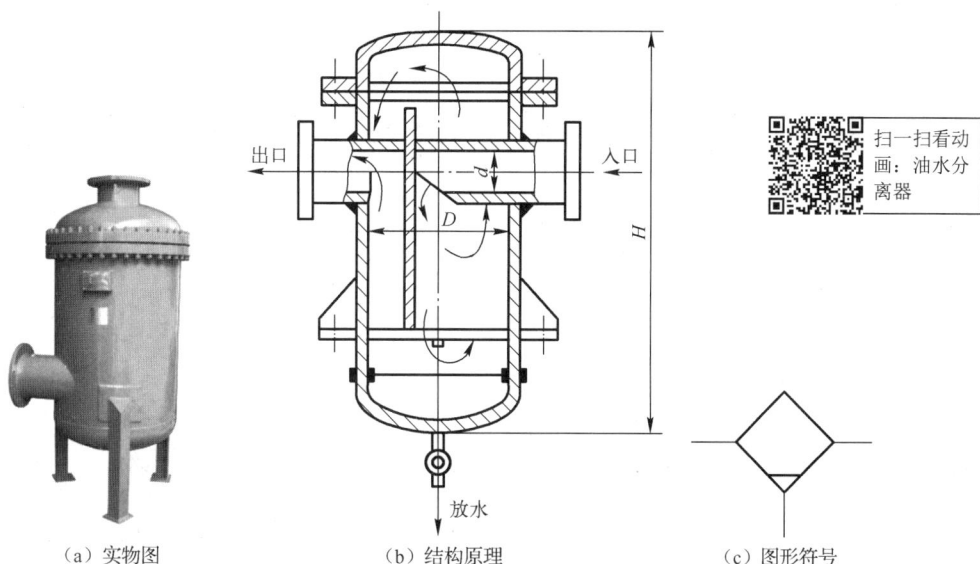

扫一扫看动画：油水分离器

（a）实物图　　　　　　　　（b）结构原理　　　　　　　　（c）图形符号

图 10.6　撞击折回式油水分离器的结构形式

3. 储气罐

储气罐的主要作用是储存一定数量的压缩空气，减少气源输出气流的脉动，增加气流的连续性，减弱空气压缩机排出气流脉动引起的管道振动；进一步分离压缩空气中的水分和油分；当出现突然停机或停电等意外情况时，能维持短时间供气，以便采取紧急措施保证气动设备的安全。储气罐的结构形式如图10.7所示。

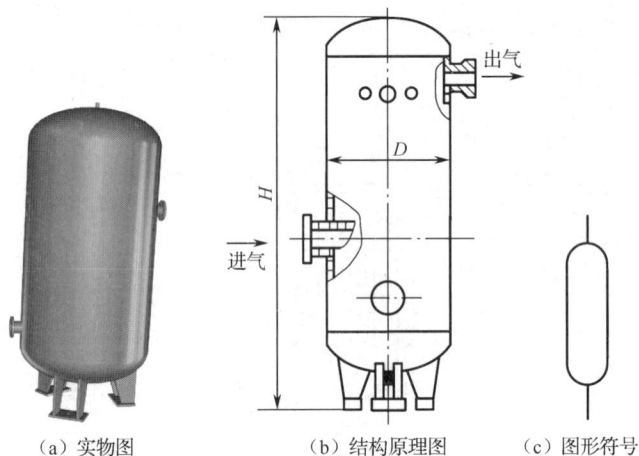

（a）实物图　　　　（b）结构原理图　　　（c）图形符号

图 10.7　储气罐的结构形式

4. 干燥器

干燥器的作用是进一步除去压缩空气中含有的水分、油分和颗粒杂质等，使压缩空气干燥。它提供的压缩空气，用于对气源质量要求较高的气动装置、气动仪表等。压缩空气的干燥方法主要包括吸附、离心、机械降水及冷冻等。干燥器的结构形式如图10.8所示。

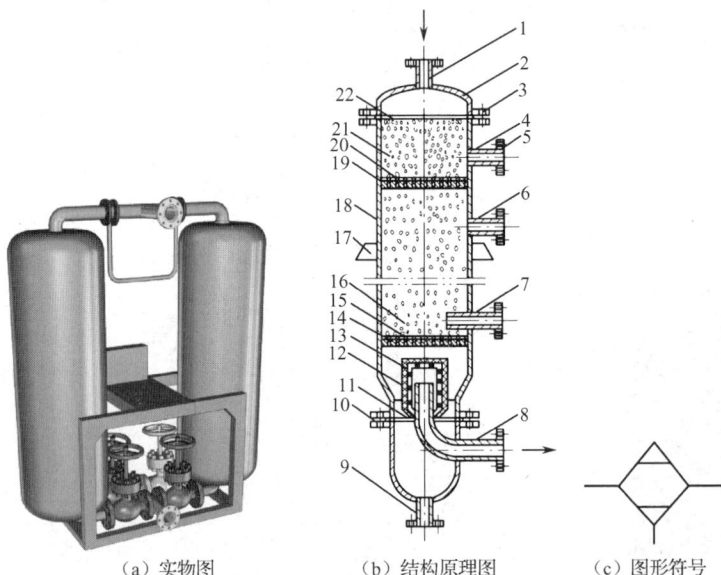

（a）实物图　　　　（b）结构原理图　　　（c）图形符号

1—湿空气进气管；2—顶盖；3、5、10—法兰；4、6—再生空气排气管；7—再生空气进气管；8—干燥空气输出管；9—排气管；11、22—密封垫；12、15、20—铜丝过滤器；13—毛毡；14—下栅板；16—下吸附层；17—支撑板；18—外壳；19—上栅板；21—上吸附层。

图 10.8　干燥器的结构形式

5. 空气过滤器

空气过滤器又名分水过滤器、空气滤清器，它的作用是滤除压缩空气中的水分、油滴及杂质，以达到气压传动系统所要求的净化程度。它属于二次过滤器，大多与减压阀、油雾器一起构成气动三联件，安装在气压传动系统的入口处。

图 10.9 所示为普通空气过滤器（二次过滤器）的结构图。其工作原理是：压缩空气从输入口进入后，被引入旋风叶子，旋风叶子上有许多成一定角度的缺口，迫使空气沿切线方向产生强烈旋转。这样夹杂在空气中的较大水滴、油滴和灰尘便依靠自身的惯性与存水杯的内壁碰撞，并从空气中分离出来沉到杯底。而微粒灰尘和雾状水汽则由滤芯滤除。为防止气体旋转将存水杯中积存的污水卷起，需在滤芯下部设挡水板。为保证空气过滤器正常工作，必须及时将存水杯中的污水通过排水阀放掉。

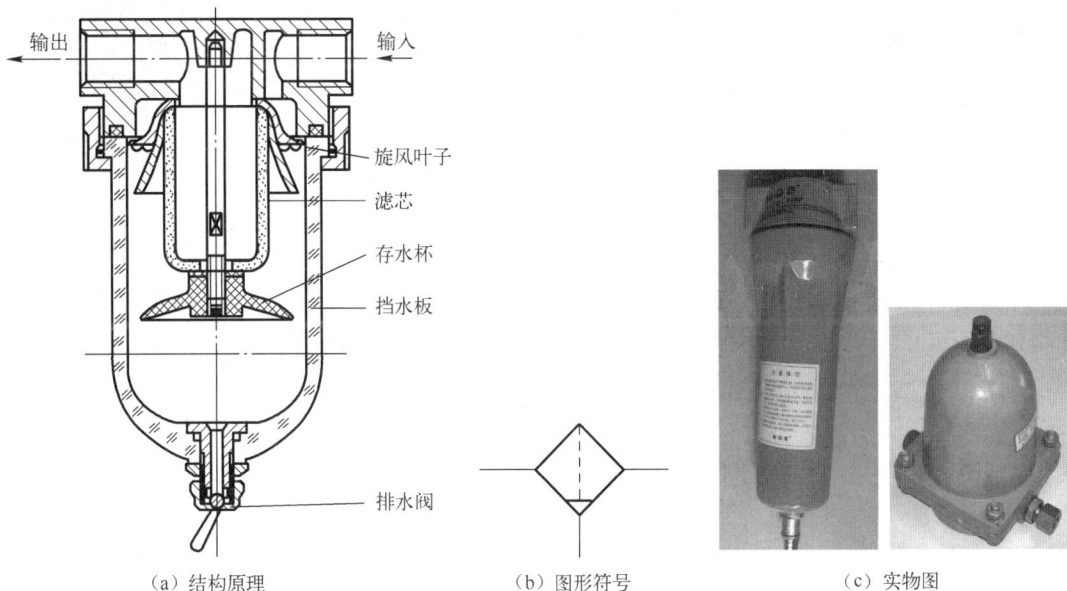

（a）结构原理　　　　　　（b）图形符号　　　　　　（c）实物图

图 10.9　普通空气过滤器的结构图

空气过滤器要根据气动设备要求的过滤精度和自由空气流量来选用。空气过滤器一般装在减压阀之前，也可单独使用；要按壳体上的箭头方向正确连接其进、出口，不可将进、出口接反，也不可将存水杯朝上倒装。

10.2.3　气动辅助元件

1. 油雾器

油雾器是一种特殊的注油装置，它以压缩空气为动力，将润滑油喷射成雾状并混合于压缩空气中，使压缩空气具有润滑气动元件的能力。目前气动控制阀、气缸和气动马达主要是依靠这种带有油雾的压缩空气来实现润滑的，其优点是方便、干净、润滑质量高。

图 10.10 所示为普通型油雾器。压缩空气由输入口进入，一小部分由小孔进入单向阀的阀座内腔。此时单向阀Ⅰ的钢球在压缩空气和弹簧力的作用下处于中间位置，因此气体经单向阀进入储油杯的上腔 A，油面的受压油液经吸油管上升，顶开单向阀Ⅱ。因钢球上部的管

口有一个边长小于钢球直径的四方孔，所以钢球不能封死上部管口，油液先经可调节流阀流入视油器内，再滴入喷嘴小孔中，被主管道中的气流引射出来，雾化后随气流从输出口输出，送入气压传动系统。

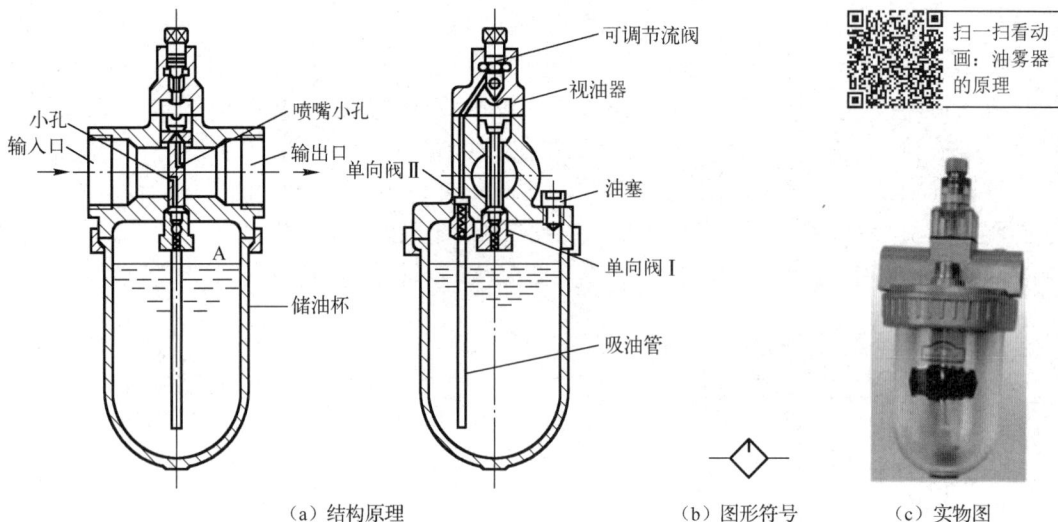

扫一扫看动画：油雾器的原理

（a）结构原理　　　（b）图形符号　　　（c）实物图

图 10.10　普通型油雾器

油雾器主要根据气压传动系统所需的额定流量和油雾粒度大小来确定类型和通径，所需油雾粒度在 50 μm 左右时选用普通型油雾器。油雾器一般安装在减压阀之后，尽量靠近换向阀；油雾器进、出口不能接反，使用中一定要垂直安装，储油杯不可倒置，它可以单独使用，也可以与空气过滤器、减压阀一起构成气动三联件联合使用。油雾器的给油量应根据需要调节，一般 $10~m^3$ 的自由空气供给 $1~mL$ 的油量。

2．消声器

一般情况下，气压传动系统用后的压缩空气会直接排进大气。当气缸、气阀等元件的排气速度与余压较高时，空气会急剧膨胀，产生强烈的噪声。噪声的大小随排气速度、排气量和排气通道形状的变化而变化，速度和功率越大，噪声就越大，一般在 $80\sim120~dB$ 之间。

为降低噪声，通常在气压传动系统的排气口装设消声器。消声器通过增加对气流的阻尼或增大排气面积等措施，降低排气速度和功率，从而降低噪声。

常用的消声器有吸收型消声器、膨胀干涉型消声器、膨胀干涉吸收型消声器。

1）吸收型消声器

目前，较广泛使用的消声器是吸收型消声器，其结构如图 10.11 所示。其原理是让气流通过多孔的吸声材料，靠流动摩擦生热而使气体的压力能转化为热能耗散，从而减少排气噪声。消声套大多使用聚氯乙烯纤维、玻璃纤维、铜粒等烧结成型。吸收型消声器的结构简单，常装于换向阀的排气口，对中高频噪声一般可降低 20 dB。

2）膨胀干涉型消声器

这种消声器的内径比排气孔的孔径大很多，气流在消声器内通过扩散、减速、碰撞、反射，互相干涉而消耗能量、降低噪声，最后排入大气。

膨胀干涉型消声器的结构简单、排气阻力小、不易堵塞，主要用于消除中低频噪声，尤

其是低频噪声。但其体积较大，不适宜在换向阀上安装，故常用于集中排气的总排气管中，常见的各种内燃机的排气管中都装有这种消声器。

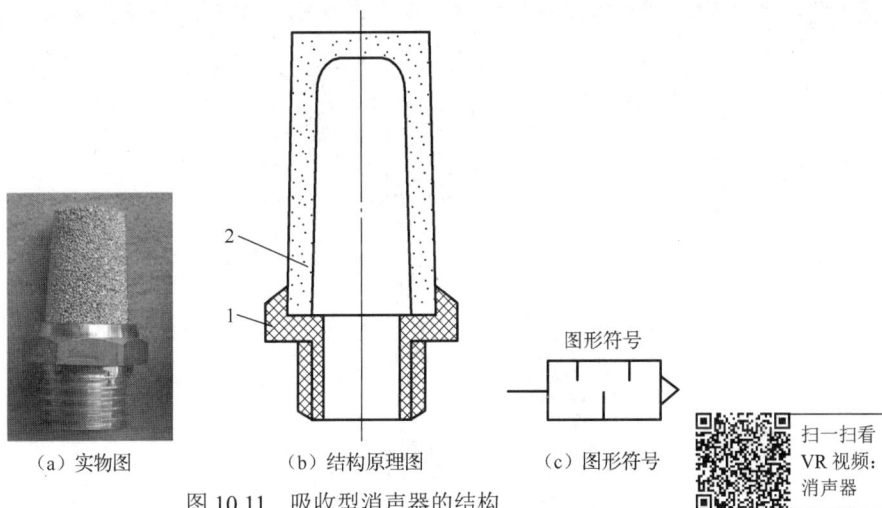

（a）实物图　　　　（b）结构原理图　　　　（c）图形符号

图 10.11　吸收型消声器的结构

扫一扫看
VR 视频：
消声器

3）膨胀干涉吸收型消声器

膨胀干涉吸收型消声器是前两种消声器的组合，其结构如图 10.12 所示。气流由上方孔引入，在 A 室扩散、减速并与器壁碰撞，反射至 B 室；在 B 室内气流进一步扩散、干涉，互相撞击，并进一步降低速度而消耗能量；最后通过敷设在消声器内壁的吸声材料被阻尼降低噪声后排入大气。

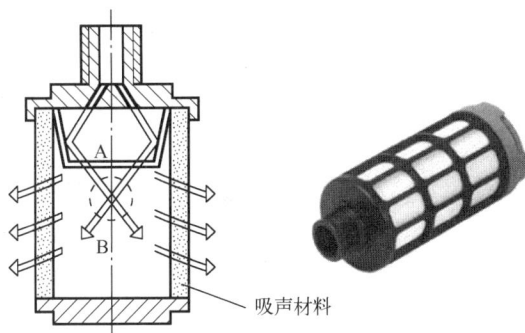

图 10.12　膨胀干涉吸收型消声器的结构

这种消声器的消声效果较好，低频可降低 20 dB，高频可降低 45 dB，但结构复杂、排气阻力较大，且需要定期清洗及更换，只适用于集中排气的总排气管。

3. 转换器

将空气压力转换成相等压力的液压力的元件被称为气液转换器。

图 10.13 所示为气液转换器的结构图。上部进气口接气源，压缩空气先经过缓冲板缓冲，再通过浮子作用于液体（多为液压油）中，推压液体以同样的压力从出油口输出，以推动气液联动缸运动。缓冲板还可以防止空气流入时发生冷凝水混入、排气时流出油沫。浮子用于防止油、气直接接触，避免空气混入油中。

在具有压缩空气源的地方，采用气液转换器和空气压力驱动气液联动缸的方式，既不用配备液压泵装置，又避免了空气可压缩的缺陷，发挥了液压系统的优势，使控制速度和位置更平稳、更精确。其结构简单、经济、可靠，适用于对运动要求较高的液压传动系统。

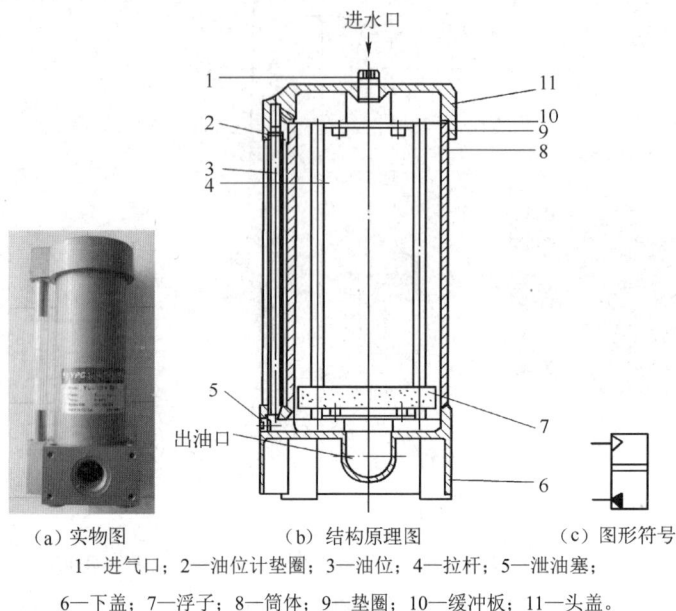

（a）实物图　　　　（b）结构原理图　　　　（c）图形符号

1—进气口；2—油位计垫圈；3—油位；4—拉杆；5—泄油塞；

6—下盖；7—浮子；8—筒体；9—垫圈；10—缓冲板；11—头盖。

图 10.13　气液转换器的结构图

10.2.4　气动三联件

空气过滤器、减压阀、油雾器依次无管化连接而成的组件称为气动三联件，是多数气源装置中必不可少的组成部分，如图 10.14 所示。在大多数情况下，当使用气动三联件时，其安装次序按照进气方向为空气过滤器、减压阀、油雾器，如图 10.15 所示。气动三联件应安装在用气设备的近处，压缩空气经过气动三联件的处理，将进入各气动元件及气压传动系统。所以气动三联件是气动元件及气压传动系统使用压缩空气质量的最后保证。其组成及规格，必须由气压传动系统具体的用气要求确定，可以少于三件，只用一件或两件，也可以多于三件。

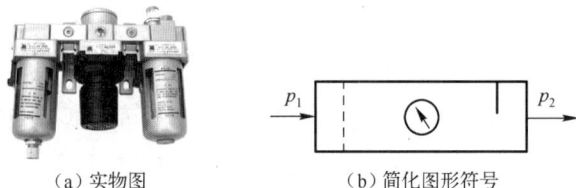

（a）实物图　　　　（b）简化图形符号

图 10.14　气动三联件

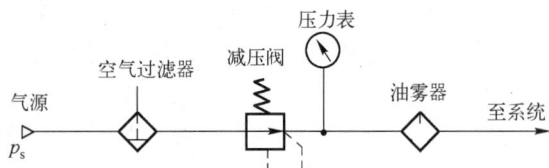

扫一扫看 VR 视频:气动三联件

图 10.15　气动三联件的安装次序

任务实施

10.2.5 气动辅助元件的选用与气源装置的组建

工作任务单

姓名		班级		组别		日期	
工作任务	气动辅助元件的选用与气源装置的组建						
任务描述	观察实训室的气压传动系统，选择合适的空气压缩机和相关辅件组建气源装置，说明所选用的各个气动辅助元件的作用和原理，并对组建好的气源装置进行综合分析						
任务要求	(1) 认识气动实训台与空气压缩机实物。 (2) 空气压缩机和气动辅助元件的选型。 (3) 气源装置的组建						
提交成果	(1) 气动元件清单。 (2) 组建好的气源装置						
考核评价	序号	考核内容		配分	评分标准		得分	
	1	安全意识		20	遵守规章、制度			
	2	工具的正确使用		10	选择合适的工具，并能正确使用工具			
	3	空气压缩机和气动辅助元件的型号清单		10	气动元件无遗漏、选用合理			
	4	气源装置的组建		50	能正确组建			
	5	团队协作		10	与他人合作有效			
指导教师				总分			

任务 10.3 气动夹紧机构执行元件的应用

任务引入

扫一扫看课程思政：中国 FL-62 风洞研发

图 10.16 所示为机床上的气动夹紧机构示意图。此机构采用气动执行元件来实现工件的夹紧和松开，试确定该选择哪种类型的气动执行元件。如果所需的夹紧力为 4600 N，供气压力为 0.7 MPa，行程为 600 mm，试确定该气动执行元件的种类及主要参数。

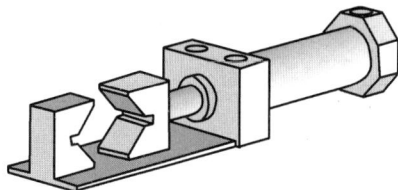

图 10.16 机床上的气动夹紧机构示意图

任务分析

选择气动执行元件时一般要先确定它的类型，再确定它的种类及具体的结构参数。为使所选用的气动执行元件正确、合理，必须掌握气动执行元件的类型、工作原理、结构及选用方法。

相关知识

扫一扫看微课视频：气缸

10.3.1 气缸的分类与工作原理

气动执行元件是将压缩空气的压力能转换为机械能，驱动机构做直线往复运动、摆动或

旋转运动的装置。它包括气缸和气动马达两大类，其中气缸又分直线往复运动的气缸和摆动气缸，用于实现直线运动和摆动；气动马达用于实现连续回转运动。

气缸是气动执行元件之一，与液压缸相比，它具有结构简单、制造容易、工作压力低和动作迅速等优点，故应用十分广泛。

1. 气缸的分类

气缸的种类很多，结构各异，分类方法也较多，常用的有以下几种。

（1）按压缩空气在活塞端面作用力的方向不同，分为单作用气缸和双作用气缸。

（2）按结构特点不同，分为活塞式气缸、薄膜式气缸、柱塞式气缸和摆动式气缸等。

（3）按安装方式不同，分为耳座式气缸、法兰式气缸、轴销式气缸、凸缘式气缸、嵌入式气缸和回转式气缸等。

（4）按功能分为普通式气缸、缓冲式气缸、气-液阻尼式气缸、冲击式气缸和步进式气缸等。

2. 常用气缸的工作原理

1）单作用气缸

图 10.17 所示为单作用气缸。单作用气缸是由一侧气口供给气压驱动活塞运动，依靠弹簧力、外力或自重等作用返回的。

单作用气缸有预缩型气缸和预伸型气缸两种。预缩型气缸能让压缩空气推动活塞，使活塞杆伸出，靠复位力使活塞杆退回。预伸型气缸能让压缩空气推动活塞，使活塞杆退回，靠复位力使活塞杆伸出。

单作用气缸的特点：①单边进气，故结构简单、耗气量少；②缸内装有弹簧，增加了气缸的长度，缩短了气缸的有效行程，且其行程还受弹簧长度的限制；③借助弹簧复位，使压缩空气的能量有一部分用来克服弹簧力，减小了活塞杆的输出力，而且输出力的大小和活塞杆的运动速度在整个行程中随弹簧的变形而变化。综上所述，单作用气缸适用于行程较短及对活塞杆输出力和运动速度要求不高的气动系统。

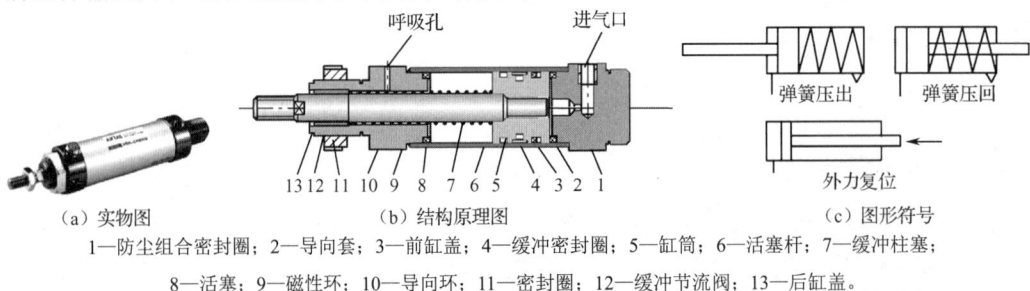

（a）实物图　　（b）结构原理图　　（c）图形符号

1—防尘组合密封圈；2—导向套；3—前缸盖；4—缓冲密封圈；5—缸筒；6—活塞杆；7—缓冲柱塞；
8—活塞；9—磁性环；10—导向环；11—密封圈；12—缓冲节流阀；13—后缸盖。

图 10.17　单作用气缸

扫一扫看 VR 视频：双作用气缸

2）双作用气缸

图 10.18 所示为双作用气缸。双作用气缸是由两侧供气口交替供给气体使活塞做往复运动的。由于没有复位弹簧，双作用气缸可以获得更长的有效行程和稳定的输出力。此类气缸的使用较为广泛，一般应用于包装机械、食品机械和加工机械等设备上。

图 10.18（b）所示为普通型的单杆双作用气缸的结构原理图。其由缸筒、前缸盖、后缸盖、活塞、活塞杆、密封件和紧固件等零件组成。缸筒在前缸盖和后缸盖之间，由四根拉杆

和螺母将其连接锁紧（图中未画出）。活塞与活塞杆相连，活塞上装有活塞密封圈、导向环及磁性环。为防止漏气和外部粉尘的侵入，前缸盖上装有防尘组合密封圈。磁性环用来产生磁场，使活塞接近磁性开关时能发出电信号，即在普通气缸上安装磁性开关就能成为可以检测气缸活塞位置的开关气缸。

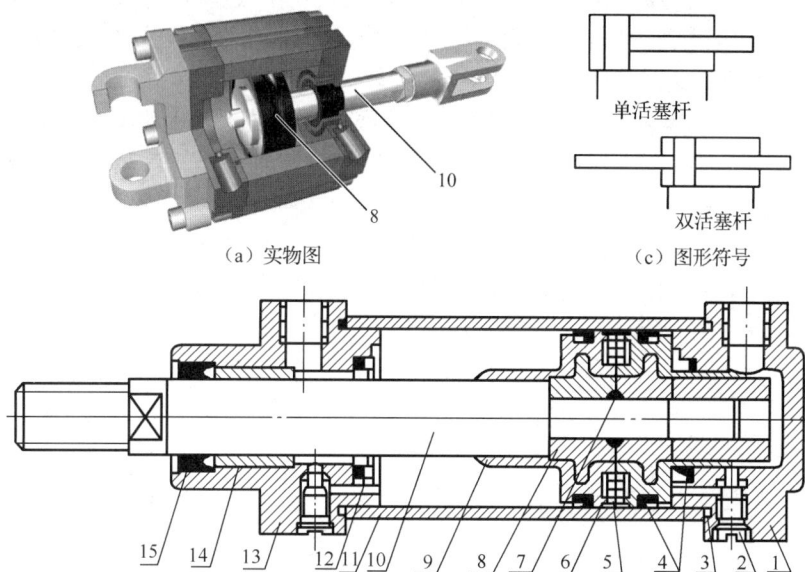

（a）实物图　　　　　　　　　　　　　（c）图形符号

（b）普通型的单杆双作用气缸的结构原理图

1—后缸盖；2—缓冲节流针阀；3、7—活塞密封圈；5—导向环；6—磁性环；8—活塞；9—缓冲柱塞；
10—活塞杆；11—缸筒；12—缓冲密封圈；13—前缸盖；14—导向套；15—防尘组合密封圈。

图 10.18　双作用气缸

3）薄膜式气缸

薄膜式气缸是一种利用膜片在压缩空气作用下产生的变形来推动活塞杆做直线运动的气缸，如图 10.19 所示。它可以是单作用的，也可以是双作用的。

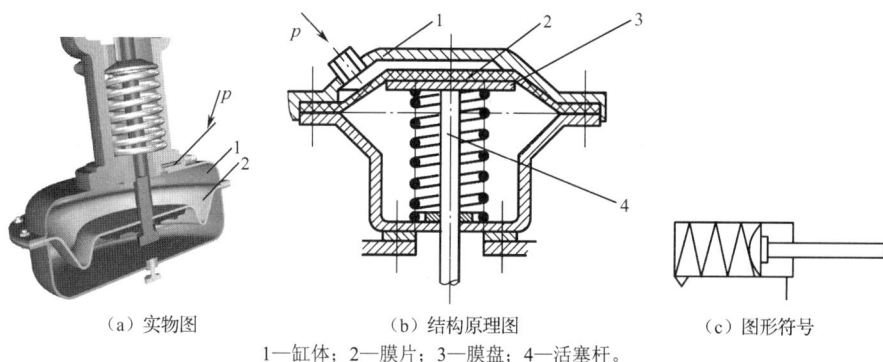

（a）实物图　　　　　　（b）结构原理图　　　　　　（c）图形符号

1—缸体；2—膜片；3—膜盘；4—活塞杆。

图 10.19　薄膜式气缸

薄膜式气缸与活塞式气缸相比，具有结构紧凑、简单、成本低、维修方便、寿命长和效率高等优点。但因膜片的变形量有限，其行程较短，一般不超过 40～50 mm，且气缸活塞上的输出力随行程的加大会减小，因此它的应用范围会受到一定限制，适用于气动夹具、自动调节阀及短行程工作场合。

3. 其他常用气缸

1）气-液阻尼式气缸

气-液阻尼式气缸是由气缸和液压缸组合而成的，它以压缩空气为能源，利用油液的不可压缩性和控制流量来获得活塞的平稳运动和调节活塞的运动速度。与其他气缸相比，它传动平稳、停位精确、噪声小；与液压缸相比，它不需要液压源，经济性好，同时具有气动和液压的优点，因此得到了越来越广泛的应用。

图 10.20 所示为串联型气-液阻尼式气缸。其由气缸与液压缸串联而成，两个活塞固定在同一个活塞杆上。当气缸右端供气时，气缸会克服载荷带动液压缸活塞向左运动（气缸左端排气），此时液压缸左端排油，单向阀关闭，油只能通过节流阀流入液压缸的右腔及油杯内，这时若将节流阀阀口开大，则液压缸左腔的排油通畅，两个活塞的运动速度就快，反之，若将节流阀阀口关小，则液压缸左腔的排油受阻，两个活塞的运动速度会减慢。这样，调节节流阀开口大小，就能控制活塞的运动速度。

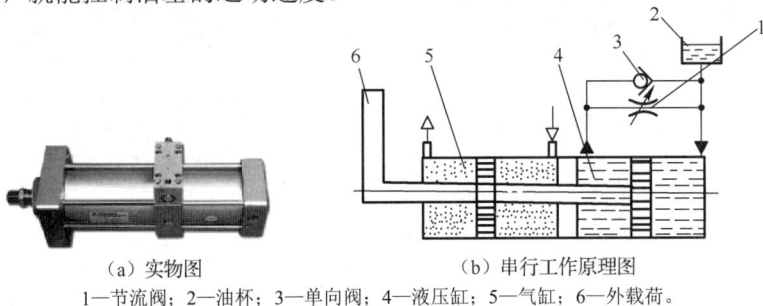

（a）实物图　　　　　　（b）串行工作原理图

1—节流阀；2—油杯；3—单向阀；4—液压缸；5—气缸；6—外载荷。

图 10.20　串联型气-液阻尼式气缸

2）冲击式气缸

冲击式气缸是一种体积小巧、结构简单、易于制造、耗气功率小但能产生相当大的冲击力的特殊气缸。与普通气缸相比，冲击式气缸的结构特点是增加了一个具有一定容积的蓄能腔和喷嘴。其工作原理及工作过程可简述为如下三个阶段（见图 10.21）。

（1）第一个阶段。压缩空气由孔口 A 输入冲击式气缸的下腔，蓄能腔经孔口 B 排气，活塞上升并用密封垫封住喷嘴，中盖和活塞间的环形空间经排气孔与大气相通[见图 10.21（a）]。

（2）第二个阶段。压缩空气改由孔口 B 进气，输入蓄能腔中，冲击式气缸下腔经孔口 A 排气。由于活塞上端的气压作用在面积较小的喷嘴上，而活塞下端的受力面积较大，一般为喷嘴面积的 9 倍。因此冲击式气缸下腔的压力虽因排气而下降，但此时活塞下端向上的作用力仍然大于活塞上端向下的作用力 [见图 10.21（b）]。

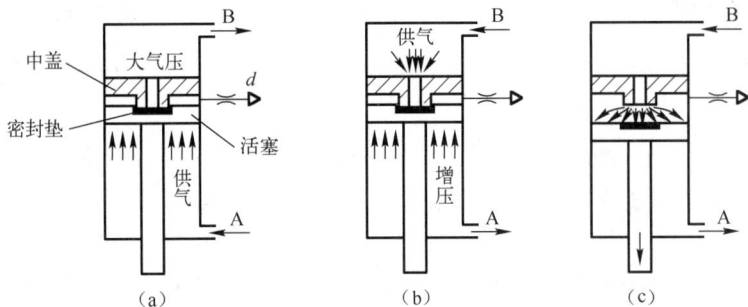

（a）　　　　　　（b）　　　　　　（c）

图 10.21　冲击式气缸的工作原理图

（3）第三阶段。蓄能腔的压力继续增大，冲击式气缸下腔的压力继续降低，当蓄能腔内的压力高于活塞下腔压力的 9 倍时，活塞开始向下移动，活塞一旦离开喷嘴，蓄能腔内的高压气体就会迅速充入活塞与中盖间的空间，使活塞上端的受力面积突然增加 9 倍，于是活塞将以极大的加速度向下运动，将气体的压力能转换成活塞的动能。在冲程达到一定时，获得最大冲击速度和动能，利用这个动能对工件进行冲击做功，可产生很大的冲击力。

3）摆动式气缸

摆动式气缸能将压缩空气的压力能转变成气缸输出轴有限回转的机械能，多用于安装位置受到限制，或转动角度小于 360°的回转工作部件，如夹具的回转、阀门的开启、转塔车床转塔的转位及自动上料装置的转位等。

图 10.22 所示为单叶片摆动式气缸的工作原理图。定子与缸体固定在一起，叶片与转子（输出轴）联结在一起。当左腔进气时转子顺时针转动，反之，转子逆时针转动。转子可做成图示的单叶片式，也可做成双叶片式。这种气缸的耗气量一般都较大。

摆动式气缸的输出转矩和角速度的计算与摆动式液压缸的计算相同，故不再重复介绍。

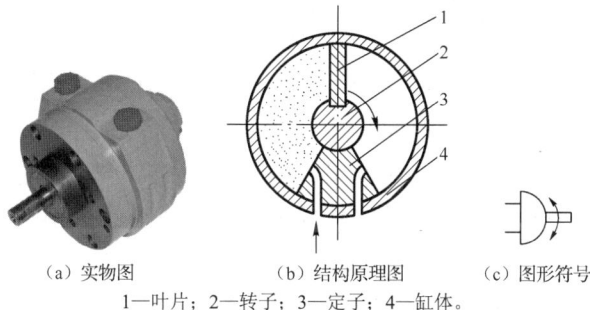

（a）实物图　　　　（b）结构原理图　　　　（c）图形符号
1—叶片；2—转子；3—定子；4—缸体。

图 10.22　单叶片摆动式气缸的工作原理图

扫一扫看
微课视频：
气动马达

10.3.2　气动马达的工作原理

气动马达的工作原理与液压马达的工作原理相似。本节以叶片式气动马达的工作原理为例进行说明。图 10.23 所示为双向旋转叶片式气动马达的结构原理。当压缩空气从进气口进入气室后会立即喷向叶片，作用在叶片的外伸部分，产生转矩带动转子做逆时针转动，输出机械能。若进气口、出气口互换，则转子反转，输出相反方向的机械能。转子转动的离心力和叶片底部的气压力、弹簧力（图中未画出）使叶片紧贴在定子的内壁上，以保证密封，提高容积效率。叶片式气动马达主要用在风动工具、高速旋转机械及矿山机械等中。

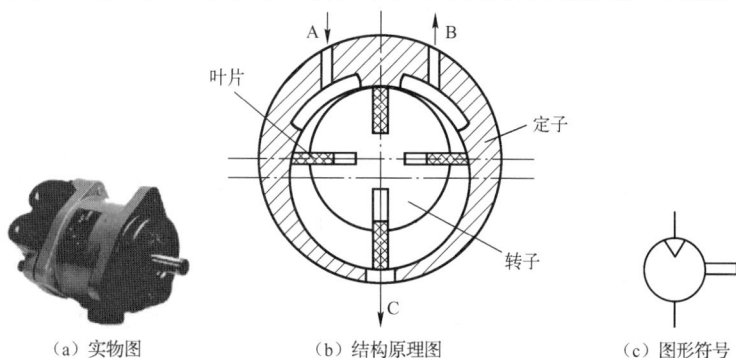

（a）实物图　　　　（b）结构原理图　　　　（c）图形符号

图 10.23　双向旋转叶片式气动马达的结构原理

10.3.3　气动马达和气缸的选用

扫一扫看
动画：气
动马达

1. 气动马达的选用

气动马达的工作适应性较强，可适用于无级调速、启动频繁、经常换向、高温潮湿、易燃易爆、负载启动、不便于人工操纵及有过载可能的场合。目前，气动马达主要应用于矿山机械、专业性的机械制造业、油田、化工、造纸、炼钢、船舶和工程机械等行业，许多气动工具都装有气动马达。随着气压传动的发展，气动马达的应用将更广泛。

选择气动马达主要从负载状态出发。在变负载的场合使用时，主要考虑的因素是速度的范围及满足工作机构所需的转矩；在均衡负载下使用时，工作速度则是重要因素。叶片式气动马达比活塞式气动马达的转速高，当工作速度低于空载最大转速的 25%时，最好选用活塞式气动马达。至于所选气动马达的具体型号、技术规格、外形尺寸等，可参考有关手册及产品样本。

2. 气缸的选用

1）选用原则

气缸的合理选用，是保证气动系统正常工作的前提。合理选用气缸，就是根据各生产厂家要求的选用原则，使气缸符合正常的工作条件，这些条件包括工作压力范围、负载要求、工作行程、工作介质温度、环境条件、润滑条件及安装要求等。

我国目前已生产出五种标准化气缸供用户优先选用。这种气缸从结构到参数都已经标准化、系列化，在生产过程中应尽可能使用标准化气缸，这样可使产品具有互换性，给设备的使用和维修带来方便。气缸选用的要点如下。

（1）安装形式的选择。由安装位置、使用目的等因素决定。在一般场合下，多用固定式气缸。在需要随同工作机构连续回转时应选用回转气缸。除要求活塞杆做直线运动外，当要求气缸做较大的圆弧摆动时，选用轴销式气缸。当仅需要气缸做往复摆动时，选用单叶片摆动式气缸或双叶片摆动式气缸。

（2）作用力的大小。根据工作机构所需力的大小来确定活塞杆上的推力和拉力。一般应根据工作条件的不同，按力的平衡原理先计算气缸作用力，再乘以 1.15～2 的备用系数，从而去选择和确定气缸的内径。气缸的运动速度主要取决于气缸进、排气口及导管的内径，选取时以气缸进、排气口连接螺纹的尺寸为基准。为获得缓慢而平稳的运动可采用气-液阻尼式气缸。普通气缸的运动速度为 0.5～1 m/s，对于高速运动的气缸应选用缓冲式气缸或在回路中加缓冲装置。

（3）负载的情况。先根据气缸的负载状态和负载运动状态确定负载力和负载率，再根据使用压力应小于气源压力 85%的原理，按气源压力确定使用压力 p。对单作用气缸按杆径与缸径比为 0.5，双作用气缸按杆径与缸径比为 0.3～0.4 预选，并根据公式求缸径 D，将所求出的 D 值标准化即可。若 D 值过大，则可采取机械扩力机构。

（4）行程的大小。根据气缸及传动机构的实际运行距离来预选气缸的行程，以便安装与调试。将计算出的距离加大 10～20 mm 为宜，但不能太长，以免增大耗气量。

2）选择步骤

气缸选择的主要步骤包括确定气缸的类型、计算气缸内径及活塞杆直径、对计算出的活塞杆直径进行圆整、根据圆整值确定气缸型号。

（1）计算气缸内径

在一般情况下，根据气缸所使用的压力 p、轴向负载力 F 和气缸负载率 η 来计算气缸内径，p 应小于减压阀进口压力的 85%。

① 负载力的计算：负载力是选择气缸的重要因素。负载状态与负载力的关系如表 10.2 所示。

表 10.2　负载状态与负载力的关系

负载状态			
负载力	$F=W$（重力）	$F=K$（夹紧力）	$F=\mu W$ $\mu=0.1\sim0.4$	$F=\mu W$ $\mu=0.2\sim0.3$

② 气缸负载率 η 的计算与选择：气缸负载率 η 是气缸活塞杆受到的轴向负载力 F 与气缸的理论输出力 F_0 之比。

$$\eta=\frac{F}{F_0}\times100\% \tag{10.1}$$

气缸负载率可以根据气缸的工作压力选取，其关系如表 10.3 所示。

表 10.3　气缸的工作压力与气缸负载率的关系

p/MPa	0.06	0.20	0.24	0.30	0.40	0.50	0.60	0.70～1
η	10%～30%	15%～40%	20%～50%	25%～60%	30%～65%	35%～70%	40%～75%	45%～75%

③ 气缸内径的计算方法：确定了 F、η 和 p 后，可以根据气缸理论输出力的计算方法来反推气缸的内径 D。

单出杆、双作用气缸的计算公式如下。

当活塞杆伸出时：

$$D=\sqrt{\frac{4F}{\pi p\eta}} \tag{10.2}$$

当活塞杆返回时：

$$D=\sqrt{\frac{4F}{\pi p\eta}+d^2} \tag{10.3}$$

计算出 D 后，要按标准的气缸内径进行圆整。缸筒内径标准系列值如表 10.4 所示。

表 10.4　缸筒内径标准系列值　　　　mm

8	10	12	16	20	25	32	40	50	63	80	(90)	100
125	(140)	160	(180)	200	(220)	250	(280)	320	(360)	400	450	

（2）活塞杆直径的确定

在确定气缸活塞杆直径时，一般按 $d/D=0.2\sim0.3$ 进行计算，计算后按标准值进行圆整。活塞杆直径标准系列值如表 10.5 所示。

表 10.5　活塞杆直径标准系列值　　　　　　　　　　　　mm

4	5	6	8	10	12	14	16	18	20	22	25
28	32	36	40	45	50	56	63	70	80	90	100
110	125	140	160	180	200	220	250	280	320	360	—

选好气缸内径和活塞杆直径后，还要选密封件、缓冲装置，确定防尘罩。

任务实施

10.3.4　执行元件的选择与参数计算

1. 操作步骤

选择夹紧机构执行元件的步骤为：确定气动执行元件的类型→计算气缸内径及活塞杆直径→对计算出的活塞杆直径进行圆整→根据圆整值确定气缸型号。

因为执行该任务的夹紧机构需要实现往复直线运动，所以要选择气缸作为夹紧装置气动执行元件。

2. 工作任务单

工作任务单

姓名		班级		组别		日期	
工作任务		执行元件的选择、参数的计算					
任务描述		在教师的指导下，根据具体的任务要求，选择正确的执行元件，并计算该执行元件的主要参数					
任务要求		（1）了解实训室或生产车间的安全知识。 （2）掌握危险化学物品的安全使用与存放。 （3）选择执行元件的类型和种类。 （4）计算执行元件的主要参数					
提交成果		（1）选择的执行元件。 （2）计算得出的气缸内径值和活塞杆直径值					
考核评价	序号	考核内容	配分	评分标准		得分	
	1	安全意识	20	遵守规章、制度			
	2	工具的使用	10	能正确使用实验工具			
	3	执行元件的选择	10	元件选择正确			
	4	参数计算	50	计算完整、准确			
	5	团队协作	10	与他人合作有效			
指导教师			总分				

习题 10

扫一扫看习题 10 的参考答案

1. 一个典型的气压传动系统由哪几部分组成？
2. 气压传动系统对压缩空气有哪些质量要求？气源装置一般由哪几部分组成？
3. 空气压缩机有哪些类型？如何选用空气压缩机？
4. 什么是气动三联件？气动三联件的安装次序如何？
5. 空气压缩机在使用中要注意哪些事项？
6. 气缸选择的主要步骤有哪些？

项目 11

气动控制元件的应用
与回路设计

扫一扫看教学课件：
气动控制元件的应
用与回路设计

项目目标

任何一个气动控制回路都需要使用气动控制元件，任何一个气动控制系统都由一些特定功能的基本回路组成。通过本项目的学习，学生应掌握气动控制元件的工作原理、结构特点和气动控制基本回路的工作原理及应用特点。具体目标如下。

（1）掌握气动控制元件的结构、原理、应用。

（2）掌握气动控制元件的图形符号、表示方法。

（3）掌握气动控制基本回路的分析方法。

（4）能够根据具体的工作要求设计回路图。

（5）能够正确连接回路，检验回路。

（6）会分析其他常用的回路。

任务 11.1 气动控制阀的识别与选用

任务引入

扫一扫看课程思
政：气动式月球
车着陆梯

在气压传动系统中，气动控制元件是用来控制和调节压缩空气的压力、流量、流动方向和发送信号的重要元件，利用它们可以组成各种气动控制回路，以保证气动执行元件或工作机构按设计的程序正常工作。因此掌握各种气动控制元件的结构、工作原理是分析、使用和维护气压传动系统的基础。通过本任务的学习，要求学生掌握各种气动控制阀的结构特点、工作原理和应用。气动控制阀按其作用和功能可分为方向控制阀、压力控制阀和流量控制阀三类，除这三类外，还有能实现一定逻辑功能的气动逻辑元件。

任务分析

方向控制阀用于控制压缩空气的流动方向和气路的通断，以控制执行元件的启动、停止及运动方向。压力控制阀用来控制气压传动系统中压缩空气的压力，满足各种压力的需求或用于节能。流量控制阀用于控制压缩空气的流量，进而控制执行元件的运动速度、阀的切换时间和气动信号的传递速度。而气动逻辑元件用于实现一定的逻辑功能。

相关知识

11.1.1 方向控制阀

气动方向控制阀和液压方向控制阀相似，分类方法也大致相同。按其作用特点可分为单向型控制阀和换向型控制阀两种，其阀芯结构主要有截止式结构和滑阀式结构。

1. 单向型控制阀

单向型控制阀包括单向阀、或门型梭阀、与门型梭阀和快速排气阀。

1）单向阀

图 11.1 所示为单向阀的典型结构图。其工作原理与液压单向阀的工作原理类似，即气体只能沿着一个方向流动，反向截止。只不过在气动单向阀中，阀芯与阀座之间有一层胶垫。

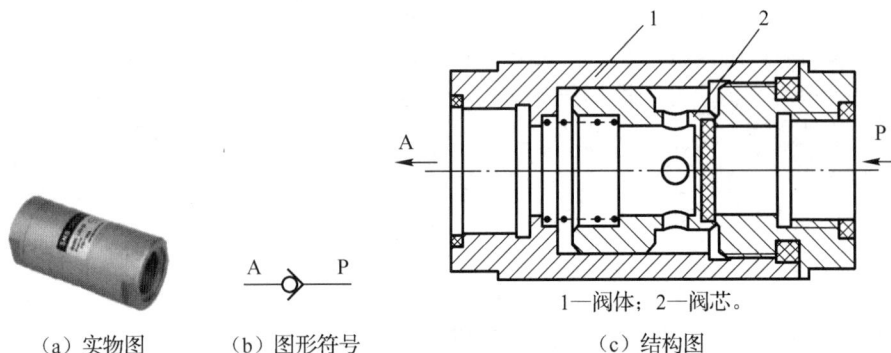

1—阀体；2—阀芯。

（a）实物图　　（b）图形符号　　（c）结构图

图 11.1　单向阀的典型结构图

2）或门型梭阀

在气压传动系统中，当两个通路 P_1 和 P_2 均与另一个通路 A 相通，而不允许 P_1 和 P_2 相通时，就要用或门型梭阀，其结构和工作原理如图 11.2 和图 11.3 所示。由于阀芯像织布梭子一样来回运动，因此称之为梭阀，该阀相当于两个单向阀的组合。在逻辑回路中，它起到或门的作用。

当 P_1 进气时，将阀芯推向右边，通路 P_2 被关闭，于是气流从 P_1 进入通路 A［见图 11.3（a）］。反之，气流则从 P_2 进入通路 A［见图 11.3（b）］。当 P_1、P_2 同时进气时，哪端压力高，A 就与哪端相通，另一端就自动关闭。图 11.3（c）所示为该阀的图形符号。

图 11.4 所示为或门型梭阀的应用实例，该实例能实现手动和电动操作方式的转换。

1—阀体；2—阀芯。

（a）实物图   （b）结构图

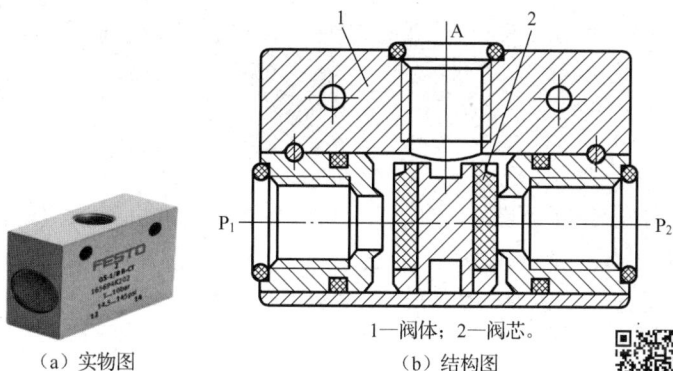

图 11.2   或门型梭阀的结构

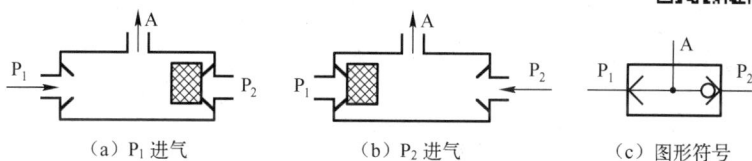

扫一扫看 VR
视频：或门型
梭阀

（a）P₁ 进气   （b）P₂ 进气   （c）图形符号

图 11.3   或门型梭阀的工作原理

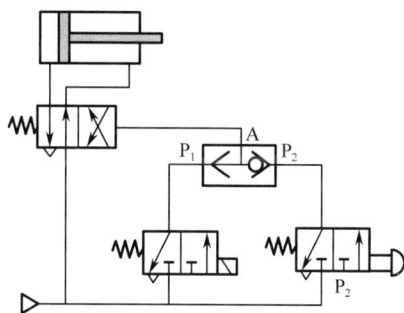

扫一扫看动画：
或门型梭阀工
作原理

扫一扫看
VR 视频：与
门型梭阀

图 11.4   或门型梭阀的应用实例

扫一扫看动画：
与门型梭阀工
作原理

3）与门型梭阀

与门型梭阀又称双压阀，该阀只有当两个输入口 P_1、P_2 同时进气时，A 口才能输出。与门型梭阀的结构和工作原理如图 11.5 和图 11.6 所示。当 P_1 或 P_2 单独输入时［见图 11.6（a）、（b）］，此时 A 口无输出，只有当 P_1、P_2 同时输入时，A 口才有输出［见图 11.6（c）］。当 P_1、P_2 输入的气体压力不等时，气压低的一侧通过 A 口输出。图 11.6（d）所示为该阀的图形符号。

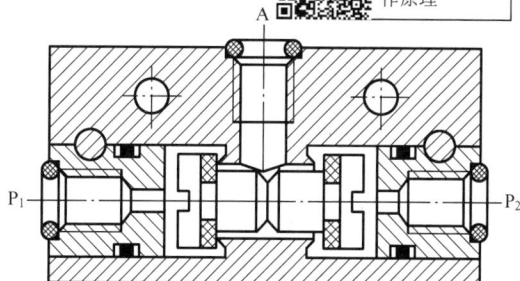

图 11.5   与门型梭阀的结构

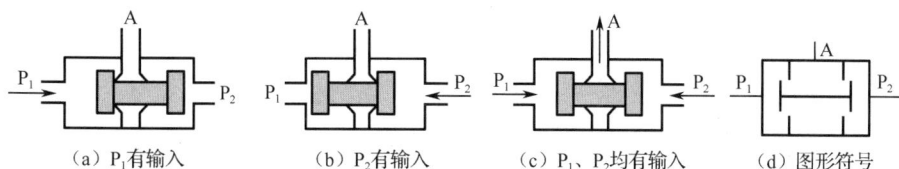

（a）P₁有输入   （b）P₂有输入   （c）P₁、P₂均有输入   （d）图形符号

图 11.6   与门型梭阀的工作原理

187

图 11.7 所示为与门型梭阀的应用实例。当阀 1 和阀 2 都有信号时，阀 3 才有信号给阀 4，使气缸 5 换向。

4）快速排气阀

快速排气阀又称快排阀，它是为加快气缸运动做快速排气用的。膜片式快速排气阀如图 11.8 所示，其工作原理图如图 11.9 所示。当进气腔 P 进入压缩空气时，会将密封活塞迅速上推，开启阀口，同时关闭排气口，使进气腔 P 与工作腔 A 相通，如图 11.9（a）所示；当进气腔 P 没有压缩空气进入时，在工作腔 A 和进气腔 P 压力差的作用下，密封活塞迅速下降，关闭进气腔 P，使工作腔 A 通过阀口经 O 腔快速排气，如图 11.9（b）所示。

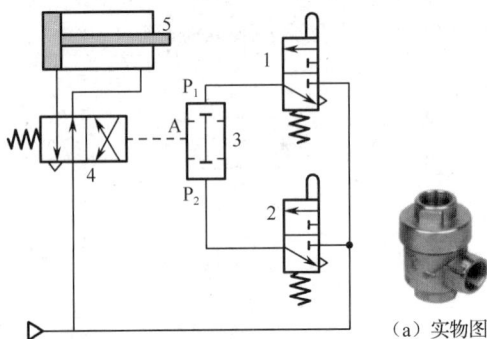

图 11.7　与门型梭阀的应用实例

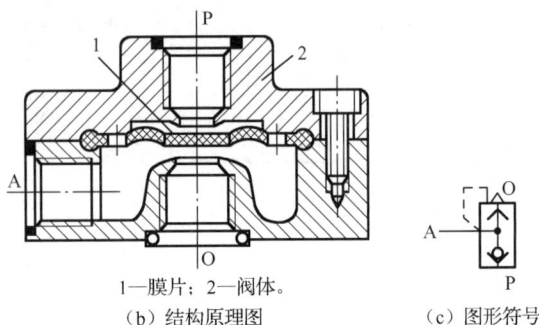

1—膜片；2—阀体。

（a）实物图　　　　（b）结构原理图　　　　（c）图形符号

图 11.8　膜片式快速排气阀

图 11.10 所示为快速排气阀的应用实例。当按下手动换向阀 1 时，气体经节流阀 2、快速排气阀 3 进入单作用气缸 4，使气缸 4 缓慢前进。当定位换向阀恢复原位时，气源切断。这时，气缸中的气体经快速排气阀 3 快速排空，使气缸在弹簧作用下迅速复位，节省了气缸的回程时间。

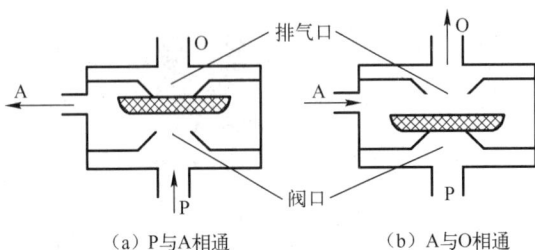

（a）P 与 A 相通　　　　（b）A 与 O 相通

图 11.9　膜片式快速排气阀的工作原理图

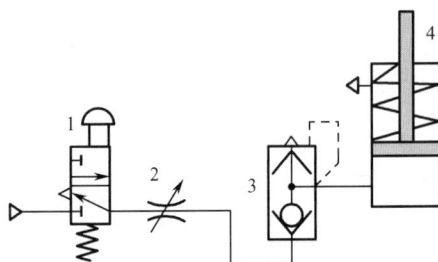

图 11.10　快速排气阀的应用实例

2. 换向型控制阀

换向型控制阀（简称换向阀）的功能与液压同类阀的功能相似，操作方式、切换位置和图形符号也基本相同。

1）气控换向阀

用气压力来使阀芯移动换向的操作方式称为气压控制。常用的多为加压控制和差压控制。加压控制是指当施加在阀芯控制端的压力逐渐升高到一定值时，使阀芯迅速移动进行换向的控制。差压控制是指当阀芯采用气压复位或弹簧复位时，利用阀芯两端受气压作用的面积不等而产生的轴向力的差值，使阀芯迅速移动进行换向的控制。图 11.11 所示为二位三通气控换向阀的工作原理图及图形符号。

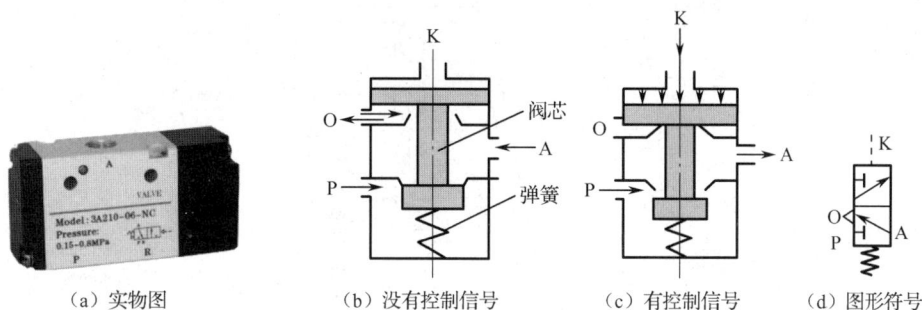

（a）实物图　　　（b）没有控制信号　　　（c）有控制信号　　　（d）图形符号

图 11.11　二位三通气控换向阀的工作原理及图形符号

2）电磁控制换向阀

由电磁力推动阀芯进行换向的控制方式称为电磁控制。图 11.12 所示为二位三通电磁换向阀的工作原理及图形符号。

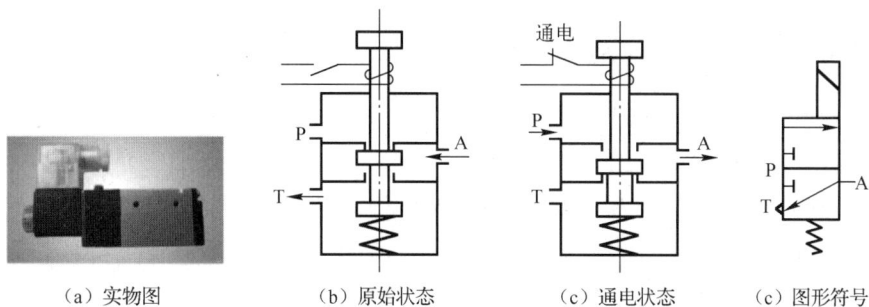

（a）实物图　　　（b）原始状态　　　（c）通电状态　　　（c）图形符号

图 11.12　二位三通电磁换向阀的工作原理及图形符号

11.1.2　压力控制阀

气动压力控制阀主要有减压阀、顺序阀和安全阀，按调压方式可分为直动式气动压力控制阀和先导式气动压力控制阀。它们都是利用作用于阀芯上的流体（压缩空气）的压力和弹簧力相平衡的原理来进行工作的。

在气压传动中，一般都是先由空气压缩机将空气压缩后储存于储气罐中，然后经管路输送给各传动装置使用，储气罐提供的空气压力高于每台装置所需的压力，且压力波动也较大。因此必须在每台装置入口处设置一个减压阀（在气动系统中也称调压阀），以将入口处的空气降低到所需的压力，并保持该压力值的稳定。

当气动装置中不便于安装行程阀，而要依据气压的大小来控制两个以上的气动执行机构的顺序动作时，就要用到顺序阀。

当管路中的压力超过允许压力时，为了保证系统的工作安全，往往用安全阀来实现自动排气，使系统的压力下降，如储气罐必须安装安全阀。

1）气动减压阀

气动减压阀、顺序阀和安全阀的工作原理均与液压同类阀的工作原理相似。图 11.13 所示为直动型调压阀（减压阀）的结构原理。调节手柄可控制阀口开度的大小，即可控制输出压力的大小。

（a）实物图　　　　（b）结构原理图　　　　（c）图形符号

1—调节手柄；2—调压弹簧；3—下弹簧座；4—膜片；5—阀芯；6—阀套；7—阻尼孔；8—阀口；9—复位弹簧。

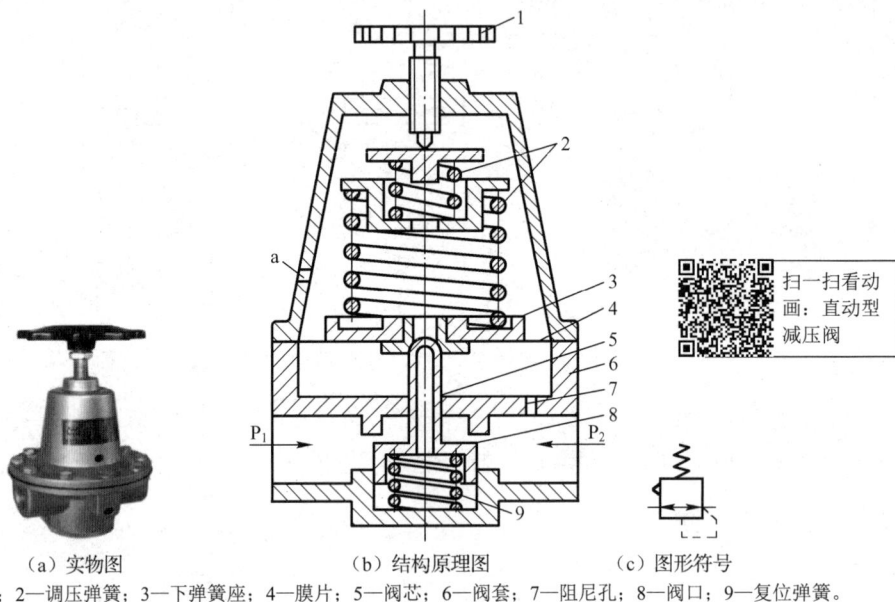

图 11.13　直动型调压阀（减压阀）的结构原理

2）气动顺序阀

（1）顺序阀。顺序阀是依靠气路中压力的作用而控制执行机构按顺序动作的压力阀。在气动系统中，顺序阀通常安装在需要的某一特定压力场合，以便完成某一操作。只有达到需要的操作压力后，顺序阀才有气信号输出。顺序阀的工作原理如图 11.14 所示。

其依靠弹簧的预压量来控制其开启压力。当压力达到某一个值时，顶开弹簧，P 到 A 才有输出，否则 A 无输出。

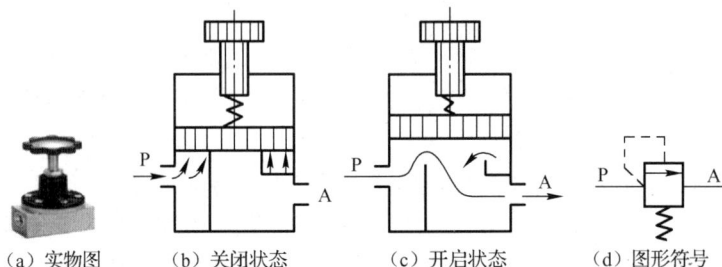

（a）实物图　　（b）关闭状态　　（c）开启状态　　（d）图形符号

图 11.14　顺序阀的工作原理

（2）单向顺序阀。顺序阀很少单独使用，往往与单向阀组合在一起使用，成为单向顺序阀。其工作原理如图 11.15 所示。

当压缩空气进入工作腔 4 后，作用在活塞上的力小于弹簧 2 的力时，单向顺序阀处于关闭状态。当作用在活塞上的力大于弹簧 2 的力时，其会将活塞顶起，压缩空气先从 P 经工作腔 4、5 到 A，然后进入气缸或气控换向阀。此时，单向阀在弹簧 7 和工作腔 4 内气压的作用下处于关闭状态。当切换气源时［见图 11.15（b）］，由于工作腔 4 内的压力迅速下降，顺序阀关闭，此时工作腔 5 内的压力高于工作腔 4 内的压力，在气体压力差的作用下，打开单向阀，反向的压缩空气会从 A 到 O 排气。

图 11.16 所示为单向顺序阀的结构图。调节手轮可改变单向顺序阀的开启压力。单向顺

序阀常用于控制气缸自动顺序动作或不便于安装机械控制阀的场合。

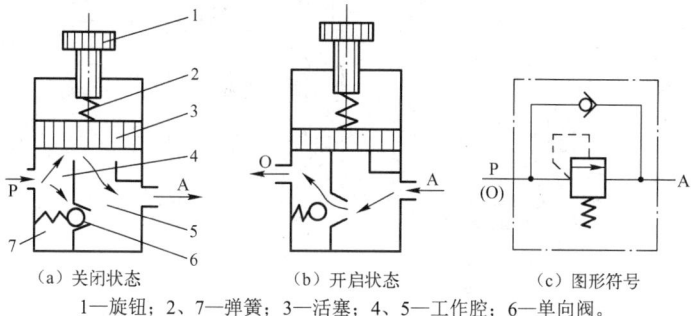

（a）关闭状态　　（b）开启状态　　（c）图形符号

1—旋钮；2、7—弹簧；3—活塞；4、5—工作腔；6—单向阀。

图 11.15　单向顺序阀的工作原理

3）安全阀

当储气罐或回路中的压力超过某调定值时，要用安全阀往外放气。安全阀在系统中起过压保护作用。安全阀与减压阀相似，以控制方式分，可分为直动式安全阀和先导式安全阀两种；从结构上分，可分为活塞式安全阀和膜片式安全阀两种。直动式安全阀如图 11.17 所示，其工作原理如图 11.18 所示。

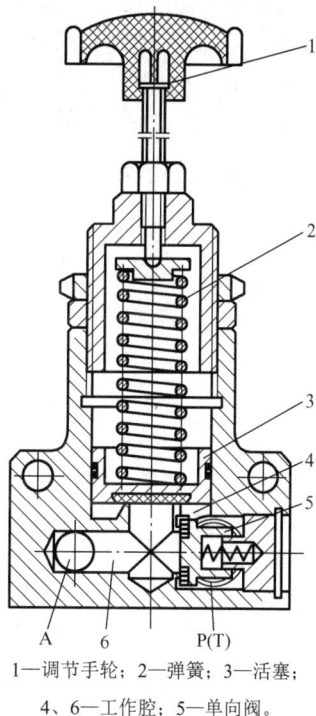

1—调节手轮；2—弹簧；3—活塞；4、6—工作腔；5—单向阀。

图 11.16　单向顺序阀的结构图

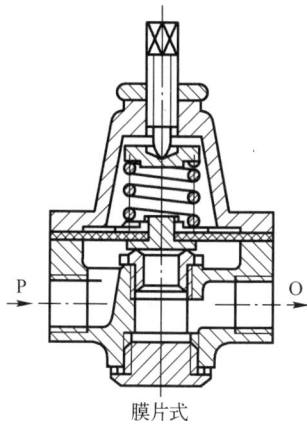

扫一扫看动画：单向顺序阀工作原理

膜片式

图 11.17　直动式安全阀

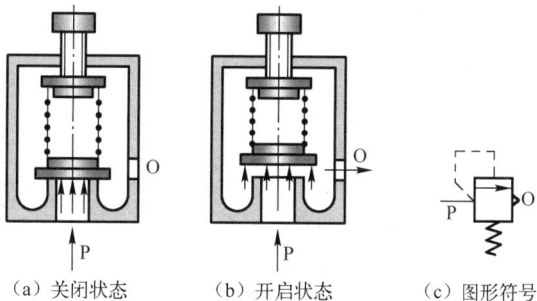

（a）关闭状态　　（b）开启状态　　（c）图形符号

图 11.18　直动式安全阀的工作原理

当系统中的气体压力在调定范围内时，作用在活塞上的压力小于弹簧力，活塞处于关闭状态。当系统压力升高，作用在活塞上的压力大于弹簧的预压力时，活塞向上移动，阀门开启排气。直到系统压力降至调定范围以下，活塞又重新关闭。开启压力的大小与弹簧的预压量有关。

11.1.3　流量控制阀

气动流量控制阀主要有节流阀、单向节流阀和排气节流阀等，都是通过改变控制阀的通流面积来实现流量控制的元件。

1）节流阀

对于节流阀调节特性的要求是：调节流量范围要大，调节精度要高，调节杆的位移与通过的流量呈线性关系。图11.19所示为节流阀。

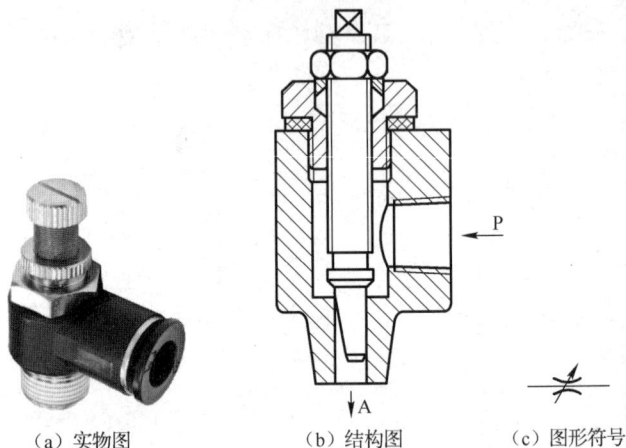

2）单向节流阀

单向节流阀是由单向阀和节流阀并联而成的组合控制阀，常用于控制气缸的运动速度，如图11.20所示。当气流沿着一个方向，如 P→A 流动时，经过节流阀节流；反方向流动（A→P）时，单向阀打开，不节流。

(a) 实物图　　(b) 结构图　　(c) 图形符号

图 11.19　节流阀

（a）实物图　　（b）P→A　　（c）A→P　　（d）图形符号

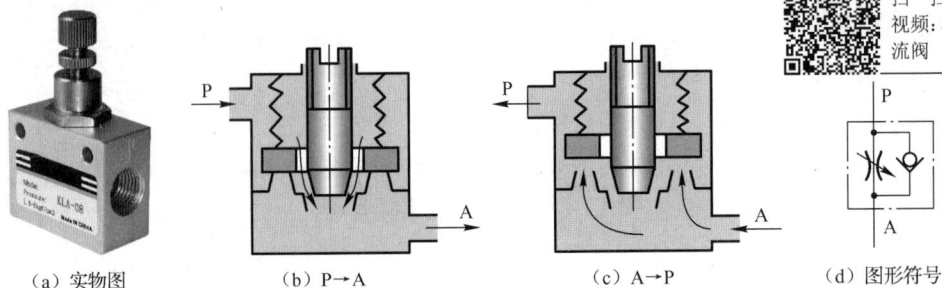

图 11.20　单向节流阀

3）排气节流阀

图11.21所示为排气节流阀。气流从 A 口进入阀内，由节流口节流后经消声套排出。因而它不仅能调节执行元件的运动速度，而且能起到降低排气噪声的作用。

排气节流阀通常安装在换向阀的排气口处与换向阀联合使用，起单向节流阀的作用。

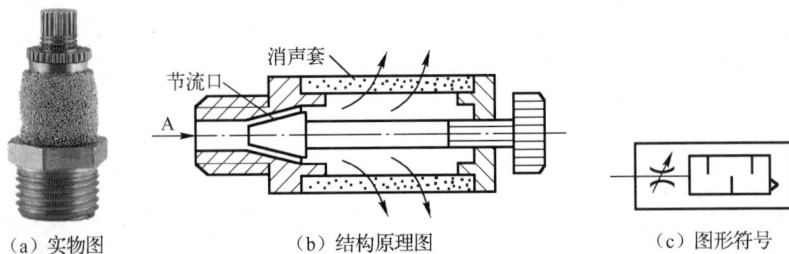

（a）实物图　　（b）结构原理图　　（c）图形符号

图 11.21　排气节流阀

11.1.4　气动逻辑元件

气动逻辑元件是以压缩空气为介质，通过元件的可动部件（如膜片、阀芯等）在气控信号作用下动作，改变气流方向以实现一定逻辑功能的气体控制元件。实际上气动方向控制阀也具有气动逻辑元件的各种功能，所不同的是它的输出功率较大，尺寸较大。而气动逻辑元件的尺寸较小，因此在气动控制系统中广泛采用各种形式的气动逻辑元件（又称逻辑阀）。

1. 气动逻辑元件的分类

气动逻辑元件的种类很多，可根据不同特性进行分类。

1）按工作压力分类

（1）高压型：工作压力为 0.2～0.8 MPa。

（2）低压型：工作压力为 0.05～0.2 MPa。

（3）微压型：工作压力为 0.005～0.05 MPa。

2）按结构形式分类

气动逻辑元件的结构总是由开关部分和控制部分组成。开关部分在控制气压信号作用下会来回动作，改变气流通路，完成逻辑功能。根据组成原理，气动逻辑元件的结构形式可分为三类。

（1）截止式：气路的通断依靠可动元件的端面与气嘴构成的气口的开启或关闭来实现。

（2）滑柱式：依靠滑柱（或滑块）的移动，实现气口的开启或关闭。

（3）膜片式：气路的通断依靠弹性膜片的变形开启或关闭气口。

3）按逻辑功能分类

对二进制逻辑功能的元件，可按逻辑功能的性质分为两类。

（1）单功能元件：每个元件只具备一种逻辑功能，如或、非、与等。

（2）多功能元件：每个元件具有多种逻辑功能，各种逻辑功能由不同的连接方式获得，如三膜片多功能气动逻辑元件等。

2. 高压截止式逻辑元件

现以高压截止式逻辑元件为例，介绍气动逻辑元件的工作原理。高压截止式逻辑元件是依靠控制气压信号推动阀芯或通过膜片的变形推动阀芯动作，改变气流的流动方向以实现一定逻辑功能的逻辑元件。在气压逻辑系统中，广泛采用高压截止式逻辑元件。它具有行程小、流量大、工作压力高、对气源净化要求低，便于拆卸、集成安装和集中控制等优点。

1）或门元件

图 11.22 所示为或门元件的结构原理图和图形符号。A、B 为元件的信号输入口，S 为元件的信号输出口。气流的流通关系是：若 A、B 口任意一个有信号或同时有信号，则 S 口有信号输出。逻辑关系式为 S=A+B。

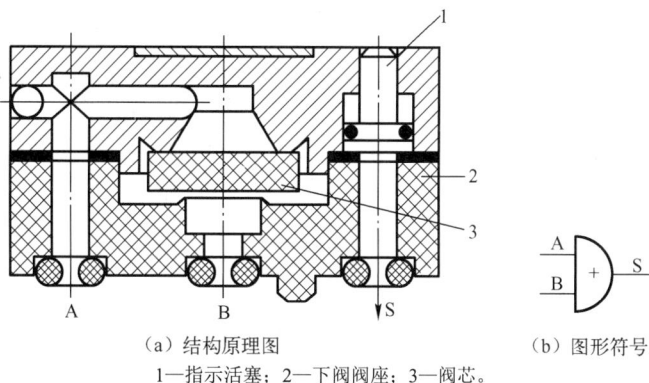

扫一扫看动画：或门元件

（a）结构原理图　　　　　　　　　　（b）图形符号

1—指示活塞；2—下阀阀座；3—阀芯。

图 11.22　或门元件的结构原理图和图形符号

2）是门和与门元件

图 11.23 所示为是门和与门元件的结构原理图和图形符号。A 口接信号，S 口为输出口，在中间孔接气源 P 的情况下，元件为是门。在 A 口没有信号的情况下，由于弹簧力的作用，阀口处于关闭状态。当 A 口接入控制信号后，气流的压力作用在膜片上，压下阀芯导通 P、S 通道，S 通道有输出。指示活塞 2 可以显示 S 通道有无输出，手动按钮用于手动发送信号。元件的逻辑关系为 S=A。

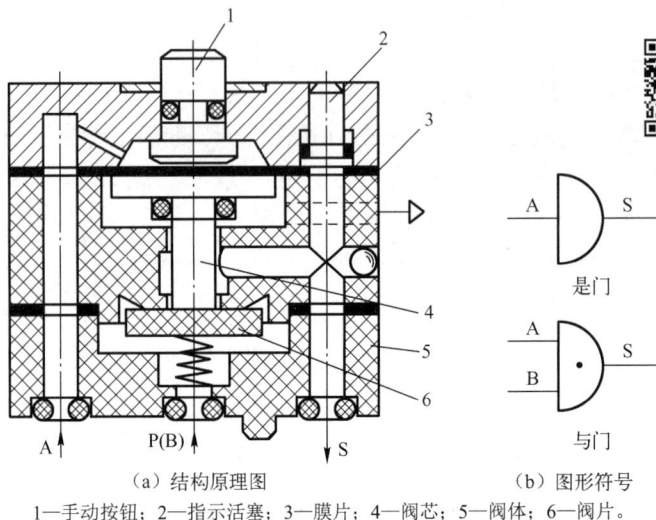

（a）结构原理图　　　　　　　　　（b）图形符号

1—手动按钮；2—指示活塞；3—膜片；4—阀芯；5—阀体；6—阀片。

图 11.23　是门和与门元件的结构原理图和图形符号

若中间孔不接气源 P 而接信号 B，则元件为与门。也就是说，只有 A、B 口同时有信号时，S 口才有输出。逻辑关系式为 S=A·B。

3）非门和禁门元件

非门和禁门元件的结构原理图和图形符号如图 11.24 所示。在 P 口接气源，A 口接信号，S 口为输出口的情况下，元件为非门。当 A 口没有信号输入时，阀芯在气源压力的作用下紧压在上阀座上，S 口有信号输出；当 A 口有信号输入时，作用在膜片上的气压力使阀芯下移，关闭气源通路，S 口没有输出。其逻辑关系式为 S=$\overline{A}$。

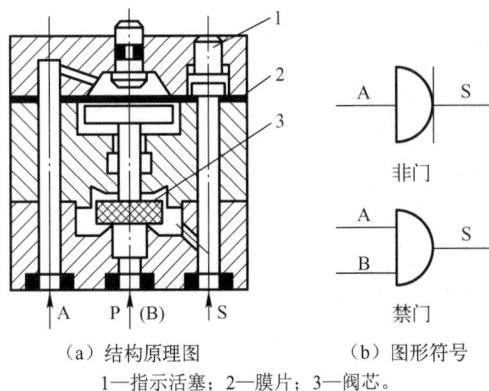

（a）结构原理图　　　（b）图形符号

1—指示活塞；2—膜片；3—阀芯。

图 11.24　非门和禁门元件的结构原理图和图形符号

若中间孔不接气源 P 而接信号 B，则元件为禁门。只要 A 口有信号，不论 B 口有无信号，S 口均无输出，只有在 A 口无信号而 B 口有信号时，S 口才有输出。也就是说，A 口信号对 B 口信号起禁止作用，逻辑关系式为 $S=\overline{A}\cdot B$。

4）或非元件

或非元件的结构原理图和图形符号如图 11.25 所示。或非元件是在非门元件的基础上增加了两个信号输入端，即其具有 A、B、C 三个信号输入端。在三个信号输入端都没有信号时，P、S 导通，S 口有输出。当存在任何一个输入信号时，元件都没有输出。元件的逻辑关系式为 $S=\overline{(A+B+C)}$。

或非元件是一种多功能逻辑元件，可以实现是门、或门、与门、非门或记忆等逻辑功能。

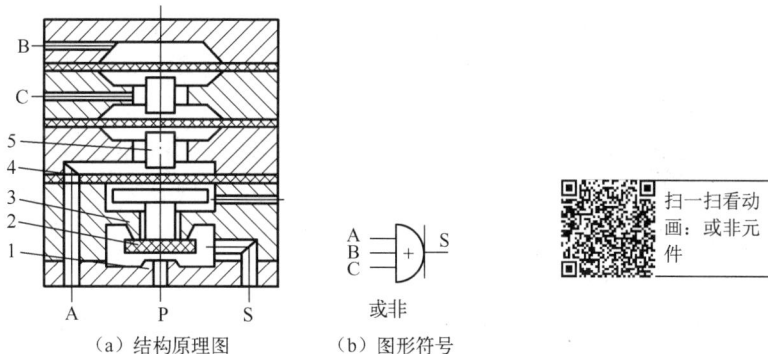

1—下截止阀阀座；2—密封阀芯；3—上截止阀阀座；4—膜片；5—阀柱。

图 11.25　或非元件的结构原理图和图形符号

5）双稳元件

双稳元件属于记忆型元件，在逻辑线路中具有重要作用。图 11.26 所示为双稳元件的结构原理图和图形符号。

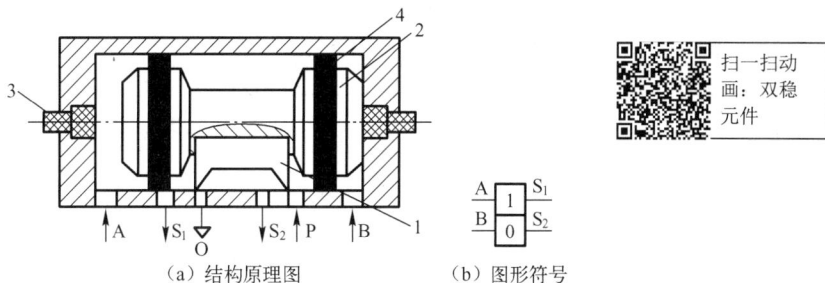

1—滑块；2—阀芯；3—手动按钮；4—密封圈。

图 11.26　双稳元件的结构原理图和图形符号

当 A 口有信号输入时，阀芯会移动到右端极限位置，由于滑块的分隔作用，P 口的压缩空气通过 S_1 输出，S_2 与排气口 O 相通。在 A 口的信号消失、B 口的信号到来前，阀芯保持在右端位置，S_1 总有输出。当 B 口有信号输入时，阀芯会移动到左端极限位置，P 口的压缩空气通过 S_2 输出，S_1 与排气口 O 相通。在 B 口的信号消失、A 口的信号到来前，阀芯保持在右端位置，S_2 总有输出。两个输入信号不能同时存在。元件的逻辑关系式为 $S_1=K_A^B$；$S_2=K_B^A$。

11.1.5　气动控制阀的选用

正确、合理地选用各种气动控制阀是设计气动控制系统的重要环节。它可使管路简化、减少阀的品种和数量，降低压缩空气的消耗量，提高系统的可靠性，降低成本。

（1）首先要考虑阀的技术规格能否满足使用环境的要求，如使用现场的气源压力大小、电源条件（交、直流，电压大小）、介质温度、环境温度、湿度、粉尘情况等。

（2）根据气动控制系统的运作要求选用阀的功能及操控方式，包括元件的位置数、通路数、记忆功能、静置时的通断状态。应尽量选用与所需功能相一致的阀，如选不到可用其他阀或将几个阀组合起来使用。若用二位五通阀代替二位三通阀或二位二通阀，则将不用的孔口用堵头堵上即可。

（3）根据流量选用阀的通径。对于直接控制气动执行元件的主阀，必须根据执行元件的流量来选择阀的通径。选用的阀的流量应略大于所需要的流量。信号阀（如手动阀等）是根据它距所操控阀的远近、数量和响应时间的要求来选用的。一般对于集中操控或距离在20 m以内的场合，可选3 mm通径的阀；对于距离在20 m以上或操控数量较多的场合，可选6 mm通径的阀。

（4）根据使用条件、使用要求来选择阀的结构形式。如果密封是主要的，则一般选用橡胶密封的阀。如果要求换向力小，有记忆性，则选择滑阀。在气源过滤条件差的地方，宜选用截止阀。

（5）应根据实际情况选用阀的安装方式。从安装维修方面考虑，板式连接较好，特别是对集中控制的自动、半自动气动控制系统的优越性更突出。

（6）阀的种类选择。在设计气动控制系统时，应尽量减少阀的种类，避免采用专用阀，尽量选用标准化系列的阀，以利于专业化生产、降低成本和便于维修。

任务实施

11.1.6　气动控制阀的选用

工作任务单

姓名		班级		组别		日期	
工作任务	气动控制阀的选用						
任务描述	在教师的指导下，识别各种气动控制阀，并根据具体的工作要求正确选用气动控制阀						
任务要求	（1）了解实训室或生产车间的安全知识。 （2）掌握危险化学物品的安全使用与存放。 （3）认识气动控制阀实物。 （4）正确选用气动控制阀						
提交成果	（1）气动控制阀清单。 （2）气动控制阀的原理分析						
考核评价	序号	考核内容		配分	评分标准		得分
	1	安全意识		20	遵守规章、制度		
	2	工具的使用		10	正确使用实验工具		
	3	气动控制阀清单		10	气动控制阀清单罗列正确		
	4	气动控制阀选用		50	选择正确，能满足工作要求		
	5	团队协作		10	与他人合作有效		
指导教师				总分			

任务 11.2　送料装置控制回路的设计与应用

扫一扫学习课程
思政：全国首台
自动穿经机

任务引入

图 11.27 所示为送料装置的工作过程示意图。其工作要求为：当工件加工完成后，按下按钮，送料气缸的活塞杆伸出，把已加工工件送出装箱。松开按钮，送料气缸收回，等待把下一个未加工工件送到加工位置。试根据上述工作要求，设计送料装置系统回路。

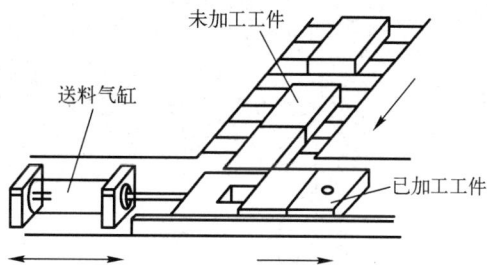

图 11.27　送料装置的工作过程示意图

任务分析

要完成对送料装置系统回路的设计，主要解决好以下三个问题：气缸伸出、收回的控制，系统压力的调节与控制，气缸运行速度的控制。在气动系统中常采用方向控制回路、压力控制回路、速度控制回路来解决上述问题。而无论一个气动系统多么复杂，其均由一些基本回路组成。因此气动控制基本回路是分析、设计气动系统的基础，需对其有全面的了解。

相关知识

11.2.1　换向回路

常用的换向回路有单作用气缸换向回路和双作用气缸换向回路。

1. 单作用气缸换向回路

图 11.28（a）所示为由二位三通电磁阀控制的换向回路。通电时，活塞杆伸出；断电时，在弹簧力的作用下活塞杆缩回。图 11.28（b）所示为由三位四通电磁阀控制的换向回路。该阀具有自动对中功能，可使气缸停在任意位置，但定位精度不高，定位时间不长。

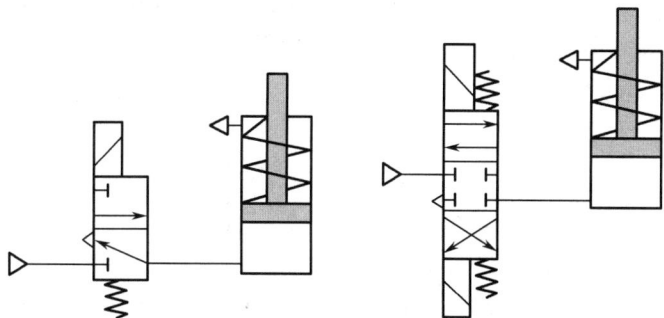

（a）由二位三通电磁阀控制的换向回路　　（b）由三位四通电磁阀控制的换向回路

图 11.28　单作用气缸换向回路

2. 双作用气缸换向回路

图 11.29（a）所示为由二位五通单气控制的换向回路。图 11.29（b）所示为由两个二位三通控制的换向回路。当有压缩空气时，气缸活塞伸出，反之，气缸活塞退回。图 11.29（c）所示为用手动按钮控制二位五通单气控制的换向回路。

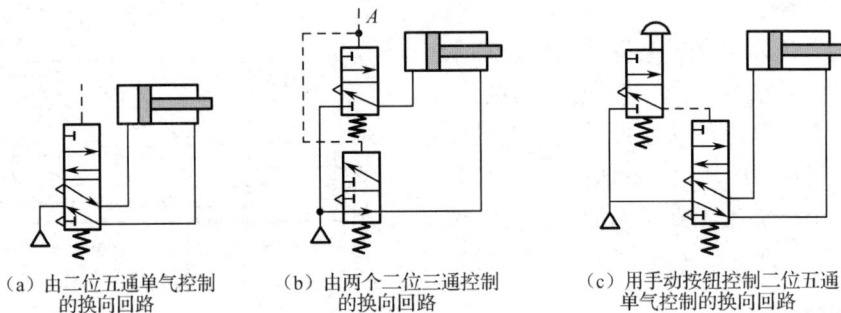

（a）由二位五通单气控制
的换向回路　　（b）由两个二位三通控制
的换向回路　　（c）用手动按钮控制二位五通
单气控制的换向回路

图 11.29　双作用气缸换向回路

11.2.2　压力控制回路

压力控制回路的功能是使系统保持在某一规定的压力范围内。常用的有一次压力控制回路、二次压力控制回路和高低压转换回路。本节主要介绍前两种。

1. 一次压力控制回路

图 11.30 所示为一次压力控制回路。此回路用于控制储气罐的压力，使之不超过规定的压力值。常用外控溢流阀来保持供气压力基本恒定或用电接点压力表来控制空气压缩机的启、停，使储气罐内的压力保持在规定的范围内。

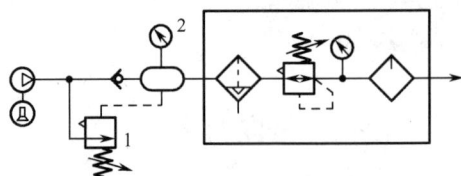

图 11.30　一次压力控制回路

2. 二次压力控制回路

图 11.31 所示为二次压力控制回路。图 11.31（a）所示的回路由气动三联件组成，主要由溢流减压阀来实现压力控制；图 11.31（b）所示的回路由减压阀和换向阀构成，实现对同一系统输出的高低压力 p_1、p_2 的控制；图 11.31（c）所示的回路由减压阀来实现对不同系统输出的不同压力 p_1、p_2 的控制。为保证气动系统使用的气体压力为一个稳定值，多用空气过滤器、减压阀、油雾器（气动三联件）组成二次压力控制回路，但要注意，供给逻辑元件的压缩空气不要加入润滑油。

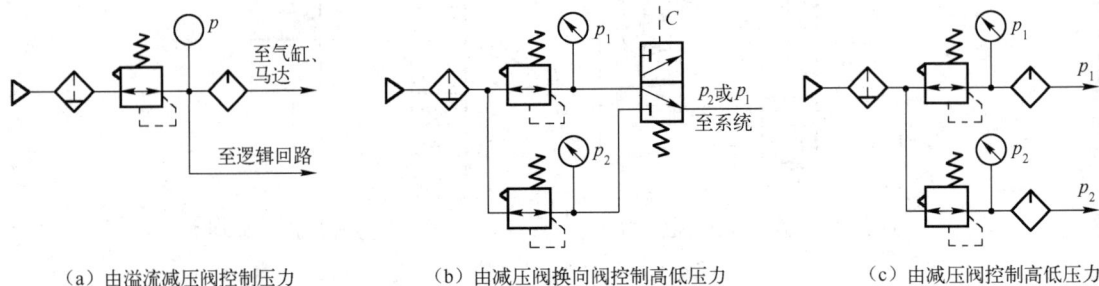

（a）由溢流减压阀控制压力　　　　（b）由减压阀换向阀控制高低压力　　　　（c）由减压阀控制高低压力

图 11.31　二次压力控制回路

11.2.3　速度控制回路

速度控制回路的作用在于调节或改变执行元件的工作速度。在气压传动系统中，因气体具有可压缩性，所以用流量控制阀调节气缸的运动速度是比较困难的。气压传动系统因使用的功率都不大，所以主要的调速方法是节流调速。

1．单作用气缸的速度控制回路

图 11.32 所示为单作用气缸的速度控制回路。在图 11.32（a）中，气缸活塞的升、降均通过节流阀调速，两个相反安装的单向节流阀，可分别控制活塞杆的伸出速度及缩回速度。在图 11.32（b）所示的回路中，气缸活塞上升时可调速，下降时则通过快速排气阀排气，使气缸快速返回。

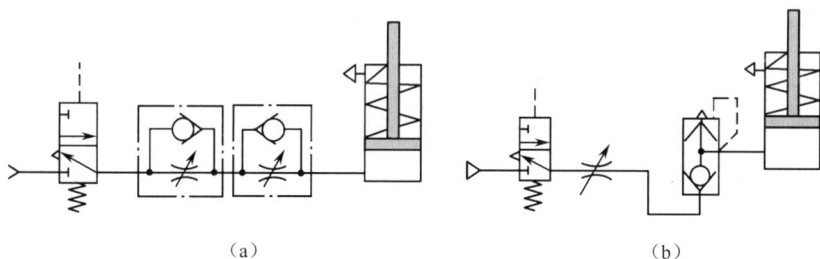

（a）　　　　　　　　　　　　　　　　（b）

图 11.32　单作用气缸的速度控制回路

扫一扫看动画：
单作用气缸双
向调速回路

2．双作用气缸的速度控制回路

1）单向调速回路

双作用气缸有节流供气和节流排气两种调速方式。图 11.33（a）所示为节流供气调速回路。在图示位置，当气控换向阀不换向时，气流经节流阀进入气缸的 A 腔，B 腔排出的气体直接经换向阀快速排气。当节流阀开度较小时，由于进入 A 腔的流量较小，压力上升缓慢，当气压达到能克服负载时，活塞前进，此时 A 腔的容积增大，压缩空气膨胀，压力下降，使作用在活塞上的力小于负载，因而活塞停止前进。待压力再次上升时，活塞才再次前进。这种由于负载及供气的原因使活塞忽走忽停的现象，称为气缸的"爬行"。节流供气的不足之处主要表现为：当负载方向与活塞运动方向相反时，活塞运动易出现不平稳现象，即"爬行"现象；当负载方向与活塞运动方向一致时，由于换向阀快速排气，使排气几乎没有阻尼，负载易产生"跑空"现象，使气缸失去控制。

节流供气调速回路多用于垂直安装的气缸供气回路中，在水平安装的气缸供气回路中一般采用如图 11.33（b）所示的节流排气调速回路。由图示位置可知，当气控换向阀不换向时，从气源来的压缩空气，经气控换向阀直接进入气缸的 A 腔，而 B 腔排出的气体必须经节流阀到气控换向阀而排入大气，因而 B 腔中的气体就具有一定的压力，此时活塞在 A 腔与 B 腔的压力差作用下前进，从而减少了"爬行"现象发生的可能性。调节节流阀的开度，就可以控制不同的排气速度，从而也就控制了活塞的运动速度。节流排气调速回路具有下述特点：气缸的速度随负载变化较小，运动较平稳；能承受与活塞运动方向相同的负载（反向负载）。

2）双向调速回路

在气缸的进、排气口装设节流阀，就组成了双向节流调速回路。在图 11.34 所示的双向

节流调速回路中，图 11.34（a）所示为采用单向节流阀的双向节流调速回路，图 11.34（b）所示为采用排气节流阀的双向节流调速回路。通过调节排气侧的节流阀开度，可以得到不同的排气速度，从而控制活塞的运动速度。由于有杆腔存在一定的气体背压力，活塞是在无杆腔和有杆腔的压力差作用下运动的，因此减小了"爬行"现象发生的可能性。这种回路能够承受负值负载，运动的平稳性好，受外负载变化的影响较小。

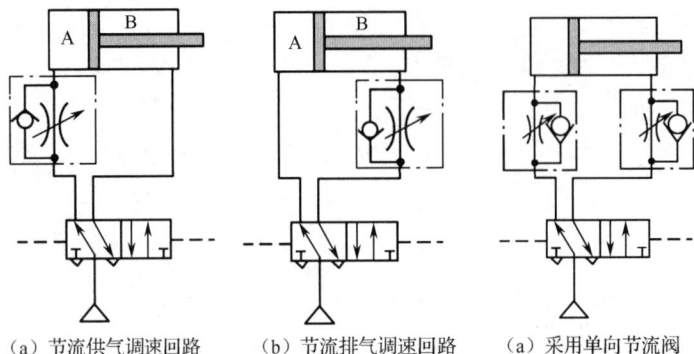

（a）节流供气调速回路　　　（b）节流排气调速回路　　　（a）采用单向节流阀　　　　（b）采用排气节流阀

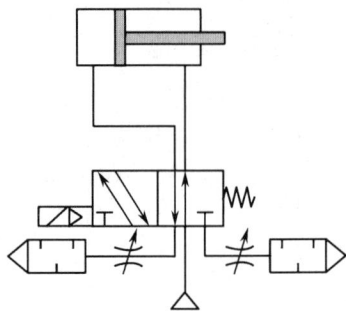

图 11.33　双作用气缸的速度控制回路　　　　　　图 11.34　双向节流调速回路

3. 快速往复运动回路

快速往复运动回路如图 11.35 所示。气缸的进、排气口均装有快速排气阀，从而使气缸的活塞运动加速，能够实现快速往复运动回路。

4. 气-液阻尼缸的速度控制回路

图 11.36（a）所示为气-液阻尼缸的调速回路。其中，气缸 1 作为负载缸，液压缸 2 作为阻尼缸。调节节流阀即可调节气-液阻尼缸活塞的运动速度，其安放位置高于气-液阻尼缸的油箱 6，可通过单向阀 7 补偿阻尼液的泄漏。这种调速回路通过调节液压缸的速度间接调节气缸速度，克服了直接调节气缸速度造成流量不稳定的现象。

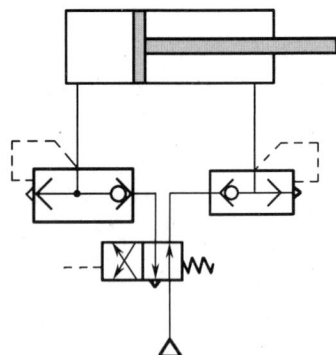

图 11.35　快速往复运动回路

图 11.36（b）所示为可实现快进→慢进→快退的变速控制回路。当电磁阀 6 得电时，气-液阻尼缸 1 快进。当活塞杆前进到一定位置时，其挡块压下行程阀 4，通过单向节流阀 5 的节流，气-液阻尼缸 1 慢进。当电磁阀 6 断电时，气-液阻尼缸 1 的活塞杆快退。若取消单向节流阀 5 中的单向阀，则回路能实现快进→慢进→慢退→快退的动作。

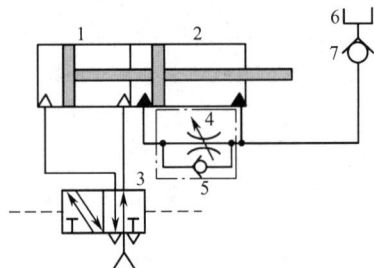

（a）气-液阻尼缸的调速回路　　　　　　（b）变速控制回路

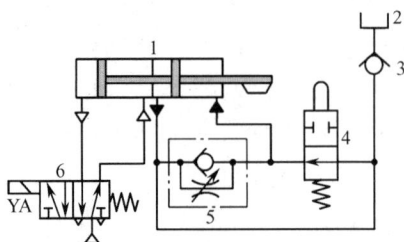

图 11.36　气液阻尼缸的速度控制回路

5. 缓冲回路

要获得气缸行程末端的缓冲，除采用带缓冲的气缸外，特别在行程长、速度快、惯性大的情况下，还需要采用缓冲回路来控制气缸的运动速度，如图 11.37 所示。图 11.37（a）所示的回路能实现快进→慢进缓冲→停止快退的循环，行程阀可根据需要来调整缓冲的开始位置，这种回路常用于惯性力大的场合。图 11.37（b）所示回路的特点是，当活塞返回行程末端时，其左腔压力已降至打不开顺序阀 2 的程度，余气只能经节流阀 1 排出，因此活塞得到缓冲，这种回路常用于行程长、速度快的场合。

图 11.37 所示的回路都只能实现一个运动方向上的缓冲，若两侧均安装此回路，则可达到双向缓冲的目的。

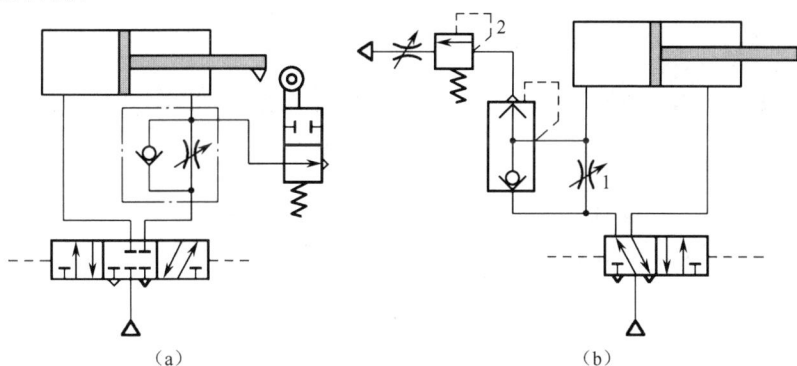

图 11.37　缓冲回路

11.2.4　其他基本回路

1. 安全保护回路

由于气动机构负荷的过载、气压的突然降低及气动执行机构的快速动作等都可能危及操作人员或设备的安全，因此在气动控制回路中，常常要加入安全保护回路。需要指出的是，在设计任何气动控制回路，特别是安全保护回路时，都不可缺少过滤装置和油雾器。因为污染空气中的杂物，可能会堵塞阀中的小孔与通路，使气路发生故障；缺乏润滑油，很可能使阀发生卡死或磨损，致使整个系统的安全都发生问题。下面介绍几种常用的安全保护回路。

1）过载保护回路

图 11.38 所示为一种常用的过载保护回路，用于防止系统过载而损坏元件。当二位三通手动换向阀 1 切换至左位时，压缩气体使二位三通气控换向阀 4 和 5 切换至左位，气缸 6 的活塞杆伸出。若活塞杆遇到较大负载或行程到达终点时，气缸无杆腔的压力会急速上升。当气压升至顺序阀 3 的设定值时，顺序阀开启，高压气体推动二位二通换向阀 2 切换至上位，使二位三通气控换向阀 4 和 5 控制腔的气体经二位二通换向阀 2 排出，二位三通气控换向阀 4 和 5 复位，活塞退回，从而实现系统保护。

2）互锁回路

图 11.39 所示为互锁回路。在该回路中，四通阀的换向受三个串联的机动三通阀控制，只有三个阀都接通，主控制阀才能换向。

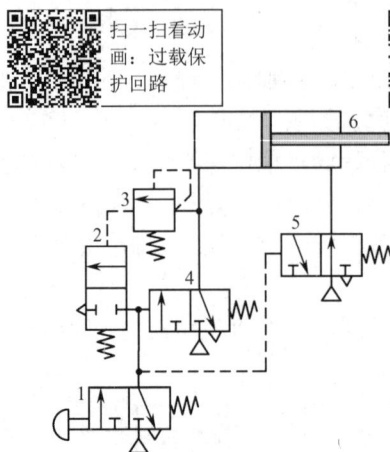

图 11.38 一种常用的过载保护回路

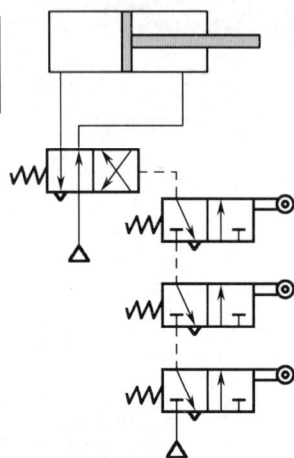

图 11.39 互锁回路

2. 双手操作回路

所谓双手操作回路就是使用两个启动用的手动阀，只有同时按动这两个阀才动作的回路。这种回路主要是为了安全，在锻造、冲压机械上常用来避免误动作，以保护操作者的安全。

图 11.40（a）所示为使用逻辑"与"回路的双手操作回路。为使主控阀换向，必须使压缩空气信号进入上方侧，为此必须使两个三通手动阀同时换向。另外，这两个阀必须安装在单手不能同时操作的距离上，在操作时若有任何一只手离开则控制信号消失，主控阀复位，活塞杆后退。图 11.40（b）所示为使用三位主控阀的双手操作回路。把主控阀 1 的信号 A 作为手动阀 2 和 3 的逻辑"与"回路，即只有手动阀 2 和 3 同时动作，主控阀 1 才换向到上位，活塞杆前进；把信号 B 作为手动阀 2 和 3 的逻辑"或非"回路，即当手动阀 2 和 3 同时松开时（图示位置），主控阀 1 才换向到下位，活塞杆返回；手动阀 2 或 3 的任何一个动作，都会使主控阀复位到中位，活塞杆处于停止状态。

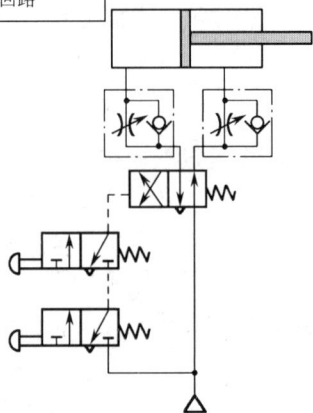

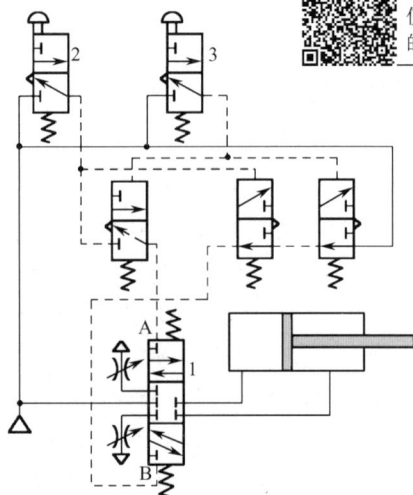

（a）使用逻辑"与"回路的双手操作回路　　（b）使用三位主控阀的双手操作回路

图 11.40 双手操作回路

3. 顺序动作回路

顺序动作是指在气动回路中，各个气缸按一定的程序完成各自的动作。例如，单缸有单往复动作、二次往复动作、连续往复动作等；双缸及多缸有单往复动作及多往复动作等。

1）单缸往复动作回路

单缸往复动作回路可分为单缸单往复动作回路和单缸连续往复动作回路。前者指输入一个信号后，气缸只能完成 A_1A_0 一次往复动作（A 表示气缸，下标"1"表示 A 缸的活塞伸出动作，下标"0"表示活塞缩回动作）。而单缸连续往复动作回路指输入一个信号后，气缸可连续进行 $A_1A_0A_1A_0\cdots$ 动作。

图 11.41 所示为三种单缸往复动作回路。图 11.41（a）所示为由行程阀控制的单缸往复动作回路。当按下阀 1 的手动按钮后，压缩空气使阀 3 换向，活塞杆前进，当凸块压下行程阀 2 时，阀 3 复位，活塞杆返回，完成 A_1A_0 循环。图 11.41（b）所示为由压力控制的单缸往复动作回路。当按下阀 1 的手动按钮后，阀 3 的阀芯右移，气缸的无杆腔进气，活塞杆前进，当活塞行程到达终点时，气压升高，打开顺序阀 2，使阀 3 换向，气缸返回，完成 A_1A_0 循环。图 11.41（c）所示为利用阻容回路形成的时间控制单缸往复动作回路。当按下阀 1 的按钮后，阀 3 换向，气缸的活塞杆伸出，当压下行程阀 2 后，需经过一定的时间，阀 3 才能换向，使气缸的活塞杆返回才能完成 A_1A_0 循环。由以上可知，在单缸往复动作回路中，每按动一次按钮，气缸可完成一次 A_1A_0 循环。

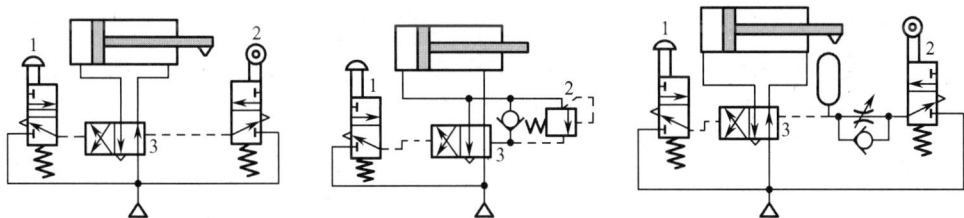

（a）行程阀控制　　　　　　（b）压力控制　　　　　（c）阻容回路形成的时间控制

扫一扫看动画：行程阀控制的单往复回路

图 11.41　三种单缸往复动作回路

扫一扫看动画：时间控制的单往复回路

图 11.42 所示的回路是一个单缸连续往复动作回路，能完成连续的动作循环。当按下阀 1 的按钮后，阀 4 换向，活塞向前运动，这时由于阀 3 复位将气路封闭，使阀 4 不能复位，活塞继续前进，到行程终点压下行程阀 2，使阀 4 控制气路排气，在弹簧作用下阀 4 复位，气缸的活塞杆返回，在终点压下阀 3，阀 4 换向，活塞再次向前，形成了 $A_1A_0A_1A_0\cdots$ 的连续往复动作。当提起阀 1 的按钮后，阀 4 复位，活塞返回而停止运动。

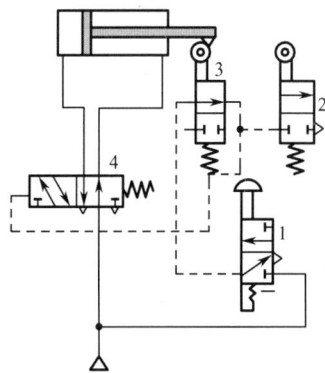

2）顺序动作控制回路

图 11.43 所示为单向顺序动作控制回路。其为采用一个延时换向阀控制气缸 1 和 2 顺序动作的控制回路。当主控阀切换至左位时，气缸 1 的无杆腔进气、有杆腔排气，实现动作 a。同时气体经节流阀进入延时换向阀的控制腔及气容中。当气容中的压力

图 11.42　单缸连续往复动作回路

扫一扫看动画：连续往复回路

达到一个定值时，延时换向阀切换至左位，气缸2的无杆腔进气、有杆腔排气，实现动作b。当主控阀在右位时，两缸的有杆腔同时进气、无杆腔排气而退回，即实现动作c、d。两缸进气的时间间隔由节流阀调节。

图11.44所示为双缸顺序动作控制回路。两缸A、B按A进→B进→B退→A退（1→2→3→4）的顺序动作。每按一次手动阀，气缸实现一次工作循环。

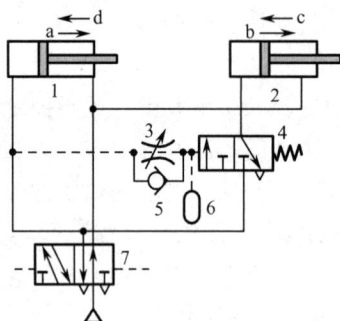

1、2—气缸；3—节流阀；4—延时换向阀；5—单向阀；6—气容；7—主控阀。

图11.43　单向顺序动作控制回路　　　　图11.44　双缸顺序动作控制回路

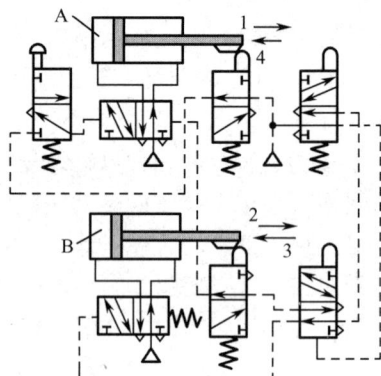

4. 位置控制回路

图11.45所示为位置控制回路。图11.45（a）所示为利用磁性开关的位置控制回路。若气缸上两个磁性开关的间距改变，则活塞杆的检测行程改变。图11.45（b）所示为利用行程阀的位置控制回路。若两个行程阀的间距改变，则气缸的伸缩行程改变。

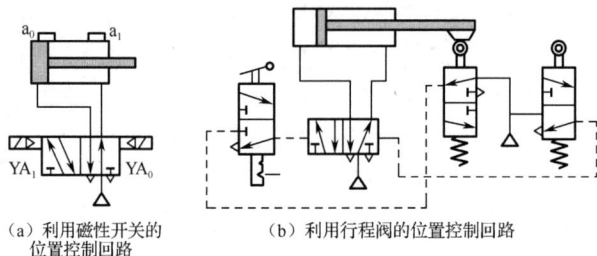

（a）利用磁性开关的位置控制回路　　（b）利用行程阀的位置控制回路

图11.45　位置控制回路

5. 同步控制回路

图11.46所示为同步控制回路。将气液联动缸A的下腔与B的上腔充入液压油，若两缸的缸径相同，则可获得较高的同步精度。回路中的截止阀的功能是注油（当发生油泄漏时须补油）及排除混入油中的空气。

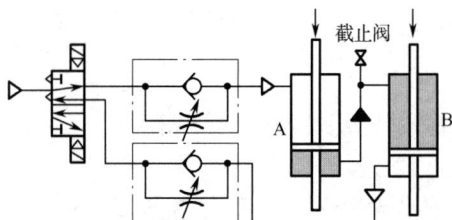

图11.46　同步控制回路

任务实施

11.2.5 送料装置控制回路的设计与应用

工作任务单

姓名		班级		组别		日期	
工作任务							

姓名		班级		组别		日期	
工作任务	根据工作要求设计送料装置控制系统						
任务描述	在实训室设计并组建一个送料装置控制系统，说明所选用的各个气动元件的作用和原理，并对组建好的送料装置控制系统进行综合分析						
任务要求	（1）掌握危险化学物品的安全使用与存放。 （2）正确选用气动元件。 （3）送料装置控制系统的设计与组建						
提交成果	（1）气动元件清单。 （2）组建好的送料装置						
考核评价	序号	考核内容	配分	评分标准			得分
	1	安全意识	20	遵守规章、制度			
	2	工具的正确使用	10	选择合适的工具，正确使用工具			
	3	气动元件的正确选用	10	元件选择正确			
	4	送料装置控制系统的设计与组建	50	系统正确，能满足工作要求			
	5	团队协作	10	与他人合作有效			
指导教师				总分			

习题 11

扫一扫看习题 11 的参考答案

1. 简答题

（1）在气压传动系统中，常用的气动控制回路有哪些？

（2）延时回路相当于电气元件中的什么元件？

（3）比较双作用气缸的节流供气和节流排气两种调速方式的优缺点和应用场合。

（4）为何在安全保护回路中，都不可缺少过滤装置和油雾器？

2. 综合题

（1）设计一个双手操作回路。

（2）画出下列气动元件的图形符号：或门型梭阀、与门型梭阀、快速排气阀。

项目 12
气动系统的构建与应用

扫一扫看教学课件：气动系统的构建与应用

项目目标

通过本项目的学习，学生应掌握气动系统中各元器件的功能与作用，形成应用基本回路分析、解决问题的能力和组建简单气动系统的能力。具体目标如下。

（1）能识读气动系统图，能正确识别气动基本回路。

（2）掌握典型气动系统中各元件的作用和相互联系。

（3）能运用气动的基本知识，正确分析与操作典型的气动系统。

任务 12.1　机床工件夹紧气动系统的控制

任务引入

扫一扫看课程思政：著名飞机气动力专家——李天

在现代化的生产厂内，工件的夹紧固定装置主要采用液压装置或气压装置两种。切削机床中的工件夹紧过程的精度和重复性，直接影响着机械动作的精确度。

通过观察与分析机床工件的夹紧工作过程，了解气压技术在机械加工机床中的应用，熟悉其工件加紧工作过程，正确分析其气动系统并掌握气动基本回路，正确操作机床工件夹紧系统，为机床日常维护打好基础。

任务分析

图 12.1 所示为机床夹具的工件夹紧工作流程。其动作循环是：首先垂直气缸 A 的活塞杆下降将工件压紧，两侧的气缸 B 和 C 的活塞杆同时前进，对工件进行两侧夹紧，然后进行钻削加工，最后夹紧缸退回，松开工件。通过分析工件夹紧气动系统回路，能够控制单向节流

阀及双向节流调速回路。通过气动行程阀、手动换向阀、减压阀等元器件设计相关回路并对系统进行控制。

相关知识

图 12.2 所示为机床夹具的工件夹紧气动系统。当工件运行到指定位置后，气缸 A 的活塞杆伸出，先将工件定位锁紧，再将两侧的气缸 B 和 C 的活塞杆同时伸出，从两侧压紧工件，实现夹紧，最后进行机械加工，加工任务完成后，通过换向阀使各夹紧缸的活塞退回原位。

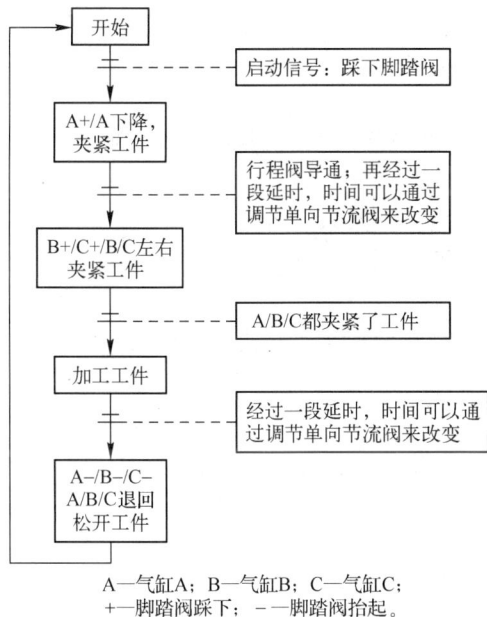

A—气缸A；B—气缸B；C—气缸C；
+—脚踏阀踩下；－—脚踏阀抬起。

图 12.1　机床夹具的工件夹紧工作流程

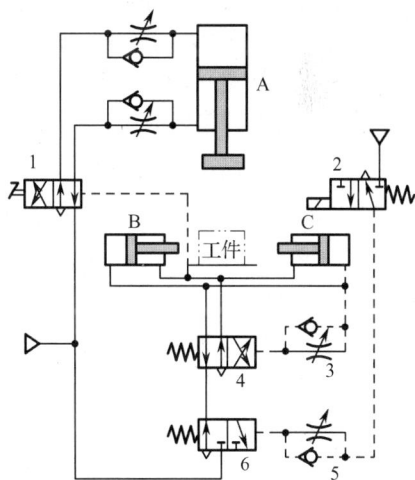

图 12.2　机床夹具的工件夹紧气动系统

其工作原理是：当用脚踏下脚踏换向阀 1（在自动线中往往采用其他形式的换向方式）后，压缩空气经单向节流阀进入气缸 A 的无杆腔，夹紧头下降至锁紧位置后使机动行程阀 2 换向，压缩空气经单向节流阀 5 进入气控换向阀 6 的右侧，使气控换向阀 6 换向，压缩空气经气控换向阀 6 通过主控阀 4 的左位进入气缸 B 和 C 的无杆腔，两个气缸同时伸出。与此同时，压缩空气的一部分经单向节流阀 3 调定延时后使主控阀换向到右侧，则两个气缸 B 和 C 返回。在两个气缸返回的过程中，有杆腔的压缩空气使脚踏换向阀 1 复位，则气缸 A 返回。此时由于机动行程阀 2 复位（右位），所以气控换向阀 6 也复位，由于气控换向阀 6 复位，气缸 B 和 C 的无杆腔通向大气，主控阀 4 自动复位，由此完成一个缸 A 压下（A_1）→夹紧缸 B 和 C 伸出夹紧（B_1、C_1）→夹紧缸 B 和 C 返回（B_0、C_0）→缸 A 返回（A_0）的动作循环。此回路只有再踏下脚踏换向阀 1 才能开始下一个工作循环。夹紧气动系统回路还可用于压力加工和剪断加工。工件夹紧气动系统动作顺序表如表 12.1 所示。

表 12.1　工件夹紧气动系统动作顺序表

动作		脚踏换向阀 1	机动行程阀 2	主控阀 4	气控换向阀 6
气缸 A	夹紧头伸出	踩下+（左位）			
	夹紧头缩回	－（右位）			

续表

	动作	脚踏换向阀 1	机动行程阀 2	主控阀 4	气控换向阀 6
气缸 B	伸出（夹紧工件）	踩下+（左位）	+	−（左位）	+
	缩回	−（右位）	+	+（右位）	+
气缸 C	伸出（夹紧工件）	踩下+（左位）	+	−（左位）	+
	缩回	−（右位）	+	+（右位）	+

任务实施

机床工件夹紧气动系统的控制按下面步骤进行。

1. 气动系统的组装与运行

机床工件夹紧气动系统的基本回路主要有换向回路、调速回路、双缸同时操作回路等。在教师的指导下可以进行如下气压基本回路的实训。

（1）减压回路：组装一级减压回路或二级减压回路，观察系统压力的变化情况。

（2）节流调速回路：采用节流阀、调速阀和单向调速阀控制气缸活塞的移动速度。

（3）换向回路：观察换向回路的功能。

（4）多缸控制回路：用两个气缸组装气缸控制回路，进行多缸回路的操作与控制实训。

2. 工作任务单

工作任务单

姓名		班级		组别		日期	
工作任务		机床工件夹紧气动系统的控制					
任务描述		根据机床工件夹紧气动系统的原理图，确定使用的气动元件的规格型号，组建气动回路完成系统功能					
任务要求		（1）分析机床工件夹紧系统的功能要求。 （2）依据气动系统原理图，查阅相关设计手册，确定使用的气动控制元件与执行元件等的规格型号。 （3）制作气动元件选用清单					
提交成果		气动系统实物组建图与控制阀动作顺序表					
考核评价	序号	考核内容		配分	评分标准		得分
	1	安全意识		20	遵守安全规章、制度		
	2	工具的使用		20	正确使用实验工具		
	3	气动系统的组建		30	完成组建气动系统		
	4	控制阀动作顺序表		20	控制阀的动作顺序正确		
	5	团队协作		10	与他人合作有效		
指导教师					总分		

任务 12.2 气液动力滑台气动系统的组建

任务引入

在液压传动部分已经介绍过机床液压动力滑台，本任务主要分析气液动力滑台。气液动力

滑台是采用气-液阻尼缸作为执行元件的，由于在它的上面可安装单轴头、动力箱或工件，因此在机械设备中常用来作为实现进给运动的部件。该气液动力滑台能完成两种工作循环。

任务分析

气液动力滑台气动系统主要使用气液增压缸的增压回路。它一方面完成快进→慢进（工进）→快退→停止循环；另一方面完成快进→慢进→慢退→快退→停止循环。

相关知识

图 12.3 所示为气液动力滑台气动系统的工作原理。图中带定位机构的手动阀 1、行程阀 2 和手动阀 3 组合成一个组合阀块，手动阀 4、节流阀 5 和行程阀 6 为一个组合阀，补油箱 10 是为了补偿系统中的漏油而设置的，一般可用油杯来代替。

该气液动力滑台气动系统能完成两种工作循环，下面对其进行简单介绍。

1. 快进→慢进（工进）→快退→停止

当图 12.3 中的手动阀 4 处于图示状态时，就可实现快进→慢进（工进）→快退→停止的动作循环。

（1）快进。当手动阀 3 切换到右位时，实际上就是给予进刀信号，在气压作用下气缸中的活塞开始向下运动，液

图 12.3　气液动力滑台气动系统的工作原理

压缸中活塞下腔的油液经行程阀 6 的左位和单向阀 7 进入液压缸活塞的上腔，以实现快进。

（2）慢进（工进）。当快进到活塞杆上的挡铁 B 切换到行程阀 6（使它处于右位）后，油液只能经节流阀 5 进入活塞上腔，调节节流阀的开度，即可调节气-液阻尼缸的运动速度，所以活塞开始慢进（工进）。

（3）快退。当活塞慢进到挡铁 C 使行程阀 2 复位时，输出的气信号使手动阀 3 切换到左位，这时气缸活塞开始向上运动，液压缸活塞上腔的油液经行程阀 8 的左位和手动阀 4 中的单向阀进入液压缸下腔，以实现快退。

（4）停止。当快退到挡铁 A 切换行程阀 8 而使油液通道被切断时，活塞便停止运动。所以改变挡铁 A 的位置，就能改变"停"的位置。

2. 快进→慢进→慢退→快退→停止

当把手动阀 4 关闭（处于左位）时，就可实现快进→慢进→慢退→快退→停止的双向进

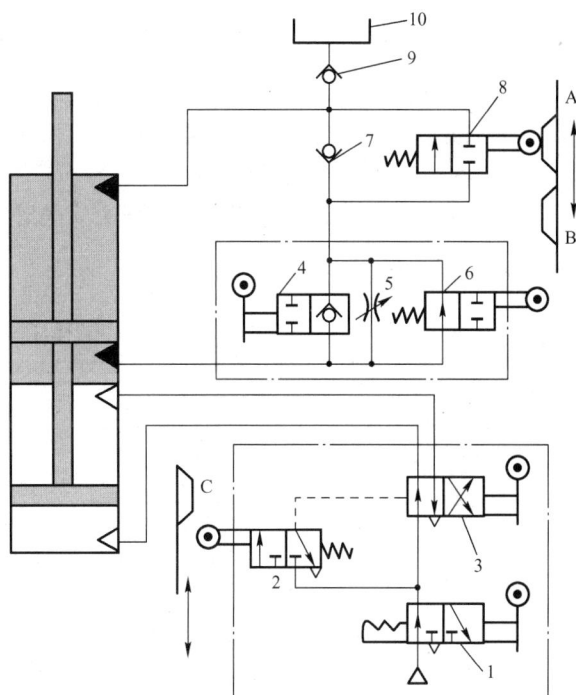

给程序，其动作循环中的快进→慢进的动作原理与上个循环的动作原理相同。

（1）慢退（反向进给）。当慢进至挡铁 C 切换行程阀 2 至左位时，输出的气体信号使手动阀 3 切换到左位，气缸活塞开始向上运动，这时液压缸活塞上腔的油液经行程阀 8 的左位和节流阀 5 进入活塞下腔，即实现了慢退（反向进给）。

（2）快退。当慢退到挡铁 B 离开行程阀 6 的顶杆使其复位（处于左位）后，液压缸活塞上腔的油液就经行程阀 6 左位而进入活塞下腔，开始快退。

（3）停止。当快退到挡铁 A 切换行程阀 8 而使油液通路被切断时，活塞就会停止运动。

任务实施

气液动力滑台气动系统的组建步骤如下。

1. 气动系统的组装与运行

（1）气液动力滑台气动系统的基本回路主要有气液增压回路、调速回路、换向回路等。在教师的指导下可以进行气压基本回路的实训。

（2）组装并运行气液增压回路。

（3）观察运行情况，对使用中遇到的问题进行分析和解决。

2. 工作任务单

工作任务单

姓名		班级		组别		日期	
工作任务	气液动力滑台气动系统的控制							
任务描述	分析气液动力滑台气动系统的要求和系统原理图，设计气动回路，并组建气动系统						
任务要求	（1）分析气液动力滑台系统的功能要求；明确组建气动系统的要求。 （2）依据气动系统原理图，查阅相关设计手册，确定使用的气动控制元件与执行元件等的规格型号。 （3）分组组建气动系统，展示并展开讨论；最后完善气动系统						
提交成果	气动系统实物组建图与控制阀动作顺序表						
考核评价	序号	考核内容		配分	评分标准		得分
	1	安全意识		20	遵守安全规章、制度		
	2	工具的使用		20	正确使用实验工具		
	3	气动系统的组建		30	完成组建气动系统		
	4	控制阀动作顺序表		20	控制阀的动作顺序正确		
	5	团队协作		10	与他人合作有效		
指导教师		总分					

习题 12

扫一扫看习题 12 的参考答案

1. 综合题

图 12.4 所示为气动机械手的工作原理，试分析并回答以下问题。

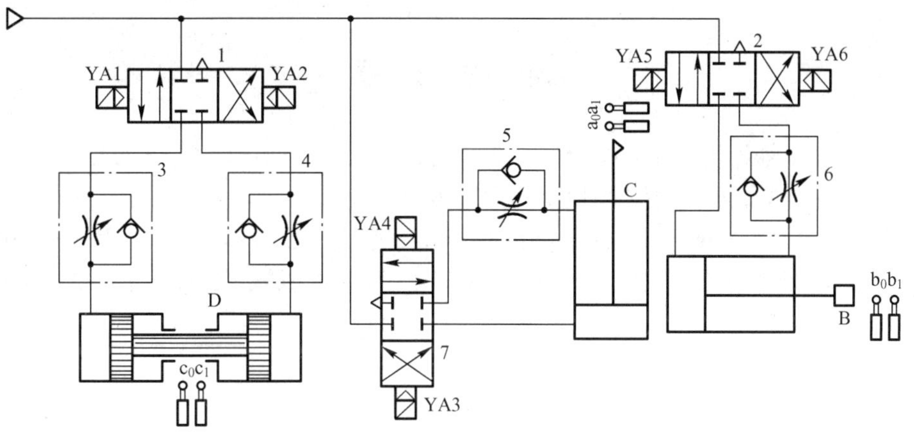

图 12.4　气动机械手的工作原理

（1）写出元件 1、3 的名称及 b_0 的作用。

（2）将电磁铁的动作顺序填写在表 12.2 中。

表 12.2　电磁铁的动作顺序

电磁铁	垂直缸 C 上升	水平缸 B 伸出	回转缸 D 转位	回转缸 D 复位	水平缸 B 退回	垂直缸 C 下降
YA1						
YA2						
YA3						
YA4						
YA5						
YA6						

2. 简答题

在图 12.5 所示的客车车门气动系统中，可否不用梭阀 1、2？

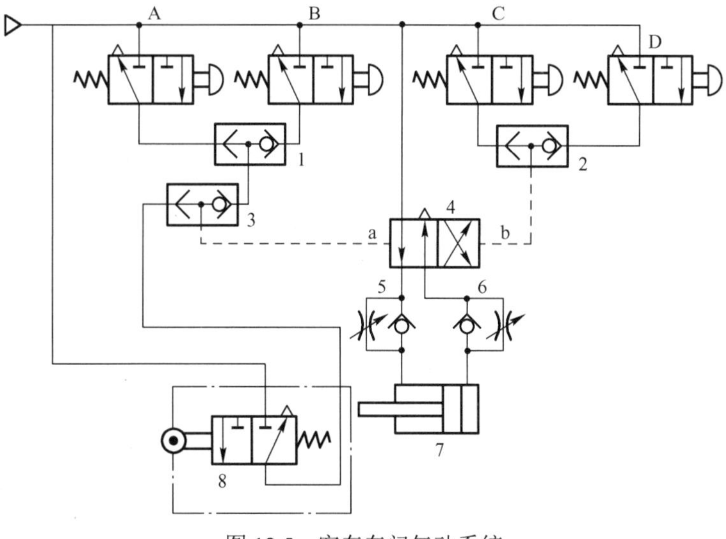

图 12.5　客车车门气动系统

参 考 文 献

[1] 左健民. 液压与气动技术[M]. 4 版. 北京：机械工业出版社，2023.

[2] 周进民. 液压与气动技术[M]. 北京：机械工业出版社，2013.

[3] 张勤 徐钢涛. 液压与气压传动技术[M]. 2 版. 北京：高等教育出版社，2015.

[4] 赵波 王宏元. 液压与气动技术[M]. 5 版. 北京：机械工业出版社，2020.